复杂大系统的分散控制与鲁棒控制

马跃超 付 磊 著

燕山大学出版社

·秦皇岛·

图书在版编目（CIP）数据

复杂大系统的分散控制与鲁棒控制/马跃超,付磊著.—秦皇岛:燕山大学出版社,2025.2
ISBN 978-7-5761-0621-3

Ⅰ.①复… Ⅱ.①马… ②付… Ⅲ.①多关联系统–鲁棒控制 Ⅳ.①TP271②TP273

中国国家版本馆 CIP 数据核字（2023）第 239043 号

复杂大系统的分散控制与鲁棒控制
FUZA DAXITONG DE FENSAN KONGZHI YU LUBANG KONGZHI

马跃超 付 磊 著

出 版 人：陈 玉
责任编辑：孙志强
责任印制：吴 波　　　　　　　　　　封面设计：刘馨泽
出版发行：燕山大学出版社　　　　　　电　话：0335-8387555
　　　　　YANSHAN UNIVERSITY PRESS
地　　址：河北省秦皇岛市河北大街西段 438 号　　邮政编码：066004
印　　刷：涿州市般润文化传播有限公司　　经　销：全国新华书店

开　　本：787 mm×1092 mm　1/16　　印　张：11
版　　次：2025 年 2 月第 1 版　　　　印　次：2025 年 2 月第 1 次印刷
书　　号：ISBN 978-7-5761-0621-3　　字　数：282 千字
定　　价：55.00 元

内容提要

　　复杂大系统是一类具有特殊结构的动力系统,许多实际工程领域都可以用大系统来描述,如舰队通信系统、电力系统、环境污染问题、军事 CI 系统中的护航问题以及经济动态投入产出系统等。分散控制是大系统的理论和应用研究的一种重要方法,由于它的实用性、经济性和可靠性较好,受到人们的普遍重视并已发展成为当今最重要的控制理论分支之一。本书通过研究复杂大系统的结构特点,通过 Lyapunov 稳定性理论、积分不等式和线性矩阵不等式等方法,研究复杂大系统的分散鲁棒稳定、H_∞ 控制问题。

　　本书可供控制理论与控制工程、信息与计算科学等相关工程专业的高年级本科生、研究生使用,也适合相关领域的科研工作者阅读。

前　　言

随着科学技术日新月异的发展,世界信息化、复杂化和系统化的趋势日益呈现。在工程技术、宇宙天体、社会系统、人体系统和生态系统等各领域出现了许多复杂大系统。分散控制是研究复杂大系统稳定性的过程中非常重要的方法,与集中控制相比,分散控制更具有实用性、独立性和经济性。复杂大系统的分散控制能够更加方便有效地对大系统的性能进行调节和提高,是控制理论和工程实践中广大学者研究课题的主要研究方向之一。其中,系统中存在的时滞因素、非线性因素、不确定项、复杂交联项、饱和因子等各方面因素都会影响系统的稳定性,在各种因素的干扰下对非线性交联大系统的分散控制问题进行研究有着非常重要的理论价值和实际意义。

本书共安排了六章内容,在内容上注重理论与实践的融合,深入浅出,同时从第 2 章到第 6 章均设计了相关仿真算例便于读者从实践角度理解问题。第 1 章简要介绍了复杂大系统的产生和发展,同时提出了在现阶段对具有饱和因子的非线性广义大系统进行研究的必要性和意义,阐明了相似非线性时滞交联大系统分散控制的几个研究重点。第 2 章主要从非线性环链大系统的分散状态反馈鲁棒控制、分散鲁棒状态观测器设计和分散输出反馈鲁棒控制这三个方面展开研究。第 3 章主要对具有输入饱和的不确定非线性交联大系统、具有输入饱和的不确定非线性广义交联大系统和具有输入饱和的不确定非线性广义相似组合大系统的分散鲁棒控制问题展开讨论,并利用相关算法设计出分散鲁棒镇定控制器。第 4 章主要研究不确定广义交联大系统的分散镇定问题和广义交联大系统本身及其各个孤立子系统的脉冲问题。第 5 章考虑了一类具有相似结构的非线性广义组合大系统的状态估计问题,针对这类系统分别设计了分散鲁棒广义状态观测器和分散鲁棒状态观测器。第 6 章研究了一类变时滞的交联大系统的记忆静态输出反馈控制问题并估计了系统的稳定区域。

本书的出版得到了燕山大学优秀学术著作及教材出版基金、国家自然科学基金(62103126、61273004)、河北省自然科学基金(F2014203085、F2018203099、F2020201014、F2021203061)、河北大学高层次人才科研启动项目(521000981355)和河北大学科研创新团队项目(智能系统自动化理论与智慧能源创新团队 IT202306)的经费支持,在此致以诚挚的感谢!本书在编写过程中参阅了大量国内外学术论文、专著和学位论文,特别是靳淑杰和赵乐在这方面所做的工作,在此向文献作者及相关单位和个人表示诚挚的感谢。

此外,非常感谢燕山大学理学院、电气工程学院和河北大学电子信息工程学院的领导和同事对本书的大力支持,在本书编写过程中提出了许多宝贵的修改意见和建议,在此表示衷心的感谢。张佳楠、韩立环、顾晨亮、崔尚、刘保驿和孙曙光等同学完成了本书的文字录入和部分编辑工作,感谢他们的大力支持与辛勤付出。

限于作者理论水平以及研究工作的局限性,加之复杂大系统正处在不断的发展之中,书中难免存在疏漏与不妥之处,敬请广大读者批评指正。

作者

2023 年 5 月

符号对照表

R	实数集
R^n	n 维欧几里得空间
X^T	矩阵 X 的转置
sym$\{X\}$	$X+X^T$
rank(X)	矩阵 X 的秩
$\|X\|$	向量 X 的欧几里得范数
$|X|$	矩阵 X 每个元素取绝对值后的矩阵
X^{-1}	矩阵 X 的逆
X^+	矩阵 X 的 Moore-Penrose 逆
I	适当维数的单位矩阵
$\lambda_M(X)$	矩阵 X 的最大奇异值
$\lambda_{min}(X)(\lambda_{max}(A))$	矩阵 X 的最小(最大)特征值
$X>0(X<0)$	X 是正定阵(负定阵)
$X>Y$	$X-Y$ 为正定矩阵
$(\Omega_\eta,\mathscr{F}_\eta,Pr)$	完备概率空间,其中 Ω_η 是样本空间,$\mathscr{F}_\eta$ 是 Ω_η 上的一个 σ-代数,Pr 是 $\mathscr{F}_\eta$ 上的概率测度
$C[-d,0]$	所有定义在 $[-d,0]$ 的 R^n 维函数,且范数 $\|f\|=\sup\limits_{x\in[-d,0]}|f(x)|$ 的连续函数组成的集合,其中 $f\in C[-d,0]$
$L[0,\infty)$	$[0,\infty)$ 上的平方可积函数空间,此空间上的范数定义为 $\|\omega(t)\|_2$ $=\sqrt{\int_0^\infty\|\omega(t)\|^2\mathrm{d}t}$
$V_n^\omega(E)$	定义在集合 E 上的 n 维解析向量场集合
$\varepsilon\{\cdot\}$	随机变量的数学期望
$\mathfrak{A}\{\cdot\}$	弱无穷小算子
diag$\{\cdot\}$	对角矩阵
sign$(\cdot)$	符号函数

目　　录

第1章 绪 论

1.1 复杂大系统的结构特征

复杂大系统在实际生活中的各个领域都有广泛的应用,例如经济系统、航空航天系统、城市交通网络系统、电路网络系统和无限通信系统等[1-3],如图 1.1.1 所示。

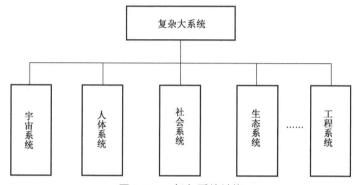

图 1.1.1 复杂系统结构

复杂大系统一般由多个子系统交联而成,子系统之间既保持相互独立,又通过彼此传递信号而互相联系,具有如下显著的特征[4]:

(1)系统的结构十分复杂。交联大系统中的各个子系统、各个元件之间有着极为复杂的关系。

(2)系统的规模庞大。交联大系统中包含无数个子系统部件,空间占用大、系统经历时间长、范围涉及很广泛。

(3)影响系统性能的因素多而复杂。交联大系统是一类多状态变量、多控制输入、多输出、多外界干扰、多参数变量的系统,与一般系统相比,影响其稳定性的因素多很多。

(4)系统的控制策略复杂。由于交联大系统多目标、多参数、多干扰、高维数的特点,需要采用比一般系统更为复杂的策略,才能实现大系统的鲁棒稳定性控制。

(5)功能综合。通常,大系统的目标是多样的(技术的、经济的、生态的等),因而,大系统的功能必是多方面的(质量控制、经营管理、环境保护等)、综合性的。

复杂系统具有多层次性、多因素性、多变性,各因素或子系统之间以及系统与环境间相互作用。一般认为,非线性、不稳定性、不确定性是复杂之根源。那么,如果时空结构是多层次的,组成是多因素或多子系统的,系统是开放性的,相互作用和过程以及整体的功能与行为是多样的、不稳定的、变化的、整体的不可逆演化过程,就更复杂了。复杂系统由相互作用的成分或要素(也是系统)形成多层次的时空特定结构。复杂性的研究就是研究复杂系统的结构、组成、功能及其相互作用。大系统的系统模型通常是用微分方程描述的,一般形式如下:

$$\begin{cases} \dot{x}_i(t) = f_i[x_i(t), u_i(t), t] + \sum_{j=1, j \neq i}^{N} g_{ij}(x_j(t), t) \\ y_i(t) = \xi_i[x_i(t), u_i(t), t], i = 1, 2, \cdots, N \end{cases} \quad (1.1.1)$$

其中，$x_i(t)$，$u_i(t)$ 和 $y_i(t)$ 分别是大系统第 i 个子系统的状态变量、控制输入和输出；$f_i[x_i(t), u_i(t), t]$ 和 $\xi_i[x_i(t), u_i(t), t]$ 是关于 $x_i(t)$，$u_i(t)$ 和 t 的向量函数；$\sum_{j=1, j \neq i}^{N} g_{ij}(x_j(t), t)$ 表示系统的交联项；t 是时间变量。

一般地，当系统(1.1.1)为线性的交联大系统时，可以描述为如下形式的连续系统：

$$\begin{cases} \dot{x}_i(t) = Ax_i(t) + Bu_i(t) + \sum_{j=1, j \neq i}^{N} H_{ij}x_j(t) \\ y_i(t) = Cx_i(t) + Du_i(t), i = 1, 2, \cdots, N \end{cases} \quad (1.1.2)$$

其中，A, B, C, D, H_{ij} 是适当维数的常数矩阵；$\sum_{j=1, j \neq i}^{N} H_{ij}x_j(t)$ 是系统的线性交联项。

根据复杂大系统的上述特点，复杂大系统研究的主要问题有[5]：

（1）模型简化

复杂大系统模型的建立比较复杂，包括明确大系统的结构、建立大系统各部分（子系统）的数学模型、确定各部分（子系统）间的关联关系、模型中待定参数的辨识等问题。如果模型过于简单又可能不能很好地描述对象而导致不正确的结论。模型简化的任务是适当简化模型，使大系统的模型比原模型简单而又保留了原系统的主要特性。有适当精度的模型是复杂大系统研究的基础。

（2）大系统的稳定性、能控性和能观性

稳定性、能控性和能观性是控制系统的最基本特征。大系统维数高，结构复杂，给这些基本特性研究带来了困难。大系统常常由若干子系统构成或可以分解为若干个子系统。在研究大系统的稳定性时可以先研究它的各个子系统的稳定性。能控性和能观性需要研究的问题有大系统的能控性（能观性），分散系统的能控性（能观性）。

（3）分散控制

由于大系统由几十乃至上千个子系统互联而成，系统维数高或各子系统处于不同的地理位置。各子系统之间信息传递受到一定约束。即使信息传递不受影响，也可能由于计算量过大无法采用集中控制的策略。这时整个系统分成若干个控制站，每个局部控制站的控制规律只能由局部的量测输出决定，这种信息结构称为分散信息结构，得到的控制策略称为分散控制。分散控制结构具有很多优点。首先各个子系统只根据自己的信息决定自己的控制，便于对出现于子系统的干扰作出快速反应，这有利于提高控制的品质。各控制站之间不需要外部交换信息，节省了大量传送信息的费用。分散控制在一个系统发生故障时不影响其他子系统的控制，所以增加了整个系统的可靠性。大系统分散控制的结构如图 1.1.2 所示[6]：

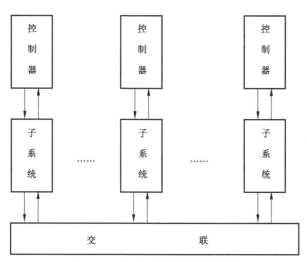

图 1.1.2 复杂系统分散控制结构

从图 1.1.2 可以看出一个大控制系统由若干个子系统组成,对大系统的控制就是对各子系统的控制。

（4）镇定和极点配置

镇定和极点配置是设计反馈控制系统的基本方法。在大系统中主要研究由若干子系统构成的大系统的镇定和极点配置以及分散控制系统的镇定和极点配置。

（5）大系统的分解与协调

在通常的控制论中,一般情况下都把对象看作一个整体,控制采用完全集中方式,但由于大系统计算和结构的复杂性,在大系统研究中广泛采用了分解-协调方法。分解-协调法是将一个大系统分解为若干个规模较小的子系统,通过协调变量协调这些子系统使整个系统得到最优解。

（6）分布式综合控制和管理系统

由于大系统具有维数高和结构复杂的特点,在实际工程上常采用多计算机控制方式。在工业过程控制中,各控制现场常采用微处理器实现现场的控制,构成分布式综合控制和管理系统。

由于大系统与经济发展、社会进步、人民生活、国家安危、世界稳定、生态环境等大问题休戚相关,所以,在国内外受到广泛的关注。在国际上,大系统是许多重要国际学术会议关注的重要问题之一。例如 IFAC、IFOR、IFIP 等国际联合会,曾多次召开关于大系统的专题学术会议。许多国家的研究机构、高等院校都进行有关大系统的研究工作,1972 年,在维也纳成立了 IASA 国际应用系统分析研究所,专门研究涉及世界范围的大系统问题。大系统是控制理论、运筹学、信息处理等方面学术刊物的重要专题。例如美国电子电气工程师协会在 IEEE Trans, AC-23,No. 2,April,1978 出版了大系统专刊。1980 年,关于大系统的专门的学术刊物 *Large Scale System* 也创刊了。20 世纪 70 年代以来,我国的研究机构、高等院校也对复杂系统(包括大系统)进行了相关的研究。如自动化学会、控制理论专业委员会、运筹学会和航空学会等学会都召开过多次关于大系统的专题学术会议。我国学者对复杂系统的研究提出了自己的看法并有自己独特的见解[7-12]。

大系统的研究之所以得到广泛的重视,其原因在于,如果复杂大系统运行状态好、效益高、稳定、可靠、优化、协调,将有利于国计民生,造福于人类社会;反之,复杂大系统运行状态差、效益低、失稳、故障、劣化、失控,将危害人民的生命财产,破坏社会环境、国家安定乃至世界和平。因此,如何对复杂大系统进行控制和管理? 如何进行复杂系统分析、预测、规划、设计以改善系统的运行状态,提高运行效益? 这是人们面临的重大课题。

大系统的鲁棒控制问题长期以来都吸引着广大科研工作者的注意力。其中,集中控制和分散控制是交联大系统的鲁棒控制过程中最重要的两大控制方法。集中控制是充分利用系统所有子系统的全部信息来采取控制策略,控制效果好、保守性小,但是对于化工过程、电力系统、计算机通信网络等大规模的交联大系统,结构复杂且系统的维数较高,这导致子系统之间信号传输受到很多因素的干扰或者计算量过大阻碍集中控制的实施,而且通信费用非常高,集中控制在这种情况下变得不切实际,这时应该考虑另一种控制策略——分散控制,分散控制是针对每一个子系统进行控制的,单独需要子系统各自的信息进行单独控制,这样,即使子系统之间信号传输受到干扰,也不影响分散控制过程的进行,因此,凭借自身的可靠性、独立性和经济型,交联大系统的分散控制成为一个值得广大学者深入研究的重要课题[13-16]。

1.2 非线性交联大系统的研究现状

早在 20 世纪 70 年代,大系统被学者提出并且列入了控制系统理论的研究范畴。1978 年,Sandell 等人发表了关于大系统的分散控制的文章[17]等研究成果。1980 年,关于大系统的专门学术刊物 *Large Scale System* 创刊,但是由于大系统的复杂性,初始阶段的研究进程比较缓慢,并且都是针对线性大系统进行研究的。到 20 世纪 80 年代以后,交联大系统的研究成果逐步增多,关于非线性交联大系统的文献不断涌现。Gavel 和 Xie 对非线性交联大系统进行了状态反馈分散控制的相关研究[18-19];Rodellar、Saberi 和 Yan 分别针对非线性交联大系统的静态输出反馈进行了研究[20-22]。关于非线性交联大系统的动态输出反馈问题的研究同样也得到了一些成果,文献[23]研究了一类非线性交联大系统的输出和状态反馈分散控制问题;文献[24]针对一类非线性交联大系统,研究了其动态输出反馈分散控制问题;等等。这些早期的成果都为非线性交联大系统的进一步研究奠定了坚实的基础。

从 20 世纪 90 年代开始,从事交联大系统控制问题研究的广大科研工作者逐步地把研究兴趣转移到了系统中的不确定项因素和时间滞后问题上。在实际工程中,很多内部因素或者外部环境的影响都会导致系统性能的下降。例如,零件的过度使用和老化、外部噪音的干扰、室外温度的变化等等,这些因素都可能会导致系统各种不确定性的存在;同样地,在大多化工系统、电力系统和工业系统中都普遍存在着一种现象——时间滞后,简称时滞。在系统的控制过程中,时滞现象往往会致使控制策略更加复杂,并且控制策略的实施更加烦琐。因此,对不确定非线性交联大系统、非线性时滞交联大系统等交联大系统的控制问题的研究,是控制界的广大科研工作者研究的主要问题之一,并且已经获得了很多方法和成果[25-27]。王岩青教授针对一类输入带有时滞的不确定大系统,研究了这类系统的鲁棒分散控制问题[25];严星刚教授针对一类非线性时滞交联大系统,研究了其静态输出反馈分散控制问题[26]。

近年来,关于非线性交联大系统的研究成果层出不穷,在分散控制器设计、观测器设计、H_∞ 控制、二次稳定控制、输出反馈控制等多方面都进行了非常深入的研究,同时也形成了相对完备的理论[28-31]。然而,与一般的系统相比较而言,非线性交联大系统仍然是正在发展中的一门学科,许多控制问题有待广大科研工作者做进一步的探讨和研究。

1.3 相似交联大系统的研究现状

具有相似结构的非线性交联大系统是一类特殊的大系统,这类系统广泛存在于实际工程中,例如,多臂机器人系统、人工神经网络系统、舰队通信系统、电力系统等等[32-33]。具有对称性和相似性结构的复杂的交联大系统最早在 20 世纪 80 年代被人们提出,张嗣瀛院士就是这个方向的创始人。此后,经过广大学者多年的不断探索和努力,取得了很多研究成果。这些成果主要分为两部分:系统中不同相似结构的建立和具有相似结构的交联大系统的鲁棒控制问题。

杨光红[34]研究了如下形式的相似交联大系统:

$$\begin{cases} \dot{x}(t) = Ax(t) + Bu(t) \\ y_i(t) = Cx(t) \end{cases} \tag{1.3.1}$$

其中

$$B = \mathrm{diag}\{B_0, B_1, \cdots, B_1\}$$
$$C = \mathrm{diag}\{C_0, C_1, \cdots, C_1\}$$
$$A = \begin{pmatrix} A_0 & L_0 & L_0 & \cdots & L_0 \\ M_0 & A_1 & H_1 & \cdots & H_1 \\ M_0 & H_1 & A_1 & \cdots & H_1 \\ \vdots & \vdots & \vdots & & \vdots \\ M_0 & H_1 & H_1 & \cdots & A_1 \end{pmatrix}$$

在提出的这类相似结构中,一些具有相同结构的系统与另外一个外部的系统以某种特定的位置关系互相交联,组成一个交联大系统。在此基础上,文献[35,36]针对具有这类相似结构的交联大系统的结构性质和分散控制等问题分别进行了研究。

严星刚[37]针对一类非线性交联大系统,通过状态反馈引入了一种相似结构,并且把其应用于广义交联大系统的具有相似结构的鲁棒控制器的设计问题;王征在文献[38]中针对一类带有已知交联项的交联大系统,利用 Lyapunov 方法、线性矩阵不等式、Riccati 方程等方法给出了相似交联大系统的交联条件,并提出了可以充分利用子系统之间交联作用的"二步法";文献[39]把光滑映射的概念应用于控制过程中,给出了相似交联大系统的概念;文献[40]通过静态输出反馈给出了一种相似结构,在此基础上,研究了一类含有非匹配不确定项的交联系统的降阶控制问题;文献[41]通过输出反馈给出了相似结构的概念,进一步设计了一类广义交联大系统的状态观测器等等[42-44]。

另一方面,很多学者把注意力集中在具有相似结构的交联大系统的控制问题上,在很多相关方向上也获得了重要的研究成果。文献[45]中研究了一类线性不确定交联大系统的分散控制器设计问题;文献[46]针对一类不确定交联大系统,主要对其进行分散控制的研究;一类复杂系统的相似结构和控制问题在文献[47]中得到了解决。

研究结果表明,对于由多个子系统构成的交联大系统而言,在实际系统的具体的控制过程中,引入相似型的系统结构可以大大地减少工程实践中的计算量,尤其是系统维数较高时,其优越性就格外明显,研究问题简便化。因此,对于具有相似结构的交联大系统的控制问题的研究,具有广泛的理论和实践意义,需要广大学者进行深入的研究。

1.4 广义交联大系统的研究现状

广义系统[48]是比正常系统更为广泛的一种系统。对广义系统的研究,始于 Rosenbrock。1974 年,他在研究复杂的电网系统中首先提出该问题并在《国际控制杂志》(*International Journal of Control*)发表了《一般动态系统的结构性质》[49]一文,首次提出了广义系统的概念,并对线性广义系统的解耦零点及系统受限等价性做了研究。随后,美国学者 Luenberger 和 Arbel 在美国《电子电气工程师学会自动控制汇刊》(*IEEE Transactions on Automatic Control*)和在英国出版的《国际自控联汇刊自动化》(*Automatica*)等刊物上发表文章,对线性广义系统解的存在性和唯一性等问题展开研究[50-51]。从此,拉开了对广义系统研究的帷幕。

随着现代控制理论及方法在工程系统中的深入和向其他学科诸如航空、航天、通信、电力、生态、人口、能源、机器人、经济和社会管理等系统的渗透,人们在许多领域发现了广义系统的实例。实际上,早在 20 世纪 40 年代,经济学家就已经将经济系统用广义微分方程或差分方程描述。同样在 40 年代,数学家、计算机科学家和经济学家冯·纽曼给出的冯·纽曼模型也属于此类系统。1977 年,Luenberger 和 Arbel 发现著名的动态投入产出模型是由微分(差分)方程描述的慢变动态层子系统及代数方程描述的快变静态层子系统组成的广义复合系统,它是一个典型的广义系统[52]。除了常用的列昂惕夫(Leontief)和冯·纽曼模型是广义系统外,还有许多宏观以及微观经济与管理系统以描述方程来表达,它们也属于广义系统。再例如,石油化工中的催化裂化过程、人口、电路、人工神经网络[53]、计量经济学、电子网络[54]、航空航天技术[55]等领域中也发现了广义系统的实例。最优控制问题,特别是有代数方程约束条件的复杂大系统都是广义系统。针对广义系统的应用价值,举例说明如下。

例 1.4.1 Hopfield 神经网络模型的输入包括两部分,其一是模型的外部输入,其二是神经元输出信号的加权和。模型可表示为[56]

$$\begin{pmatrix} cI & 0 & 0 & 0 \\ 0 & 0 & 0 & 0 \\ 0 & 0 & 0 & 0 \\ 0 & 0 & 0 & 0 \end{pmatrix} \dot{x} = \begin{pmatrix} -gI & 0 & 0 & -W_1 \\ 0 & I & 0 & 0 \\ 0 & -W_2 & I & 0 \\ 0 & 0 & 0 & I \end{pmatrix} x + \begin{pmatrix} 0 \\ -g(x_1) \\ -i_B \\ -f(x_3) \end{pmatrix} + \begin{pmatrix} B_1 \\ 0 \\ 0 \\ 0 \end{pmatrix} v$$

$$y = \begin{pmatrix} 0 & I & 0 & 0 \end{pmatrix} x, \quad x^{\mathrm{T}} = \begin{pmatrix} x_1^{\mathrm{T}} & x_2^{\mathrm{T}} & x_3^{\mathrm{T}} & x_4^{\mathrm{T}} \end{pmatrix}$$

其中,W_1, W_2 是两个加权矩阵;$f(x_3)$,$-g(x_1)$ 是非线性函数。这是一个非线性广义系统模型。

例 1.4.2 人们熟知的 Leontief 动态投入产出模型表示为[56]

$$Bx(t+1) = (I - A - B)x(t) + w(t) + d(t) \tag{1.4.1}$$

其中,A 为消耗系数矩阵,B 为投资系数矩阵,它们均具有相应的阶数。$x(t)$ 为 t 时刻的产量,$d(t) + w(t)$ 为 t 时刻的最终产品量,而 $d(t)$ 为确定性的,被称为计划中的最终消费,$w(t)$ 为市场波动对消费的影响。在多部门的经济系统中,当各部门之间不存在投资时,在矩阵 B 中对应的行为零。从而知 B 不满秩。则系统(1.4.1)表示的是不确定性的离散线性时不变广义系统。

例 1.4.3[57] 某企业有两种产品,在时刻 t 库存量分别为 $x_1(t), x_2(t)$,并设 $u_1(t), u_2(t)$ 为这两种产品的生产率,$s_1(t), s_2(t)$ 为两种产品的销售率。则有

$$\dot{x}(t) = -s(t) + u(t) \tag{1.4.2}$$

$$x(t) = \begin{bmatrix} x_1^{\mathrm{T}}(t) & x_2^{\mathrm{T}}(t) \end{bmatrix}^{\mathrm{T}}, u(t) = \begin{bmatrix} u_1^{\mathrm{T}}(t) & u_2^{\mathrm{T}}(t) \end{bmatrix}^{\mathrm{T}}, s(t) = \begin{bmatrix} s_1^{\mathrm{T}}(t) & s_2^{\mathrm{T}}(t) \end{bmatrix}^{\mathrm{T}}$$

一般来说,销售率 $s(t)$ 与产品在时刻 t 及 $t-1$ 时刻的库存量 $x(t)$, $x(t-1)$ 有关,而且与 t 时刻库存率 $\dot{x}(t)$ 有关,设

$$s(t) = E_1 \dot{x}(t) - Ax(t) - Bx(t-1)$$

代入(1.4.2)得

$$(I_2 + E_1)\dot{x}(t) = Ax(t) + Bx(t-1) + u(t)$$

其中, I_2 为二阶单位矩阵。该系统为广义系统。

　　例 1.4.4　在环境污染问题中,设污染物为有毒化学物质或放射性同位素。物种在区域 D 中的总数为 $x_1(t)$,物种个体内的毒素浓度为 $x_2(t)$,环境中介质的毒素浓度为 $x_3(t)$,若 $x_1(t)$ 的妊娠期为 τ_1 ,毒素在个体内停留 τ_2 时间以后排出体外(对排出部分而言),环境内毒素进入个体的平均时间为 τ_3 ,若 $v(t)$ 表示毒素排入环境的速率,则污染问题的数学模型为[58]

$$\dot{x}_1(t) = rx_1(t) - cx_1(t)x_1(t-\tau_1)$$

$$\dot{x}_2(t) = Kx_3(t-\tau_3) - ax_2(t)$$

$$\dot{x}_3(t) = -K_1 x_3(t-\tau_3)x_1(t) + g_1 x_2(t-\tau_2) - hx_3(t) + v(t)$$

其中, r,c,K,K_1,a,g_1,h 都是正常数。但是 $v(t)$ 明显地依赖于物种个体内毒素的浓度以及环境中介质毒素的浓度,而不应该是常数,故

$$v(t) = f(x_2(t), x_3(t))$$

这样,完整的数学模型应为

$$\dot{x}_1(t) = rx_1(t) - cx_1(t)x_1(t-\tau_1)$$

$$\dot{x}_2(t) = Kx_3(t-\tau_3) - ax_2(t)$$

$$\dot{x}_3(t) = -K_1 x_3(t-\tau_3)x_1(t) + g_1 x_2(t-\tau_2) - hx_3(t) + v(t)$$

$$v(t) = f(x_2(t), x_3(t))$$

这是一个含有多个时滞的连续广义系统。

　　例 1.4.5　宇宙飞船航行姿态满足方程[58]

$$H\dot{\omega} = p \times \omega + \tau$$

$$\dot{\gamma} = M(\gamma)\omega$$

其中, H 是"惯量"矩阵; ω 代表在宇宙飞船坐标系中宇宙飞船的随时间变化的角速度向量; P 为全部角动量; τ 为控制输入; $\gamma = (\varphi, \theta, \psi)^{\mathrm{T}}$ 为描述姿态的欧拉角。若为奇异的,则为广义系统。若 τ 为基于飞船姿态的地面控制,由于距离遥远,信号传递的时滞,该系统是一个时滞广义系统。

　　另外,不少实际系统(如受限机器人[59]、核反应堆[60]、非因果系统[61])只能用广义系统描述而不能用正常系统描述。而且,Rosenbrock 和 Pugh[62]指出,用广义系统来描述交联大系统的动态方程将是方便的。

　　广义交联大系统是由多个广义子系统交联而成的,不仅具有广义系统的特性,例如正则性、脉冲性等,又具有交联大系统的复杂性,因此,在研究这类系统的过程中,需要采取更为复杂的策略,广义交联大系统理论上的学术价值和广泛的应用前景吸引着众多国内外学者的关注和重视。早在 20 世纪 80 年代,加拿大多伦多大学的 Chang 和 Davision 在美国控制与决策

学术年会上,发表了第一篇关于对广义交联大系统进行分散控制的文章,首次提出了广义交联大系统的有穷分散固定模和脉冲分散固定模两个概念[63]。在此之后,许多高校研究团队和科研机构对相关学术方向相继开始了进一步的探讨。Xie 通过引入导出系统的定义,进一步探讨了广义交联大系统是否存在着有穷分散固定模的判别方法[64];Lin 针对广义交联大系统是否存在有穷分散固定模的问题,进行了更深入的探索,探讨了广义交联大系统存在有穷分散固定模的时候需要符合的几个递推特征[65];1992 年,刘万泉教授研究了广义交联大系统与广义摄动系统的分散控制问题[66];1997 年,张庆灵教授的著作《广义大系统的分散控制与鲁棒控制》与学者见面,该书是关于广义交联大系统的研究问题在国内被公开发表的第一部专著。

大系统内部或外部存在着各种因素的影响或干扰,广义交联大系统同样地面临着这些问题,因此鲁棒控制在对广义交联大系统的研究过程中非常重要,目前在广义交联大系统鲁棒控制方向上,已经取得了一些初步的成果。文献[39]给出了广义交联大系统分散伺服机的设计方法和存在条件;文献[67]给出了广义交联大系统的分散 H_∞ 控制器的设计方法;在文献[68]中,变结构控制思想被用于研究一类具有非线性交联项的广义交联大系统的控制问题;文献[56]针对一类广义交联大系统,利用 Riccati 方程探讨了该系统的基于状态观测器的分散控制问题;文献[69]研究了一类广义大型互联线性系统的迭代学习控制问题。

迄今为止,广义交联大系统控制问题的研究已经有了非常久远的历史,经过广大学者深入的研究已经获得一些研究成果和研究方法[70-71],其中涉及了广义交联大系统的分散镇定、分散固定模、分散能控性等问题,但是,进一步更深入的研究工作有待进行。

1.5 具有输入饱和的非线性广义交联大系统的研究现状

在工程实践中,系统的控制输入常常含有饱和因子,这种情况的存在可能使得系统的各方面性能受到相应的限制,广义交联大系统同样受到饱和非线性的限制,这不仅会使系统的性能下降,也会使得系统非常不稳定。目前为止,系统的控制过程中有两种策略用于处理饱和非线性因素:一种是在系统的控制过程中通过适当的方法把非线性饱和线性化;另一种是忽略输入带有饱和的情况下设计控制器,然后再通过设计补偿器来削减饱和非线性因素。近几十年里,很多针对带有输入饱和的控制系统的各方面的研究成果已经获得,其中,文献[72]研究了输入带有饱和因子的非线性系统的控制问题;文献[73]中把非线性反馈控制器作用于控制系统,从而提高了系统跟踪控制的瞬态性能;文献[74-75]分别对具有输入带饱和的连续型广义系统和离散型线性广义系统进行了研究,得出了使系统半全局镇定的条件;文献[76]应用了CNF 技术,针对一类具有输入饱和的线性广义系统,研究了其跟踪控制问题;文献[77]针对一类具有输入饱和及非线性扰动的广义系统,并且研究了这类系统的容错控制等等[78-81]。

近几年,广大科研工作者对带有饱和因子的非线性广义交联大系统进一步深入地研究,取得了很多科研成果。例如,文献[82]针对一类输入带有饱和因子及非线性项的交联大系统的分散控制问题进行了研究;文献[83]应用 Riccati 方程的方法,针对一类带有输入饱和及非线性项的广义交联大系统,对其进行分散控制的研究与探讨等等。

目前,关于具有输入饱和的非线性广义交联大系统研究取得的科研成果仍然是有限的,有大量的研究工作需要广大学者进一步探讨和研究。例如:(1)很多科研成果是在假设所给的广义交联大系统的子系统是正则和无脉冲的前提下进行的;(2)目前的很多科研成果需要做进一步的改进,从而更有效地提高系统的性能;(3)在控制系统的研究中,大部分系统中的饱

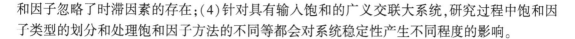

和因子忽略了时滞因素的存在;(4)针对具有输入饱和的广义交联大系统,研究过程中饱和因子类型的划分和处理饱和因子方法的不同等都会对系统稳定性产生不同程度的影响。

1.6　相似非线性时滞大系统分散控制的研究意义及展望

具有相似结构的非线性交联大系统凭借着自身结构的特殊性,可以使复杂的系统结构简便化,目前,已经得到了一些研究成果。然而,在已有成果的研究中,各种相似结构的建立过程中很少考虑到时滞因素的存在。时滞现象在实际的工程系统中是普遍存在的,是引起系统中的不稳定并且导致系统性能恶化的重要原因,从而在对具有相似结构的非线性交联大系统的研究过程中不得不考虑时滞现象的存在,因此,对具有相似结构的非线性时滞交联大系统的分散控制问题的研究,有着重要的理论和实际意义,以下几个方面可以作为今后研究的重点。

(1)结构更为复杂的具有相似结构的非线性时滞交联大系统的分散控制问题。为了描述形式更为广泛的交联大系统,需要在系统中考虑饱和因子、扰动项、不确定性等来自各方面内部或外部因素的影响,所以,关于结构更为复杂的具有相似结构的时滞交联大系统的分散控制问题的进一步探讨十分重要。

(2)基于状态观测器的非线性时滞相似交联大系统的分散控制。在状态反馈、输出反馈、记忆反馈等基础上建立时滞交联大系统的相似结构在本书中各章节分别得以研究,但是对于时滞相似交联大系统的观测器设计仍然是研究领域的一个难点,尤其是非线性系统观测器的研究,因此基于状态观测器的时滞相似交联大系统的分散控制成为研究的主要内容。

(3)非线性时滞交联大系统的实际应用。对时滞交联大系统的分散控制的研究的最终目的是解决实际工程问题,因此所研究的系统理论必须以建立在实际系统模型的基础上为前提,为所研究的系统寻找更为广泛的工程应用背景。

(4)具有相似结构的非线性时滞交联大系统分散控制的软件仿真。用于研究控制系统的各种方法最终的目的是应用于实践,在计算与实例仿真的过程中需要计算机的辅助,所以,与非线性时滞交联大系统相关的软件开发与升级,将对非线性时滞交联大系统的发展起到很大的促进作用。

1.7　结构安排

本书结合了大系统理论、广义系统理论、Lyapunov-Krasovskii 泛函理论、分散控制理论、矩阵奇异值理论、矩阵范数理论、积分不等式、Riccati 方程、LMI 方法,对非线性交联大系统的分散控制问题进行了深层次的探讨。主要内容包括:

第 1 章　本章首先介绍了交联大系统的产生背景及非线性交联大系统的发展现状,并概述了具有相似结构的交联大系统的产生和发展现状;其次简述了带有饱和因子的非线性广义交联大系统的研究现状和研究意义;再次介绍了具有相似结构的非线性时滞交联大系统的研究意义与展望;最后概述了本章的研究内容与主要工作。

第 2 章　本章考虑了环链系统和几类不确定非线性环链组合大系统,利用线性代数理论,给出了实现环链系统的充要条件。利用 Lyapunov 稳定理论、Riccati 方程的方法和矩阵的Moore-Penrose 逆分别研究了几类非线性组合大系统的分散状态反馈鲁棒镇定、分散鲁棒观测器和输出反馈鲁棒镇定问题,分别给出了非线性分散状态反馈鲁棒镇定控制器、分散鲁棒观测器和非线性分散输出反馈鲁棒镇定控制器的设计。最后给出了数例说明了本章设计方法的可行性。

第3章　本章研究了具有输入饱和的非线性不确定交联大系统及具有输入饱和的非线性不确定广义交联系统的鲁棒控制和分散控制问题。首先对具有输入饱和的不确定非线性关联大系统,通过变化 Riccati 方程的形式,结合 Lyapunov 函数和广义矩阵理论分别设计出分散鲁棒状态反馈控制器和分散鲁棒输出反馈控制器;其次对具有输入饱和的不确定非线性广义交联系统,通过广义 Riccati 方程的方法,给出了一种分散广义鲁棒镇定控制器的设计;最后考虑了具有输入饱和的不确定非线性广义相似组合大系统,利用广义系统的分解理论、Lyapunov 稳定理论和矩阵理论给出了一种简洁的分散鲁棒镇定控制器的设计方法。

第4章　本章讨论了一类不确定广义交联大系统的分散鲁棒镇定问题,通过广义 Riccati 方程的方法和矩阵的 Moore-Penrose 广义逆理论给出了一种分散广义鲁棒镇定控制器的设计,设计方法易于工程实践并且使得系统有好的保守性,并通过数值算例证明了本章提出方法的有效性。本章的研究进一步推广了具有饱和因子的广义交联大系统理论。

第5章　本章讨论了一类具有相似结构的非线性广义组合大系统的状态估计。对这类系统分别设计出分散鲁棒广义状态观测器和分散鲁棒状态观测器。由于设计的观测器的相似性,根据一个观测器和相似变量,即可获得全部分散观测器,利于工程的实现,不需要系统的孤立子系统的非线性部分的精确模型。最后进行数例仿真,结果表明本章的设计是有效的。

第6章　本章研究了一类具有相似结构的非线性不确定时滞交联大系统的状态反馈分散控制问题,系统中状态向量和输入向量均含有时滞。首先通过状态反馈定义了一种新的相似结构,其次通过构造 Lyapunov-Krasovskii 泛函、引用新的积分不等式、线性矩阵不等式等方法,得出了系统的状态反馈鲁棒分散控制器的设计方法,得到的控制器也具有相似结构,这使得控制器的设计过程计算简便并且易于工程实践。最后用数值仿真说明了本章方法是可行的。

第2章 环链大系统的鲁棒控制

2.1 引言

许多控制系统和大自然、实际工程等有着千丝万缕的联系。因此研究有着实际背景的系统控制问题,有重要的现实意义。许多作者投身于有着实际背景的系统研究中,取得了许多好的结果[84-86]。在现实世界中,有许多系统由若干环链组成,每个环链的元素之间循环制约。整个系统的所有元素有着联系,其他环链的元素对某一个环链有着影响。例如,一个生态系统,由若干个生态链组成,每个生态链的元素循环制约,互为依存。而各个生态链之间有着联系。整个生态系统的所有元素相互交联。由于自然的复杂性,它们的交联又具有不确定因素的影响。除了生态系统,还有许多系统具有上面的特点。如,在足球比赛时,一个小组的球队胜负之间彼此形成一个循环。再如:

例2.1.1 交联倒立双摆系统[87]:考虑两个由弹簧连接的置于小车上的倒立摆,其中弹簧可沿着摆滑动(如图2.1.1)。

令 $x_1 = \left(\theta_1 \quad \dot{\theta}_1\right)^T, x_2 = \left(\theta_2 \quad \dot{\theta}_2\right)^T$,则小车上的倒立双摆系统的动态方程为

$$\dot{x}_1 = \begin{pmatrix} 0 & 1 \\ \dfrac{g}{cl} & 0 \end{pmatrix} x_1 + \begin{pmatrix} 0 & 0 \\ -\dfrac{k(a(t)-cl)}{cml^2} & 0 \end{pmatrix} x_1 + \begin{pmatrix} 0 \\ \dfrac{1}{cml^2} \end{pmatrix} u_1 + \begin{pmatrix} 0 & 0 \\ -\dfrac{k^2(a(t)-cl)}{cml^2} & 0 \end{pmatrix} x_2 -$$

$$\begin{pmatrix} 0 \\ \left(\dfrac{m}{M}\sin(\theta_1)\theta_1^2 + \dfrac{k(a(t)-cl)}{cml^2}(y_1-y_2)\right) \end{pmatrix}$$

$$\dot{x}_2 = \begin{pmatrix} 0 & 1 \\ \dfrac{g}{cl} & 0 \end{pmatrix} x_2 + \begin{pmatrix} 0 & 0 \\ -\dfrac{k(a(t)-cl)}{cml^2} & 0 \end{pmatrix} x_2 + \begin{pmatrix} 0 \\ \dfrac{1}{cml^2} \end{pmatrix} u_2 + \begin{pmatrix} 0 & 0 \\ -\dfrac{k^2(a(t)-cl)}{cml^2} & 0 \end{pmatrix} x_1 -$$

$$\begin{pmatrix} 0 \\ \left(\dfrac{m}{M}\sin(\theta_2)\theta_2^2 + \dfrac{k(a(t)-cl)}{cml^2}(y_1-y_2)\right) \end{pmatrix}$$

其中,$c = \dfrac{M}{(M+m)}$,k 和 g 分别是弹簧系数和重力常数。此系统为非线性环链组合系统。

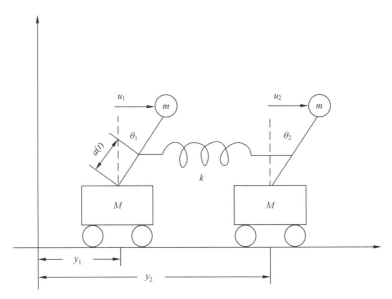

图 2.1.1　小车上的倒立摆系统

例 2.1.2　考虑由 N 个电机组成的多级电力系统,其动态系统模型为[88]:

$$M_i \frac{\mathrm{d}^2 \delta_i}{\mathrm{d}t^2} + D_i \frac{\mathrm{d}\delta_i}{\mathrm{d}t} = P_i - \sum_{j=1,j\neq i}^{N} b_{ij}\sin\delta_{ij}, i=1,2,\cdots,N$$

其中, M_i 为惯量常数; D_i 为阻尼系数; δ_i 为第 i 个电机轴的转子相对于系统同步速度运转轴的夹角; $\delta_{ij} = \delta_i - \delta_j$; P_i 为有效输入功率; $\sum_{j=1,j\neq i}^{N} b_{ij}\sin\delta_{ij}$ 为第 i 个电机与其他电机之间的交联作用。

选取 $x_{i1} = \delta_i, x_{i2} = \dot{\delta}_i, x_i = (x_{i1} \quad x_{i2})$, $u_i = P_i, H_{ij} = (-b_{ij}\sin\delta_{ij})$, $y_i = \delta_i$,则多级电力系统模型可表示为

$$\begin{pmatrix} \dot{x}_1 \\ \dot{x}_2 \\ \vdots \\ \dot{x}_N \end{pmatrix} = \begin{pmatrix} G_1 & & & \\ & G_2 & & \\ & & \ddots & \\ & & & G_N \end{pmatrix} \begin{pmatrix} x_1 \\ x_2 \\ \vdots \\ x_N \end{pmatrix} + \begin{pmatrix} F_1 & & & \\ & F_2 & & \\ & & \ddots & \\ & & & F_N \end{pmatrix} \begin{pmatrix} u_1 \\ u_2 \\ \vdots \\ u_N \end{pmatrix} + \begin{pmatrix} \dfrac{1}{M_1}\sum\limits_{j=2}^{N} H_{1j} \\ \dfrac{1}{M_2}\sum\limits_{j=1,j\neq 2}^{N} H_{2j} \\ \vdots \\ \dfrac{1}{M_N}\sum\limits_{j=1,j\neq N}^{N} H_{Nj} \end{pmatrix}$$

$$\begin{pmatrix} y_1 \\ y_2 \\ \vdots \\ y_N \end{pmatrix} = \begin{pmatrix} E_1 & & & \\ & E_2 & & \\ & & \ddots & \\ & & & E_N \end{pmatrix} \begin{pmatrix} x_1 \\ x_2 \\ \vdots \\ x_N \end{pmatrix}$$

其中, $G_i = \begin{pmatrix} 0 & 1 \\ 0 & -\dfrac{D_i}{M_i} \end{pmatrix}, F_i = \begin{pmatrix} 0 \\ \dfrac{1}{M_i} \end{pmatrix}, E_i = (0 \quad 1), i=1,2,\cdots,N$ 。

令 $u_i = (M_i \quad D_i) x_i + v$，$i = 1, 2, \cdots, N$，则系统变为

$$
\begin{pmatrix} \dot{x}_1 \\ \dot{x}_2 \\ \vdots \\ \dot{x}_N \end{pmatrix} = \begin{pmatrix} \overline{G}_1 & & & \\ & \overline{G}_2 & & \\ & & \ddots & \\ & & & \overline{G}_N \end{pmatrix} \begin{pmatrix} x_1 \\ x_2 \\ \vdots \\ x_N \end{pmatrix} + \begin{pmatrix} F_1 & & & \\ & F_2 & & \\ & & \ddots & \\ & & & F_N \end{pmatrix} \begin{pmatrix} v_1 \\ v_2 \\ \vdots \\ v_N \end{pmatrix} + \begin{pmatrix} \sum_{j=2}^{N} H_{1j} \\ \sum_{j=1, j\neq 2}^{N} H_{2j} \\ \vdots \\ \sum_{j=1, j\neq N}^{N} H_{Nj} \end{pmatrix}
$$

$$
\begin{pmatrix} y_1 \\ y_2 \\ \vdots \\ y_N \end{pmatrix} = \begin{pmatrix} E_1 & & & \\ & E_2 & & \\ & & \ddots & \\ & & & E_N \end{pmatrix} \begin{pmatrix} x_1 \\ x_2 \\ \vdots \\ x_N \end{pmatrix}
$$

其中，$\overline{G}_i = \begin{pmatrix} 0 & 1 \\ 1 & 0 \end{pmatrix}$，$i = 1, 2, \cdots, N$。因此系统是反馈环链解耦的非线性环链系统。

例 2.1.3　考虑 SISO 非线性系统[89]：

$$
x_i = x_{i+1}, i = 1, 2, \cdots, n-1
$$
$$
x_n = f(x) + g(x) u + d(x, t)
$$
$$
y = x_1
$$

可写成下面形式：

$$
\begin{pmatrix} \dot{x}_1 \\ \dot{x}_2 \\ \vdots \\ \dot{x}_n \end{pmatrix} = \begin{pmatrix} 0 & 1 & & \\ \vdots & & \ddots & \\ \vdots & & & 1 \\ 0 & \cdots & \cdots & 0 \end{pmatrix} \begin{pmatrix} x_1 \\ x_2 \\ \vdots \\ x_n \end{pmatrix} + \begin{pmatrix} 0 \\ 0 \\ \vdots \\ g(x) \end{pmatrix} u + \begin{pmatrix} 0 \\ 0 \\ \vdots \\ f(x) + d(x, t) \end{pmatrix}
$$
$$
y = x_1
$$

为非线性环链系统。

基于上面的观察，本章提出了环链系统和几类不确定非线性环链系统。由上面的论述知道，环链系统有广泛的实际应用背景，因此研究环链系统是有意义的。

本章的结构如下：

2.1 节：介绍环链系统的背景。

2.2 节：给出了环链系统的定义，以环链特征向量为工具给出了一个系统可实现环链系统的充分必要条件并给出了算法。讨论了离散环链系统的稳定性，满环链系统的解和镇定。

2.3 节：由于其工程实现的可靠性、实用性和经济性，分散控制在大系统理论中越来越受到人们的关注[90]。所以本节讨论了一类不确定非线性环链系统的鲁棒控制问题，最后设计出了一种非线性分散鲁棒镇定控制器。

2.4 节：目前，关于复杂系统的状态观测器设计的研究已取得一些成果，但与镇定相比，无论是在投入的力量还是所取得的成果上，都显得逊色得多，且一般非线性系统观测器的设计都要求很强的限制条件，已有的结果很大程度上依赖于系统的线性特征[91-94]。本节考虑了一类

具有相似结构的非线性环链组合大系统的状态估计问题,针对这类系统设计了分散鲁棒状态观测器。由于设计的观测器具有相似性,根据一个观测器和相似参量,即可获得全部分散观测器,利于工程的实现。本节的设计不需要系统的孤立子系统的非线性部分的精确模型。

2.5 节:输出反馈控制是控制理论中的一个重要课题,近年来,在非线性系统的输出控制方面取得了一些成果。但较深入的结果还不多。而非线性交联大系统输出反馈镇定的研究所取得的成果更是有限[95-98]。原因在于输出反馈控制问题本身的复杂性,更在于非线性组合大系统的复杂性。文献[97]设计了一种线性控制器,但保守性较大;文献[96,98]对不确定项有很强的约束,因而鲁棒性较差;文献[95]没有考虑系统的不确定性。本节讨论了不确定非线性环链组合大系统的分散鲁棒控制问题,利用 Riccati 方程的方法,结合 Lyapunov 函数和广义矩阵理论设计出一种非线性区域分散输出反馈鲁棒镇定控制器。与文献[95-98]相比,本节考虑了系统的不确定性和交联性,并且控制器的设计有较好的鲁棒性,因而更有实际意义。

2.2 环链系统

本节给出了环链系统的定义,以环链特征向量为工具给出了一个系统可实现环链系统的充分必要条件并给出了算法。讨论了离散环链系统的稳定性,满环链系统的解和镇定。

2.2.1 环链系统的定义

考虑系统:

$$\dot{x} = Ax \tag{2.2.1}$$

定义 2.2.1 对于系统(2.2.1),若存在非奇异变换,$x = T\bar{x}$,使

$$\dot{\bar{x}} = \begin{pmatrix} 0 & \lambda_1 & 0 & \cdots & 0 \\ 0 & 0 & \lambda_2 & \cdots & 0 \\ \vdots & \vdots & \vdots & & \vdots \\ 0 & 0 & 0 & \cdots & \lambda_{n-1} \\ \lambda_n & 0 & 0 & \cdots & 0 \end{pmatrix} \bar{x} \tag{2.2.2}$$

其中,$\lambda_i \in R, i = 1, 2, \cdots, n$,则称系统(2.2.1)可实现满环链系统。

定义 2.2.2 设 $A \in R^{n \times n}$,若 $\alpha_1, \alpha_2, \cdots, \alpha_k (k \leq n)$ 为 R^n 的一个线性无关组,且存在 $\lambda_1, \lambda_2, \cdots, \lambda_k \in R$,使

$$A\alpha_k = \lambda_{k-1}\alpha_{k-1}, A\alpha_{k-1} = \lambda_{k-2}\alpha_{k-2}, \cdots, A\alpha_2 = \lambda_1\alpha_1, A\alpha_1 = \lambda_k\alpha_k \tag{2.2.3}$$

则称 $\alpha_1, \alpha_2, \cdots, \alpha_k$ 为 A 的 k 阶环链特征向量组。

由定义 2.2.1 和定义 2.2.2 不难证得:

引理 2.2.1 系统(2.2.1)可实现满环链系统的充要条件是 R^n 存在由 A 的 n 阶环链特征向量组构成的基。

一般来说,系统(2.2.1)不一定能实现满环链系统。系统有时是由几个满环链子系统的组合。例:

$$\dot{x} = \begin{pmatrix} 2 & 0 & 0 & 0 & 0 & 0 \\ 0 & 0 & 2 & 0 & 0 & 0 \\ 0 & 3 & 0 & 0 & 0 & 0 \\ 0 & 0 & 0 & 0 & -1 & 0 \\ 0 & 0 & 0 & 0 & 0 & 2 \\ 0 & 0 & 0 & 3 & 0 & 0 \end{pmatrix} x$$

定义 2.2.3　对于系统(2.2.1),若存在非奇异变换, $x = T\bar{x}$,使

$$\dot{\bar{x}} = \begin{pmatrix} 0 & \lambda_1 & 0 & \cdots & 0 \\ 0 & 0 & \lambda_2 & \cdots & 0 \\ \vdots & \vdots & \vdots & & \vdots \\ 0 & 0 & 0 & \cdots & \lambda_{k_1-1} \\ \lambda_{k_1} & 0 & 0 & \cdots & 0 \\ & & & & & 0 & \lambda_{k_1+1} & 0 & \cdots & 0 \\ & & & & & 0 & 0 & \lambda_{k_1+2} & \cdots & 0 \\ & & & & & \vdots & \vdots & \vdots & & \vdots \\ & & & & & 0 & 0 & 0 & \cdots & \lambda_{k_1+k_2-1} \\ & & & & & \lambda_{k_1+k_2} & 0 & 0 & \cdots & 0 \\ & & & & & & & & \ddots \\ & & & & & & & & & 0 & \lambda_{\sum_{i=1}^{q-1}k_i+1} & 0 & \cdots & 0 \\ & & & & & & & & & 0 & 0 & \lambda_{\sum_{i=1}^{q-1}k_i+2} & \cdots & 0 \\ & & & & & & & & & \vdots & \vdots & \vdots & & \vdots \\ & & & & & & & & & 0 & 0 & 0 & \cdots & \lambda_{n-1} \\ & & & & & & & & & \lambda_n & 0 & 0 & \cdots & 0 \end{pmatrix} \bar{x}$$

$$(2.2.4)$$

其中, $k_1 + k_2 + \cdots + k_q = n, \lambda_i \in \mathrm{R}, i = 1,2,\cdots,n$,则称系统(2.2.1)可实现环链系统。

为了方便式(2.2.4)以后简记为

$$\dot{\bar{x}} = \begin{pmatrix} \square_1 & & & \\ & \square_2 & & \\ & & \ddots & \\ & & & \square_q \end{pmatrix} \bar{x} \qquad (2.2.5)$$

由定义 2.2.2 和定义 2.2.3 不难证得:

引理 2.2.2　系统(2.2.1)可实现环链系统的充要条件是 R^n 存在由 A 的 $k_1,k_2,\cdots,k_q$ 阶环链特征向量构成的基。

引理 2.2.3　若 $\alpha_1,\alpha_2,\cdots,\alpha_k$ 为 A 的 k 阶环链特征向量,则 $\alpha_1,\alpha_2,\cdots,\alpha_k$ 是 A^k 的特征向量。

引理 2.2.4 $A \in \mathrm{R}^{n \times n}$,如果 $\lambda_1, \lambda_2, \cdots, \lambda_s$ 是 $A^k(k > 1)$ 的 s 个互不相同的特征值,在特征子空间 $V_{\lambda_i}^{A^k}$ 中任取线性无关的向量组 $\alpha_{i1}, \cdots, \alpha_{ir_i}(i = 1, 2, \cdots, s)$,则向量组 $\alpha_{11}, \alpha_{12}, \cdots, \alpha_{1r_1}; \cdots,$ $\alpha_{s1}, \alpha_{s2}, \cdots, \alpha_{sr_s}$ 线性无关。

引理 2.2.5 $A \in \mathrm{R}^{n \times n}$,则 A^k 的属于特征值 λ 的特征子空间 $V_\lambda^{A^k}$ 的维数不大于 λ 的重数,即 $\dim V_\lambda^{A^k} \leqslant s$ (s 为 λ 的重数)。

2.2.2 可实现环链系统的充分必要条件

设 $A \in \mathrm{R}^{n \times n}$, A 所有的环链特征向量组的阶分别为 $k_1, k_2, \cdots, k_q$ 。取 k 为 $k_1, k_2, \cdots, k_q$ 的最小公倍数。

定理 2.2.1 系统(2.2.1)可实现环链系统的充要条件是

(1) A^k 的特征值都属于 R。

(2) A^k 的每一特征值 λ , $V_\lambda^{A^k}$ 的维数等于 λ 的重数。

(3) 对每一个 λ , $V_\lambda^{A^k}$ 都存在 A 的若干个 k_i 阶环链特征向量组成的基。

证明 充分性

设 $\lambda_1, \lambda_2, \cdots, \lambda_s$ 是 A^k 的所有不同的特征值,其重数分别为 $r_1, r_2, \cdots, r_s$ 且有 $\dim V_{\lambda_i}^{A^k} = r_i(i = 1, 2, \cdots, s)$ 。

而 $r_1, r_2, \cdots, r_s$ 为 $f_{A^k}(\lambda)$ 的全部根。

于是 $\dim V_{\lambda_1}^{A^k} + \cdots + \dim V_{\lambda_s}^{A^k} = r_1 + \cdots + r_s = n$ 。

又每个 $\dim V_{\lambda_i}^{A^k}$ 存在由 A 的环链特征向量组构成的基,由引理 2.2.4 由这些基构成的向量组线性无关,故是 R^n 的一个基,由引理 2.2.2,系统(2.2.1)可实现环链分解。

必要性

若系统(2.2.1)可实现环链分解,由引理 2.2.2 知 R^n 中存在由 A 的 $k_1, k_2, \cdots, k_t$ 阶环链特征向量组构成的基,设为 $\{\alpha_1, \alpha_2, \cdots, \alpha_n\}$ 。

不妨设

$$A\alpha_1 = \lambda_1 \alpha_2, A\alpha_2 = \lambda_2 \alpha_3, \cdots, A\alpha_{k_1-1} = \lambda_{k_1-1} \alpha_{k_1}, A\alpha_{k_1} = \lambda_{k_1} \alpha_1$$

$$A\alpha_{k_1+1} = \lambda_{k_1+1} \alpha_{k_1+2}, A\alpha_{k_1+2} = \lambda_{k_1+2} \alpha_{k_1+3}, \cdots, A\alpha_{k_1+k_2-1} = \lambda_{k_1+k_2-1} \alpha_{k_1+k_2},$$

$$A\alpha_{k_1+k_2} = \lambda_{k_1+k_2} \alpha_{\sum_{i=1}^{k_1}+1}, \cdots, A\alpha_{\sum_{i=1}^{t-1} k_i} = \lambda_{\sum_{i=1}^{t-1} k_i} \alpha_{\sum_{i=1}^{t-1} k_i+2}, \cdots, A\alpha_{n-1} = \lambda_{n-1} \alpha_n, A\alpha_n = \lambda_n \alpha_{\sum_{i=1}^{t-1} k_i+1}$$

取 $T = (\alpha_1, \alpha_2, \cdots, \alpha_n)$,则 T 可逆,且有

$$T^{-1}AT = \begin{pmatrix} \boxed{}_1 & & & \\ & \boxed{}_2 & & \\ & & \ddots & \\ & & & \boxed{}_q \end{pmatrix}$$

$$f_{A^k}(s) = |sI - A^k| = (s - (\lambda_1 \lambda_2 \cdots \lambda_{k_1})^{\frac{k}{k_1}})^{k_1} (s - (\lambda_{k_1+1} \cdots \lambda_{k_1+k_2})^{\frac{k}{k_2}})^{k_2} \cdots (s - (\lambda_{\sum_{i=1}^{t-1} k_i+1} \cdots \lambda_n)^{\frac{k}{k_t}})^{k_t}$$

所以 $(\lambda_1 \lambda_2 \cdots \lambda_{k_1})^{\frac{k}{k_1}}, (\lambda_{k_1+1} \cdots \lambda_{k_1+k_2})^{\frac{k}{k_2}}, \cdots, (\lambda_{\sum_{i=1}^{t-1} k_i+1} \cdots \lambda_n)^{\frac{k}{k_t}}$ 为 A^k 的全部特征值,都属于 R,

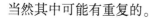

当然其中可能有重复的。

为了方便，设 $\left(\lambda_1\lambda_2\cdots\lambda_{k_1}\right)^{\frac{k}{k_1}}=b_1,\left(\lambda_{k_1+1}\cdots\lambda_{k_1+k_2}\right)^{\frac{k}{k_2}}=b_2,\cdots,\left(\lambda_{\sum\limits_{i=1}^{t-1}k_i+1}\cdots\lambda_n\right)^{\frac{k}{k_t}}=b_t$。

不妨设 $b_1=b_2\cdots=b_{r_1}=\lambda'_1,b_{r_1+1}=b_{r_1+2}\cdots=b_{r_2}=\lambda'_2,\cdots,b_{r_j+1}=b_{r_j+2}\cdots=b_t=\lambda'_{j+1}$，为 A^k 的 $j+1$ 个所有不同的特征值。

因为 b_i 为 A^k 的重根为 k_i 的特征值，所以 λ'_i 为 A^k 的重数为 $s=\sum\limits_{i=r_i+1}^{r_{i+1}}k_i$ 的特征值，又由于 A^k 的属于特征值 b_i 的线性无关的环链向量组的阶为 k_i，所以 A^k 的属于特征值 λ'_i 的线性无关的环链向量组所含向量的个数为 $s=\sum\limits_{i=r_i+1}^{r_{i+1}}k_i$，于是 $\dim V_{\lambda'_i}\geqslant s$，由引理 2.2.5，$\dim V_{\lambda'_i}=s$。显然 $V_{\lambda'_i}$ 的基都是由 A 的若干 k_i 阶环链特征向量组构成的。

证毕。

算法步骤如下：

（1）分析 A 的所有 k_i 阶环链特征向量组，其阶分别为 $k_1,k_2,\cdots,k_q$，取 k 为 $k_1,k_2,\cdots,k_q$ 的最小公倍数。

（2）求 A^k 的全部特征值。

（3）解 $(\lambda I-A^k)x=0$，确定 A 的 k_i 阶环链特征向量组组成的齐次方程 $(\lambda I-A^k)x=0$ 的解空间的基础解系。

（4）若对每一个 λ，都存在 A 的环链特征向量组构成的基础解系。$\mathrm{rank}(\lambda I-A^k)=n-s$，$s$ 为 λ 的重数，那么系统（2.2.1）可实现环链系统。以这些解为列，构成 T，T 非奇异，令 $x=T\bar{x}$，则系统（2.2.1）变为

$$\dot{\bar{x}}=\begin{pmatrix}\square_1 & & & \\ & \square_2 & & \\ & & \ddots & \\ & & & \square_q\end{pmatrix}\bar{x}$$

例 2.2.1　给出系统 $\dot{x}=\begin{pmatrix}2 & 1 & 0 & -1 \\ 0 & 0 & 2 & 2 \\ -2 & -1 & -2 & 0 \\ 2 & 2 & 2 & 0\end{pmatrix}x$，判断系统能否实现环链分解。

解　$|\lambda I-A^2|=(\lambda-2)^4$，$\mathrm{rank}(2I-A^2)=4-4$

考虑

$$\begin{pmatrix}0 & 0 & 0 & 0 \\ 0 & 0 & 0 & 0 \\ 0 & 0 & 0 & 0 \\ 0 & 0 & 0 & 1\end{pmatrix}\begin{pmatrix}x_1 \\ x_2 \\ x_3 \\ x_4\end{pmatrix}=0$$

$$\begin{pmatrix}1\\0\\0\\0\end{pmatrix}$$ 是其解，$A\begin{pmatrix}1\\0\\0\\0\end{pmatrix}=2\begin{pmatrix}1\\0\\-1\\1\end{pmatrix}$，$A\begin{pmatrix}1\\0\\-1\\1\end{pmatrix}=2\begin{pmatrix}1\\0\\0\\0\end{pmatrix}$，$\begin{pmatrix}1\\0\\0\\0\end{pmatrix}$，$\begin{pmatrix}1\\0\\-1\\1\end{pmatrix}$ 是 A 的二阶环链特征向量组。

$$\begin{pmatrix}0\\0\\0\\1\end{pmatrix}$$ 是其解，$A\begin{pmatrix}0\\0\\0\\1\end{pmatrix}=\begin{pmatrix}-1\\2\\0\\0\end{pmatrix}$，$A\begin{pmatrix}-1\\2\\0\\0\end{pmatrix}=2\begin{pmatrix}0\\0\\0\\1\end{pmatrix}$，$\begin{pmatrix}0\\0\\0\\1\end{pmatrix}$，$\begin{pmatrix}-1\\2\\0\\0\end{pmatrix}$ 是 A 的二阶环链特征向量组。

而 $\begin{pmatrix}1\\0\\0\\0\end{pmatrix}$，$\begin{pmatrix}1\\0\\-1\\1\end{pmatrix}$，$\begin{pmatrix}0\\0\\0\\1\end{pmatrix}$，$\begin{pmatrix}-1\\2\\0\\0\end{pmatrix}$ 线性无关。

由定理 2.2.1，系统可实现环链分解。

取 $T=\begin{pmatrix}1&1&0&-1\\0&0&0&2\\0&-1&0&0\\0&1&1&0\end{pmatrix}$，令 $x=T\bar x$，则系统变为 $\dot{\bar x}=\begin{pmatrix}0&2&0&0\\1&0&0&0\\0&0&0&1\\0&0&2&0\end{pmatrix}\bar x$。

2.2.3 可实现环链分解的离散系统的稳定性

设系统 $x_{k+1}=Ax_k$ 是可实现环链分解的，即存在可逆矩阵 T，使

$$T^{-1}AT=\begin{pmatrix}D_{k_1}&&&\\&D_{k_2}&&\\&&\ddots&\\&&&D_{k_q}\end{pmatrix}$$

其中，$D_{k_1}=\begin{pmatrix}0&\lambda_1&0&\cdots&0\\0&0&\lambda_2&\cdots&0\\\vdots&\vdots&\vdots&&\vdots\\0&0&0&\cdots&\lambda_{k_1-1}\\\lambda_{k_1}&0&0&\cdots&0\end{pmatrix}$，$\cdots$，$D_{k_q}=\begin{pmatrix}0&\lambda_{\sum_{i=1}^{q-1}k_i+1}&0&\cdots&0\\0&0&\lambda_{\sum_{i=1}^{q-1}k_i+2}&\cdots&0\\\vdots&\vdots&\vdots&&\vdots\\0&0&0&\cdots&\lambda_{n-1}\\\lambda_n&0&0&\cdots&0\end{pmatrix}$。

定理 2.2.2 可实现环链分解系统的状态矩阵的特征值均匀分布在以原点为圆心，以 $\sqrt[k_i]{\parallel D_{k_i}\parallel}$（$i=1,2,\cdots,q$）为半径的圆上。

证明

$$|sI-A|=|sI-T^{-1}AT|=\begin{pmatrix}sI-D_{k_1}&&&\\&sI-D_{k_2}&&\\&&\ddots&\\&&&sI-D_{k_q}\end{pmatrix}=|sI-D_{k_1}|\cdots|sI-D_{k_q}|$$

$$|sI - D_{k_i}| = s^{k_i} + (-1)k_i|D_{k_i}|$$

$$s = \sqrt[k_i]{\|D_{k_i}\|}\left(\cos\frac{2k\pi + \pi}{k_i} + i\sin\frac{2k\pi + \pi}{k_i}\right)(k = 0,1,2,\cdots,k_i - 1)$$

所以 A 的特征值均匀分布在以 $\sqrt[k_i]{\|D_i\|}(i = 1,2,\cdots,q)$ 为半径,原点为圆心的圆上。

证毕。

由定理 2.2.2 可得:

定理 2.2.3　对于可实现环链分解离散系统 $x_{k+1} = Ax_k$,其唯一平衡状态 $x = 0$ 是渐近稳定的充分必要条件是 $\|D_{k_i}\| < 1(i = 1,2,\cdots,q)$ 。

下面给出一个判定稳定性的充分条件。

推论 2.2.1　对于可实现环链分解离散系统 $x_{k+1} = Ax_k$,对于每一个 $|\lambda_i| < 1(i = 1,2,\cdots, q)$,系统是渐近稳定的。

例 2.2.2　环链离散系统

$$x_{k+1} = \begin{pmatrix} 0 & 2 & 0 & 0 & 0 \\ \dfrac{1}{3} & 0 & 0 & 0 & 0 \\ 0 & 0 & 0 & 1 & 0 \\ 0 & 0 & 0 & 0 & 4 \\ 0 & 0 & \dfrac{1}{5} & 0 & 0 \end{pmatrix}x_k$$

$$\|D_{k_1}\| < 1 , \quad \|D_{k_2}\| = \left\|\begin{matrix} 0 & 1 & 0 \\ 0 & 0 & 4 \\ \dfrac{1}{5} & 0 & 0 \end{matrix}\right\| = \frac{4}{5} < 1$$

由定理 2.2.2,该系统是渐近稳定的。

例 2.2.3　环链离散系统

$$x_{k+1} = \begin{pmatrix} 0 & \dfrac{1}{3} & 0 & 0 & 0 & 0 \\ 0 & 0 & \dfrac{1}{2} & 0 & 0 & 0 \\ \dfrac{1}{2} & 0 & 0 & 0 & 0 & 0 \\ 0 & 0 & 0 & 0 & -\dfrac{1}{2} & 0 \\ 0 & 0 & 0 & 0 & 0 & -\dfrac{1}{3} \\ 0 & 0 & 0 & \dfrac{1}{7} & 0 & 0 \end{pmatrix}x_k$$

其每个 λ_i 的绝对值均小于 1,由推论 2.2.1,该系统是渐近稳定的。

定理 2.2.4

$$A = \begin{pmatrix} 0 & \lambda_1 & 0 & \cdots & 0 \\ 0 & 0 & \lambda_2 & \cdots & 0 \\ \vdots & \vdots & \vdots & & \vdots \\ 0 & 0 & 0 & \cdots & \lambda_{n-1} \\ \lambda_n & 0 & 0 & \cdots & 0 \end{pmatrix}$$

对于 Lyapunov 方程 $A^\mathrm{T} U A - U = - W$（$W$ 为正定对称阵，U 为对称阵）

则（1）当 $|\lambda_1 \lambda_2 \cdots \lambda_n| = 1$ 时，$A^\mathrm{T} U A - U = - W$ 无解。

（2）当 $|\lambda_1 \lambda_2 \cdots \lambda_n| \neq 1$ 时，$A^\mathrm{T} U A - U = - W$ 有唯一解。

并且，$U_{ii}(i = 1, 2, \cdots, n)$ 由下列方程组唯一确定：

$$\begin{pmatrix} -1 & 0 & 0 & 0 & \cdots & 0 & \lambda_n^2 \\ \lambda_1^2 & -1 & 0 & 0 & \cdots & 0 & 0 \\ 0 & \lambda_2^2 & -1 & 0 & \cdots & 0 & 0 \\ \vdots & \vdots & \vdots & \vdots & & \vdots & \vdots \\ 0 & 0 & 0 & 0 & \cdots & \lambda_{n-1}^2 & -1 \end{pmatrix} \begin{pmatrix} U_{11} \\ U_{22} \\ U_{33} \\ \vdots \\ U_{nn} \end{pmatrix} = \begin{pmatrix} -W_{11} \\ -W_{22} \\ -W_{33} \\ \vdots \\ -W_{nn} \end{pmatrix}$$

$U_{ij}(i \neq j)$ 由下列方程组唯一确定：

$$\begin{pmatrix} -1 & 0 & \cdots & 0 & \lambda_1\lambda_n & 0 & 0 & \cdots & 0 & 0 & \cdots & 0 & \cdots & 0 \\ 0 & -1 & \cdots & 0 & 0 & 0 & 0 & \cdots & \lambda_2\lambda_n & 0 & \cdots & 0 & & 0 \\ \vdots & \vdots & & \vdots & \vdots & \vdots & \vdots & & \vdots & \vdots & & \vdots & & \vdots \\ 0 & 0 & \cdots & 0 & -1 & 0 & 0 & \cdots & 0 & 0 & \cdots & 0 & \cdots & \lambda_{n-1}\lambda_n \\ \lambda_1\lambda_2 & 0 & \cdots & 0 & 0 & -1 & 0 & \cdots & 0 & 0 & \cdots & 0 & & 0 \\ 0 & \lambda_1\lambda_3 & \cdots & 0 & 0 & 0 & -1 & \cdots & 0 & 0 & \cdots & 0 & & 0 \\ \vdots & \vdots & & \vdots & \vdots & \vdots & \vdots & & \vdots & \vdots & & \vdots & & \vdots \\ 0 & 0 & \cdots & \lambda_1\lambda_{n-1} & 0 & 0 & 0 & \cdots & -1 & 0 & \cdots & 0 & & 0 \\ 0 & 0 & \cdots & 0 & 0 & \lambda_2\lambda_3 & 0 & \cdots & 0 & -1 & \cdots & 0 & & 0 \\ \vdots & \vdots & & \vdots & \vdots & \vdots & \vdots & & \vdots & \vdots & & \vdots & & \vdots \\ 0 & 0 & \cdots & 0 & 0 & 0 & 0 & \cdots & 0 & 0 & \cdots & -1 \end{pmatrix}$$

$$\begin{pmatrix} U_{12}^\mathrm{T} & U_{13}^\mathrm{T} & \cdots & U_{1,n-1}^\mathrm{T} & U_{1n}^\mathrm{T} & U_{23}^\mathrm{T} & U_{24}^\mathrm{T} & \cdots & U_{2n}^\mathrm{T} & U_{34}^\mathrm{T} & \cdots & U_{3n}^\mathrm{T} & \cdots & U_{n-1,n}^\mathrm{T} \end{pmatrix}^\mathrm{T} =$$

$$\begin{pmatrix} -W_{12}^\mathrm{T} & -W_{13}^\mathrm{T} & \cdots & -W_{1,n-1}^\mathrm{T} & -W_{1n}^\mathrm{T} & -W_{23}^\mathrm{T} & -W_{24}^\mathrm{T} & \cdots & -W_{2n}^\mathrm{T} & -W_{34}^\mathrm{T} & \cdots & -W_{3n}^\mathrm{T} & \cdots & -W_{n-1,n}^\mathrm{T} \end{pmatrix}$$

证明 由方程 $A^\mathrm{T} U A - U = - W$，用矩阵的乘法整理即可得到上面两个方程组。对两个方程组进行行的初等变换，即可得出定理 2.2.4 的结论。

定理 2.2.5 $x_{k+1} = A x_k + b u_k$，若 $A = \begin{pmatrix} 0 & \lambda_1 & 0 & \cdots & 0 \\ 0 & 0 & \lambda_2 & \cdots & 0 \\ \vdots & \vdots & \vdots & & \vdots \\ 0 & 0 & 0 & \cdots & \lambda_{n-1} \\ \lambda_n & 0 & 0 & \cdots & 0 \end{pmatrix}$，$b \neq 0$，则

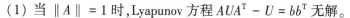

（1）当 $\parallel A \parallel = 1$ 时，Lyapunov 方程 $AUA^{\mathrm{T}} - U = bb^{\mathrm{T}}$ 无解。

（2）当 $\parallel A \parallel \neq 1$ 时，Lyapunov 方程 $AUA^{\mathrm{T}} - U = bb^{\mathrm{T}}$ 有唯一解。

并且，$U_{ii}(i = 1, 2, \cdots, n)$ 由下列方程组唯一确定：

$$
\begin{pmatrix}
-1 & \lambda_1^2 & 0 & \cdots & 0 & 0 \\
0 & -1 & \lambda_2^2 & \cdots & 0 & 0 \\
\vdots & \vdots & \vdots & \cdots & \vdots & \vdots \\
0 & 0 & 0 & \cdots & -1 & \lambda_{n-1}^2 \\
\lambda_n^2 & 0 & 0 & \cdots & 0 & -1
\end{pmatrix}
\begin{pmatrix}
U_{11} \\
U_{22} \\
\vdots \\
U_{n-1,n-1} \\
U_{nn}
\end{pmatrix}
=
\begin{pmatrix}
b_1^2 \\
b_2^2 \\
\vdots \\
b_{n-1,n-1}^2 \\
b_n^2
\end{pmatrix}
$$

$U_{ij}(i \neq j)$ 由下列方程组唯一确定：

$$
\begin{pmatrix}
-1 & 0 & \cdots & 0 & 0 & \lambda_1\lambda_2 & 0 & \cdots & 0 & 0 & 0 & \cdots & 0 & \cdots & 0 \\
0 & -1 & \cdots & 0 & 0 & 0 & \lambda_1\lambda_3 & \cdots & 0 & 0 & 0 & \cdots & 0 & \cdots & 0 \\
\vdots & \vdots & & \vdots & \vdots & \vdots & \vdots & & \vdots & \vdots & \vdots & & \vdots & & \vdots \\
0 & 0 & \cdots & -1 & 0 & 0 & 0 & \cdots & 0 & \lambda_1\lambda_{n-1} & 0 & \cdots & 0 & \cdots & 0 \\
\lambda_1\lambda_n & 0 & \cdots & 0 & -1 & 0 & 0 & \cdots & 0 & 0 & 0 & \cdots & 0 & \cdots & 0 \\
0 & 0 & \cdots & 0 & 0 & -1 & 0 & \cdots & 0 & 0 & \lambda_2\lambda_3 & \cdots & 0 & \cdots & 0 \\
\vdots & \vdots & & \vdots & \vdots & \vdots & \vdots & & \vdots & \vdots & \vdots & & \vdots & & \vdots \\
0 & 0 & \cdots & 0 & 0 & 0 & 0 & \cdots & -1 & 0 & 0 & \cdots & \lambda_2\lambda_{n-1} & \cdots & 0 \\
0 & \lambda_2\lambda_n & \cdots & 0 & 0 & 0 & 0 & \cdots & 0 & -1 & 0 & \cdots & 0 & \cdots & 0 \\
\vdots & \vdots & & \vdots & \vdots & \vdots & \vdots & & \vdots & \vdots & \vdots & & \vdots & & \vdots \\
0 & 0 & \cdots & 0 & \lambda_{n-1}\lambda_n & 0 & 0 & \cdots & 0 & 0 & 0 & \cdots & 0 & \cdots & -1
\end{pmatrix}
$$

$$
\begin{pmatrix} U_{12}^{\mathrm{T}} & U_{13}^{\mathrm{T}} & \cdots & U_{1,n-1}^{\mathrm{T}} & U_{1n}^{\mathrm{T}} & U_{23}^{\mathrm{T}} & U_{24}^{\mathrm{T}} & \cdots & U_{2,n-1}^{\mathrm{T}} & U_{2n}^{\mathrm{T}} & U_{34}^{\mathrm{T}} & \cdots & U_{3n}^{\mathrm{T}} & \cdots & U_{n-1,n}^{\mathrm{T}} \end{pmatrix}^{\mathrm{T}}
$$

$$
= \left((b_1b_2)^{\mathrm{T}} \quad (b_1b_3)^{\mathrm{T}} \quad \cdots \quad (b_1b_{n-1})^{\mathrm{T}} \quad (b_1b_n)^{\mathrm{T}} \quad (b_2b_3)^{\mathrm{T}} \quad (b_2b_4)^{\mathrm{T}} \right.
$$

$$
\left. \cdots \quad (b_1b_{n-1})^{\mathrm{T}} \quad (b_2b_n)^{\mathrm{T}} \quad (b_3b_4)^{\mathrm{T}} \quad \cdots \quad (b_3b_n)^{\mathrm{T}} \quad \cdots \quad (b_{n-1}b_n)^{\mathrm{T}} \right)^{\mathrm{T}}
$$

定理 2.2.5 证明与定理 2.2.4 类似。

推论 2.2.2 若 $x_{k+1} = Ax_k + bu_k$ 满环、稳定，则 $AUA^{\mathrm{T}} - U = bb^{\mathrm{T}}$ 有唯一解。

若 $x_{k+1} = Ax_k + bu_k$ 能控、满环，则 $\mathrm{rank}(P) = [A^{n-1}b, \cdots, b] = n$。

$$
|sI - A| = s^n + (-1)^n |A|, P^{-1}AP =
\begin{pmatrix}
0 & 1 & 0 & \cdots & 0 \\
0 & 0 & 1 & \cdots & 0 \\
\vdots & \vdots & \vdots & & \vdots \\
0 & 0 & 0 & \cdots & 1 \\
(-1)^n|A| & 0 & 0 & \cdots & 0
\end{pmatrix}, P^{-1}b =
\begin{pmatrix}
0 \\
0 \\
\vdots \\
1
\end{pmatrix}
$$

$$
A = PBP^{-1}, b = P
\begin{pmatrix}
0 \\
0 \\
\vdots \\
1
\end{pmatrix}, AUA^{\mathrm{T}} - U = bb^{\mathrm{T}}
$$

$$(PBP^{-1})U(PBP^{-1})^{\mathrm{T}} - U = \left(P\begin{pmatrix}0\\0\\\vdots\\1\end{pmatrix}\right)\left(P\begin{pmatrix}0\\0\\\vdots\\1\end{pmatrix}\right)^{\mathrm{T}}$$

$$PB[P^{-1}U(P^{-1})^{\mathrm{T}}]B^{\mathrm{T}}P^{\mathrm{T}} - U = P\begin{pmatrix}0&\cdots&0\\\vdots&&\vdots\\0&\cdots&1\end{pmatrix}P^{\mathrm{T}}$$

$$B[P^{-1}U(P^{-1})^{\mathrm{T}}]B^{\mathrm{T}} - P^{-1}U(P^{-1})^{\mathrm{T}} = \begin{pmatrix}0&\cdots&0\\\vdots&&\vdots\\0&\cdots&1\end{pmatrix}$$

令

$$K = P^{-1}U(P^{-1})^{T} = (K_{ij}) , \quad BKB^{T} - K = \begin{pmatrix}0&\cdots&0\\\vdots&&\vdots\\0&\cdots&1\end{pmatrix}$$

则由定理 2.2.5 得,(1)当 $\parallel A \parallel = 1$ 时,方程 $BKB^{\mathrm{T}} - K = \begin{pmatrix}0&\cdots&0\\\vdots&&\vdots\\0&\cdots&1\end{pmatrix}$ 无解。

(2) 当 $\parallel A \parallel \neq 1$ 时,有唯一解,且

$$\begin{pmatrix} -1 & 1 & 0 & \cdots & 0 & 0 \\ 0 & -1 & 1 & \cdots & 0 & 0 \\ \vdots & \vdots & \vdots & & \vdots & \vdots \\ 0 & 0 & 0 & \cdots & -1 & 1 \\ (-1)^{n}|A| & 0 & 0 & \cdots & 0 & -1 \end{pmatrix}\begin{pmatrix} K_{11} \\ K_{22} \\ \vdots \\ K_{n-1,n-1} \\ K_{nn} \end{pmatrix} = \begin{pmatrix} 0 \\ 0 \\ \vdots \\ 0 \\ 1 \end{pmatrix}$$

解得 $K_{ii} = \dfrac{1}{(-1)^{n}|A| - 1}$, $i = 1, 2, \cdots, n$ 。

$$\begin{pmatrix}
-1 & 0 & \cdots & 0 & 0 & 1 & 0 & \cdots & 0 & 0 & 0 & \cdots & 0 & \cdots & 0 \\
0 & -1 & \cdots & 0 & 0 & 0 & 1 & \cdots & 0 & 0 & 0 & \cdots & 0 & & 0 \\
\vdots & \vdots & & \vdots & \vdots & \vdots & \vdots & & \vdots & \vdots & \vdots & & \vdots & & \vdots \\
0 & 0 & \cdots & -1 & 0 & 0 & 0 & \cdots & 0 & 1 & 0 & \cdots & 0 & & 0 \\
(-1)^{n}|A| & 0 & \cdots & 0 & -1 & 0 & 0 & \cdots & 0 & 0 & 0 & \cdots & 0 & & 0 \\
0 & 0 & \cdots & 0 & 0 & -1 & 0 & \cdots & 0 & 0 & 1 & \cdots & 0 & & 0 \\
\vdots & \vdots & & \vdots & \vdots & \vdots & \vdots & & \vdots & \vdots & \vdots & & \vdots & & \vdots \\
0 & 0 & \cdots & 0 & 0 & 0 & 0 & \cdots & -1 & 0 & 0 & \cdots & 1 & & 0 \\
0 & (-1)^{n}|A| & \cdots & 0 & 0 & 0 & 0 & \cdots & 0 & -1 & 0 & \cdots & 0 & & 0 \\
\vdots & \vdots & & \vdots & \vdots & \vdots & \vdots & & \vdots & \vdots & \vdots & & \vdots & & \vdots \\
0 & 0 & \cdots & 0 & (-1)^{n}|A| & 0 & 0 & \cdots & 0 & 0 & 0 & \cdots & 0 & \cdots & -1
\end{pmatrix}$$

$$\begin{pmatrix} K_{12}^{\mathrm T} & K_{13}^{\mathrm T} & \cdots & K_{1,n-1}^{\mathrm T} & K_{1,n}^{\mathrm T} & K_{23}^{\mathrm T} & K_{24}^{\mathrm T} & \cdots \\ K_{2,n-1}^{\mathrm T} & K_{2n}^{\mathrm T} & K_{34}^{\mathrm T} & \cdots & K_{3n}^{\mathrm T} & \cdots & K_{n-1,n}^{\mathrm T} \end{pmatrix}^{\mathrm T} = 0$$

解得 $K_{ij} = 0, i \neq j$。

$$U = PKP^{\mathrm T}$$

其中，$P = (A^{n-1}b, \cdots, b)$，$K = \begin{pmatrix} \dfrac{1}{(-1)^n |A| - 1} & & \\ & \ddots & \\ & & \dfrac{1}{(-1)^n |A| - 1} \end{pmatrix}$。

于是有：

推论 2.2.3　若 $x_{k+1} = A x_k + b u_k$ 能控、满环、稳定，则 $AUA^{\mathrm T} - U = bb^{\mathrm T}$ 有唯一解，其解为：

$U = PKP^{\mathrm T}$，其中 $P = (A^{n-1}b, \cdots, b)$，$K = \begin{pmatrix} \dfrac{1}{(-1)^n |A| - 1} & & \\ & \ddots & \\ & & \dfrac{1}{(-1)^n |A| - 1} \end{pmatrix}$。

2.2.4　可实现环链分解系统的解

设系统 $\dot x = Ax$ 是可实现环链分解的，即存在可逆变换 $x = T\bar x$，使

$$\dot{\bar x} = \begin{pmatrix} \square_1 & & & \\ & \square_2 & & \\ & & \ddots & \\ & & & \square_q \end{pmatrix} \bar x$$

只需对每块求解，不妨设 $\dot{\bar x} = A\bar x$ 为满环链分解，即

$$\dot{\bar x} = \begin{pmatrix} 0 & \lambda_1 & 0 & \cdots & 0 \\ 0 & 0 & \lambda_2 & \cdots & 0 \\ \vdots & \vdots & \vdots & & \vdots \\ 0 & 0 & 0 & \cdots & \lambda_{n-1} \\ \lambda_n & 0 & 0 & \cdots & 0 \end{pmatrix} \dot{\bar x}$$

则系统的解可归结为解常微方程：$\bar x^{(n)} = \lambda_1 \lambda_2 \cdots \lambda_n \bar x$。

这很容易解出，此处不作讨论。

2.2.5　能控满环链系统的一个状态反馈设计

先研究单输入的情形：

设 $\dot x = Ax + bu$ 能控、满环链。由 $|sI - A| = s^n + (-1)^n |A|$ 知，其能控标准型为

$$\dot{\bar{x}} = \begin{pmatrix} 0 & 1 & 0 & \cdots & 0 \\ 0 & 0 & 1 & \cdots & 0 \\ \vdots & \vdots & \vdots & & \vdots \\ 0 & 0 & 0 & \cdots & 1 \\ (-1)^n |A| & 0 & 0 & \cdots & 0 \end{pmatrix} \bar{x} + \begin{pmatrix} 0 \\ 0 \\ \vdots \\ 1 \end{pmatrix} u = \bar{A}\,\bar{x} + \bar{b}u$$

且 $x = P\bar{x}, P = (A^{n-1}b, \cdots, Ab, b)$。

$$P^{-1}AP = \begin{pmatrix} 0 & 1 & 0 & \cdots & 0 \\ 0 & 0 & 1 & \cdots & 0 \\ \vdots & \vdots & \vdots & & \vdots \\ 0 & 0 & 0 & \cdots & 1 \\ (-1)^n |A| & 0 & 0 & \cdots & 0 \end{pmatrix} = \bar{A}\,, P^{-1}B = \begin{pmatrix} 0 \\ 0 \\ \vdots \\ 1 \end{pmatrix} = \bar{b}$$

期望的闭环特征值 $\{-1, -1, \cdots, -1\}$。

$$|sI - \bar{A}| = s^n + (-1)^n |\bar{A}| = s^n + (-1)^n |A|$$

$$(s+1)^n = s^n + ns^{n-1} + \frac{n(n-1)}{2}s^{n-2} + \cdots + ns + 1$$

$$\tilde{K} = \left(1 + (-1)^{n+1}|A|, n, \frac{n(n-1)}{2}, \cdots, n\right)$$

$$\bar{P} = (\bar{A}^{n-1}\bar{b}, \cdots, \bar{A}\bar{b}, \bar{b}) \begin{pmatrix} 1 & & & \\ a_{n-1} & \ddots & & \\ \vdots & \ddots & \ddots & \\ a_1 & \cdots & a_{n-1} & 1 \end{pmatrix} = \begin{pmatrix} 1 & & \\ & \ddots & \\ & & 1 \end{pmatrix}$$

$$Q = (\bar{P})^{-1} = I\,,\ K = \tilde{K}Q = \tilde{K}\,,\ u = -K\bar{x} = -KP^{-1}x$$

定理 2.2.6 设 $\dot{x} = Ax + bu$ 能控、满环链,则 $u = -KP^{-1}x$ 为其一个镇定律。其中,$P = (A^{n-1}b, \cdots, Ab, b)$,$\tilde{K} = \left(1 + (-1)^{n+1}|A|, n, \frac{n(n-1)}{2}, \cdots, n\right)$。

多输入的情形:

设 $\dot{x} = Ax + Bu\,(|A| \neq 0)$ 能控、满环链,由定理 2.2.2 知 A 为循环阵,期望的闭环特征值为 $\{-1, -1, \cdots, -1\}$。

步骤:

1. 选定选取实向量 ρ , $B\rho = b$,且 (A, b) 能控。

2. 对于单输入 (A, b) ,求出 $\tilde{K}P^{-1}$。

3. 所求增益矩阵为 $K = \rho\tilde{K}P^{-1}$。

其中,$\tilde{K} = \left(1 + (-1)^{n+1}|A|, n, \frac{n(n-1)}{2}, \cdots, n\right), P = (A^{n-1}b, \cdots, Ab, b)$。

2.3 非线性环链大系统的分散状态反馈鲁棒控制

本节研究了一类非线性环链大系统的分散状态反馈鲁棒控制器的设计问题。

2.3.1 分散状态反馈鲁棒控制器的设计

考虑如下不确定非线性系统：

$$\dot{x} = Ax + B(u + \Delta H(x)) + f(x) \tag{2.3.1}$$

其中，$A \in \mathrm{R}^{n \times n}$，$B \in \mathrm{R}^{n \times m}$，$\Delta H(x)$ 为不确定项，$f(x)$ 为非线性部分。

称系统

$$\dot{x} = Ax + Bu \tag{2.3.2}$$

为系统(2.3.1)的名义子系统。

定义 2.3.1 对于系统(2.3.2)，若存在非奇异变换 $x = T\bar{x}$ 及反馈 $u = Lx + v$，使得系统(2.3.2)变为

$$\dot{\bar{x}} = \begin{pmatrix} \Box_1 & & & \\ & \Box_2 & & \\ & & \ddots & \\ & & & \Box_q \end{pmatrix} \bar{x} + \begin{pmatrix} B_1 & & & \\ & B_2 & & \\ & & \ddots & \\ & & & B_q \end{pmatrix} v \tag{2.3.3}$$

其中 $\Box_i \in \mathrm{R}^{k_i \times k_i}$，$B_i \in \mathrm{R}^{k_i \times m_i}$，$\sum\limits^{q} k_i = n$，$\sum\limits^{q} m_i = m \geqslant q$，则称系统(2.3.2)是反馈环链块解耦，$(k_1, k_2, \cdots, k_q)$，$(m_1, m_2, \cdots, m_q)$ 为块指数。特别，当 $q = m$，即 $B_i \in \mathrm{R}^{k_i \times 1}(i = 1, 2, \cdots, m)$，则称系统(2.3.2)是反馈环链线性解耦。若 $L = 0$，上面相应的定义分别称为环链块解耦和环链线性解耦。

注 2.3.1 定义 2.3.1 及定义 2.5.1 类似于文献[99]的无反馈状态解耦线性化的概念，并可用文献[99]中的方法判断线性解耦并求出非奇异变换 T，再经过一次反馈即反馈环链线性解耦。关于可环链块解耦的条件看本章命题 2.5.1。

注 2.3.2 为了方便，本节只讨论环链块解耦的情况，反馈环链块解耦的情况可按环链块解耦的方法处理。

若系统(2.3.1)的名义子系统是环链块解耦，则存在非奇异变换 $x = T\bar{x}$，使(2.3.1)变为

$$\dot{\bar{x}} = \begin{pmatrix} \Box_1 & & & \\ & \Box_2 & & \\ & & \ddots & \\ & & & \Box_q \end{pmatrix} \bar{x} + \begin{pmatrix} B_1 & & & \\ & B_2 & & \\ & & \ddots & \\ & & & B_q \end{pmatrix} (u + \Delta H(x)) + T^{-1} f(x)$$

$$\begin{pmatrix} \dot{\bar{x}}_1 \\ \dot{\bar{x}}_2 \\ \vdots \\ \dot{\bar{x}}_q \end{pmatrix} = \begin{pmatrix} \Box_1 & & & \\ & \Box_2 & & \\ & & \ddots & \\ & & & \Box_q \end{pmatrix} \begin{pmatrix} \bar{x}_1 \\ \bar{x}_2 \\ \vdots \\ \bar{x}_q \end{pmatrix} + \begin{pmatrix} B_1 & & & \\ & B_2 & & \\ & & \ddots & \\ & & & B_q \end{pmatrix} \left(\begin{pmatrix} u_1 \\ u_2 \\ \vdots \\ u_q \end{pmatrix} + \begin{pmatrix} \Delta H_1(x) \\ \Delta H_2(x) \\ \vdots \\ \Delta H_q(x) \end{pmatrix} \right) +$$

$$\begin{pmatrix} f_1(x) \\ f_2(x) \\ \vdots \\ f_q(x) \end{pmatrix} \tag{2.3.4}$$

并且(2.3.4)可分解为

$$\dot{\bar{x}}_i = \Box_i \bar{x}_i + B_i(u_i + \Delta H_i(x)) + f_i(x) \quad (i = 1,2,\cdots,q) \tag{2.3.5}$$

其中, $\bar{x}_i \in \mathrm{R}^{k_i}, u_i \in \mathrm{R}^{m_i}, \Box_i \in \mathrm{R}^{k_i \times k_i}, B_i \in \mathrm{R}^{k_i \times m_i}, f_i(x) \in V_{k_i}^{\omega}(\Omega), f_i(0) = 0, i = 1,2,\cdots,q$。

引理 2.3.1 若 $(\Box_i, B_i)$ 能控 $(i = 1,2,\cdots,q)$,则存在控制律 K_i,对任意正定阵 $Q_i \in \mathrm{R}^{k_i \times k_i}$,使

$$(\Box_i + B_i K_i)^\mathrm{T} P_i + P_i(\Box_i + B_i K_i) = -Q_i \tag{2.3.6}$$

有唯一正定解 P_i。

引理 2.3.2[100] $\varphi(x) \in V_n^{\omega}(\Omega)$ 及 $\varphi(0) = 0$,则存在 Ω 上的光滑函数矩阵 $R(x)$ 使得

$$\varphi(x) = R(x)x$$

下面讨论系统(2.3.1)的镇定问题。当 $q = 1$,即系统(2.3.1)是满环链的,这时在非奇异变换 $x = T\bar{x}$ 变换下,(2.3.1)式变为

$$\dot{\bar{x}} = \Box_1 \bar{x} + T^{-1}B(u + \Delta H(x)) + T^{-1}f(x) \tag{2.3.7}$$

定理 2.3.1 若系统(2.3.1)是可实现满环链的,且满足下列条件

(1) $(\Box_1, T^{-1}B)$ 能控。

(2) $\|\Delta H(x)\| \leqslant \rho(x)$。

(3) $[\lambda_{\min}(Q) - 2\lambda_M(PT^{-1}R(x)T)] > 0 (x \in \Omega, \Omega$ 为 x 的邻域)。

这里 Q 根据需要选择,P 由式(2.3.6)确定,则系统(2.3.1)在区域 Ω 上可鲁棒镇定。

证明 设计控制器

$$u = KT^{-1}x + u(x) \tag{2.3.8}$$

其中

$$u(x) = \begin{cases} \dfrac{-(T^{-1}B)^\mathrm{T}P\bar{x}}{\|(T^{-1}B)^\mathrm{T}P\bar{x}\|}\rho(x), & \bar{x}^\mathrm{T}PT^{-1}B \neq 0 \\ 0, & \bar{x}^\mathrm{T}PT^{-1}B = 0 \end{cases} \tag{2.3.9}$$

则系统(2.3.7)和(2.3.8)构成的闭环系统为

$$\dot{\bar{x}} = \Box_1 \bar{x} + T^{-1}B(KT^{-1}x + u(x) + \Delta H(x)) + T^{-1}f(x) \tag{2.3.10}$$

对系统(2.3.10)构造 Lyapunov 函数

$$V = \bar{x}^\mathrm{T}P\bar{x}$$

把 V 沿系统(2.3.10)的轨迹求导得

$$\dot{V} = -\bar{x}^\mathrm{T}Q\bar{x} + 2\bar{x}^\mathrm{T}PT^{-1}B(u(x) + \Delta H(x)) + 2\bar{x}^\mathrm{T}PT^{-1}f(x)$$

当 $\bar{x}^\mathrm{T}PT^{-1}B = 0$ 时,由(2.3.9)式得

$$\bar{x}^\mathrm{T}PT^{-1}B(-u(x) + \Delta H(x)) = 0$$

当 $\bar{x}^\mathrm{T}PT^{-1}B \neq 0$ 时,由(2.3.9)式得

$$\bar{x}^\mathrm{T}PT^{-1}B(-u(x) + \Delta H(x)) = \frac{-\bar{x}^\mathrm{T}PT^{-1}B(T^{-1}B)^\mathrm{T}P\bar{x}}{\|(T^{-1}B)^\mathrm{T}P\bar{x}\|}\rho(x) + \bar{x}^\mathrm{T}PT^{-1}B\Delta H(x)$$

$$\leqslant (-\rho(x) + \|\Delta H(x)\|) \|\bar{x}^{\mathrm{T}} P T^{-1} B\|$$
$$\leqslant 0$$

由引理 2.3.2 知,存在函数阵 $R(x)$,使 $f(x) = R(x)x$。所以

$$\dot{V} \leqslant -\lambda_{\min}(Q)\|\bar{x}\|^2 + 2\lambda_M(PT^{-1}R(x)T)\|\bar{x}\|^2$$
$$= -(\lambda_{\min}(Q) - 2\lambda_M(PT^{-1}R(x)T))\|\bar{x}\|^2$$

由定理 2.3.1 的条件 3,$\dot{V}$ 在区域 Ω 上负定。

证毕。

下面讨论 $q>1$ 的情形。

定理 2.3.2　若系统(2.3.1)满足下列条件

(1) 系统(2.3.1)的名义子系统(2.3.2)环链块解耦,其块指数为

$$(k_1, k_2, \cdots, k_q), (m_1, m_2, \cdots, m_q)$$

$(\Box_i, B_i)$ 能控 $(i = 1, 2, \cdots, q)$。

(2) $\|\Delta H_i(x)\| \leqslant \rho_i(x), 1 \leqslant i \leqslant q$。

(3) 矩阵 $W^{\mathrm{T}}(x) + W(x)$($W = (W_{ij})_{q \times q}$) 在区域 Ω 上是正定的。其中

$$W_{ij} = \begin{cases} \lambda_{\min}(Q_i) - 2\lambda_M(P_i R_i(x) T), & i = j \\ -2\lambda_M(P_i R_i(x) T), & i \neq j \end{cases}$$

则系统(2.3.1)在区域 Ω 上可分散鲁棒镇定。

证明　做非奇异变换 $x = T\bar{x}$,使式(2.3.1)变为式(2.3.5)

设计控制器

$$u_i = K_i \bar{x}_i + u_i(x), \quad 1 \leqslant i \leqslant q \tag{2.3.11}$$

下面将对控制器的非线性部分 $u(x)$ 分两种情况分别设计。

若是环链线性解耦

$$u_i(x) = \begin{cases} -\rho_i(x), & \bar{x}_i^{\mathrm{T}} P_i B_i \geqslant 0 \\ \rho_i(x), & \bar{x}_i^{\mathrm{T}} P_i B_i < 0 \end{cases} \tag{2.3.12}$$

若是环链块解耦

$$u_i(x) = \begin{cases} \dfrac{-B_i^{\mathrm{T}} P_i \bar{x}_i}{\|B_i^{\mathrm{T}} P_i \bar{x}_i\|} \rho_i(x), & \bar{x}_i^{\mathrm{T}} P_i B_i \neq 0 \\ 0, & \bar{x}_i^{\mathrm{T}} P_i B_i = 0 \end{cases} \tag{2.3.13}$$

则系统(2.3.5)和(2.3.11)构成的闭环系统为

$$\dot{\bar{x}}_i = \Box_i \bar{x}_i + B_i(K_i \bar{x}_i + u_i(x) + \Delta H_i(x)) + f_i(x), 1 \leqslant i \leqslant q \tag{2.3.14}$$

构造 Lyapunov 函数

$$V(\bar{x}_1, \bar{x}_2, \cdots, \bar{x}_q) = \sum_{i=1}^{q} \bar{x}_i^{\mathrm{T}} P_i \bar{x}_i$$

把 V 沿系统(2.3.14)的轨迹对 t 求导得

$$\dot{V} = -\sum_{i=1}^{q} \bar{x}_i^{\mathrm{T}} Q_i \bar{x}_i + \sum_{i=1}^{q} 2\bar{x}_i^{\mathrm{T}} P_i B_i(u_i(x) + \Delta H_i(x)) + \sum_{i=1}^{q} 2\bar{x}_i^{\mathrm{T}} P_i f_i(x)$$

由式(2.3.12)和式(2.3.13),参照定理 2.3.1 的证明过程得知

$$\bar{x}_i^T P_i B_i (u_i(x) + \Delta H_i(x)) \leq 0$$

由引理 2.3.2,存在函数阵 $R_i(x)$,使 $f_i(x) = R_i(x)x, 1 \leq i \leq q$。所以

$$\dot{V} \leq \sum_{i=1}^{q} - \lambda_{\min}(Q_i) \| \bar{x}_i \|^2 + \sum_{i=1}^{q} 2\bar{x}_i^T P_i R_i(x) x$$

$$= - \sum_{i=1}^{q} \lambda_{\min}(Q_i) \| \bar{x}_i \|^2 + \sum_{i=1}^{q} 2\bar{x}_i^T P_i R_i(x) T\bar{x}$$

$$\leq - \sum_{i=1}^{q} \lambda_{\min}(Q_i) \| \bar{x}_i \|^2 + \sum_{i=1}^{q} 2 \| \bar{x}_i^T \| \| P_i R_i(x) T \| \sum_{j=1}^{q} \| \bar{x}_j \|$$

$$= - \sum_{i=1}^{q} (\lambda_{\min}(Q_i) - 2\| P_i R_i(x) T \|) \| \bar{x}_i \|^2 + \sum_{i=1}^{q} \sum_{j=1,j\neq i}^{q} 2\| P_i R_i(x) T \| \| \bar{x}_i \| \| \bar{x}_j \|$$

$$= - Y^T W(x) Y$$

$$= - \frac{1}{2} Y^T (W^T + W) Y$$

其中 $Y = (\| \bar{x}_1 \| \quad \| \bar{x}_2 \| \quad \cdots \quad \| \bar{x}_q \|)^T$,由于 $W^T + W$ 在 Ω 上正定,所以 $\dot{V}$ 在区域 Ω 上负定。

证毕。

最后考虑下面由 N 个子系统组成的非线性环链组合系统

$$\dot{x}_i = Ax_i + f_i(x_i) + \Delta f_i(x_i) + B(u_i + \Delta g_i(x_i)) + \sum_{j=1,j\neq i}^{N} (H_{ij}(x_j) + \Delta H_{ij}(x_j)), i = 1,2,\cdots,N$$

$$(2.3.15)$$

其中,$x_i \in \mathbb{R}^n, u_i \in \mathbb{R}^m, A \in \mathbb{R}^{n \times n}, B \in \mathbb{R}^{n \times m}, f_i(x_i)$ 为第 i 个环链子系统的非线性部分,$\Delta f_i(x_i)$ 和 $\Delta g_i(x_i)$ 分别是第 i 个子系统的连续的非匹配和匹配不确定项,$\sum_{j=1,j\neq i}^{N} H_{ij}(x_j)$ 是互联项,$\sum_{j=1,j\neq i}^{N} \Delta H_{ij}(x_j)$ 是不确定互联项,$f_i(x_i)$ 和 $H_{ij}(x_j)$ 分别是其定义域上的 n 维解析向量场,并且

$$f_i(0) = \Delta f_i(0) = H_{ij}(0) = 0, \Delta g_i(0) = 0, i,j = 1,2,\cdots,N, i \neq j$$

假设 2.3.1 系统(2.3.15)第 i 个子系统的名义子系统是环链块解耦的,且块指数为 $(k_1,k_2,\cdots,k_q),(m_1,m_2,\cdots,m_q)$。

于是存在非奇异变换 $x_i = T\bar{x}_i$,使得系统(2.3.15)变为

$$\begin{pmatrix} \dot{\bar{x}}_{i1} \\ \dot{\bar{x}}_{i2} \\ \vdots \\ \dot{\bar{x}}_{iq} \end{pmatrix} = \begin{pmatrix} \Box_1 & & & \\ & \Box_2 & & \\ & & \ddots & \\ & & & \Box_q \end{pmatrix} \begin{pmatrix} \bar{x}_{i1} \\ \bar{x}_{i2} \\ \vdots \\ \bar{x}_{iq} \end{pmatrix} + T^{-1}f_i(x_i) + \begin{pmatrix} \Delta f_{i1}(x_i) \\ \Delta f_{i2}(x_i) \\ \vdots \\ \Delta f_{iq}(x_i) \end{pmatrix} + $$

$$\begin{pmatrix} B_1 & & & \\ & B_2 & & \\ & & \ddots & \\ & & & B_q \end{pmatrix} \begin{bmatrix} u_i + \begin{pmatrix} \Delta g_{i1}(x_i) \\ \Delta g_{i2}(x_i) \\ \vdots \\ \Delta g_{iq}(x_i) \end{pmatrix} \end{bmatrix} + T^{-1} \sum_{j=1,j\neq i}^{N} \left(H_{ij}(x_j) + \Delta H_{ij}(x_j) \right) \quad (2.3.16)$$

其中,$T^{-1}\Delta f_i(x_i) = (\Delta f_{il}(x_i))_{q\times 1}$,$\Delta g_i(x_i) = (\Delta g_{il}(x_i))_{q\times 1}$,$\overline{x}_i = T^{-1}x_i = (\overline{x}_{il})_{q\times 1}$,$i = 1,2,\cdots,N$。

假设 2.3.2 $(\square_l, B_l)$ 能控,$(l = 1,2,\cdots,q)$。

由假设 2.3.2,则存在反馈律 K_l,对任意正定阵 $Q_l \in \mathrm{R}^{k_l\times k_l}$,Lyapunov 方程(2.3.6)有正定解 P_l。

记 $P = \mathrm{diag}\{P_1, P_2, \cdots, P_q\}$,$Q = \mathrm{diag}\{Q_1, Q_2, \cdots, Q_q\}$,$K = \mathrm{diag}\{K_1, K_2, \cdots, K_q\}$。

假设 2.3.3 $\parallel \Delta f_{il}(x_i) \parallel \leqslant \eta_l(x_i)$,$l = 1,2,\cdots,q$,$i = 1,2,\cdots,N$

$\parallel \Delta g_{il}(x_i) \parallel \leqslant \rho_l(x_i)$,$l = 1,2,\cdots,q$,$i = 1,2,\cdots,N$

$\parallel \Delta H_{ij}(x_j) \parallel \leqslant \beta_{ij}\parallel x_j \parallel$,$i,j = 1,2,\cdots,N$,$i \neq j$

这里 $\eta_l(\cdot)$,$\rho_l(\cdot)$ 均为已知的连续函数,且 $\dfrac{\eta_l(x_i)}{\parallel B_l^{\mathrm{T}} P_l \overline{x}_{il} \parallel}$ 是可连续化函数。当 $\overline{x}_{il}^{\mathrm{T}} P_l B_l = 0$ 时,$\eta_l(x_i) = 0$。

由引理 2.3.2 知,存在解析函数矩阵 $M_i(x_i)$ 和 $N_{ij}(x_j)$,使得

$$f_i(x_i) = M_i(x_i)x_i, \quad H_{ij}(x_j) = N_{ij}(x_j)x_j, \quad 1 \leqslant i,j \leqslant N, i \neq j$$

假设 2.3.4 矩阵 $W^{\mathrm{T}}(x) + W(x)$ $(W = (W_{ij})_{N\times N})$ 在区域 Ω 上是正定的,其中,

$$W_{ij} = \begin{cases} \lambda_{\min}(Q) - 2\lambda_M(PT^{-1}M_i(x_i)T), & i = j \\ -2(\lambda_M(PT^{-1}N_{ij}(x_j)T) + \lambda_M(PT^{-1})\parallel T \parallel \beta_{ij}), & i \neq j \end{cases}$$

定理 2.3.3 若系统(2.3.15)满足假设 2.3.1～2.3.4,则系统(2.3.15)存在分散鲁棒镇定控制器。

证明 设计控制器

$$u_i = KT^{-1}x_i + u_i^{\alpha}(x_i) + u_i^{\beta}(x_i) \quad 1 \leqslant i \leqslant N \quad (2.3.17)$$

$$u_i^{\alpha}(x_i) = \begin{pmatrix} u_{i1}^{\alpha}(x_i) \\ u_{i2}^{\alpha}(x_i) \\ \vdots \\ u_{iq}^{\alpha}(x_i) \end{pmatrix}, \quad u_i^{\beta}(x_i) = \begin{pmatrix} u_{i1}^{\beta}(x_i) \\ u_{i2}^{\beta}(x_i) \\ \vdots \\ u_{iq}^{\beta}(x_i) \end{pmatrix}$$

其中,

$$u_{il}^{\alpha}(x_i) = \begin{cases} \dfrac{-B_l^{\mathrm{T}} P_l \overline{x}_{il}}{\parallel B_l^{\mathrm{T}} P_l \overline{x}_{il} \parallel} \rho_l(x), & \overline{x}_{il}^{\mathrm{T}} P_l B_l \neq 0 \\ 0, & \overline{x}_{il}^{\mathrm{T}} P_l B_l = 0 \end{cases} \quad (2.3.18)$$

$$u_{il}^{\beta}(x_i) = \begin{cases} \dfrac{-B_l^{\mathrm{T}} P_l \overline{x}_{il}}{\parallel B_l^{\mathrm{T}} P_l \overline{x}_{il} \parallel^2} \parallel \overline{x}_{il} \parallel \lambda_{\max}(P_l) \eta_l(x_i), & \overline{x}_{il}^{\mathrm{T}} P_l B_l \neq 0 \\ 0, & \overline{x}_{il}^{\mathrm{T}} P_l B_l = 0 \end{cases} \quad (2.3.19)$$

$$l = 1,2,\cdots,q, \qquad i = 1,2,\cdots,N$$

则系统(2.3.16)和控制器(2.3.17)构成的闭环系统为

$$\dot{\bar{x}}_i = \begin{bmatrix} \Box_1 & & & \\ & \Box_2 & & \\ & & \ddots & \\ & & & \Box_q \end{bmatrix} \bar{x}_i + T^{-1}f_i(x_i) + T^{-1}\Delta f_i(x_i) + T^{-1}B\big[KT^{-1}x_i + u_i^{\alpha}(x_i) + u_i^{\beta}(x_i) + $$

$$\Delta g_i(x_i)\big] + T^{-1}\sum_{j=1,j\neq i}^{N}(H_{ij}(x_j) + \Delta H_{ij}(x_j)), i = 1,2,\cdots,N \tag{2.3.20}$$

对系统(2.3.20)构造 Lyapunov 函数

$$V = \sum_{i=1}^{N}\sum_{l=1}^{q}\bar{x}_{il}^{\mathrm{T}}P_l\bar{x}_{il} = \sum_{i=1}^{N}\bar{x}_i^{\mathrm{T}}P\bar{x}_i$$

沿系统(2.3.20)的轨迹求导得

$$\dot{V} = -\sum_{i=1}^{N}\bar{x}_i^{\mathrm{T}}Q\bar{x}_i + \sum_{i=1}^{N}2\bar{x}_i^{\mathrm{T}}PT^{-1}f_i(x_i) + \sum_{i=1}^{N}2\bar{x}_i^{\mathrm{T}}PT^{-1}\sum_{j=1,j\neq i}^{N}(H_{ij}+\Delta H_{ij}) + $$

$$2\sum_{i=1}^{N}\sum_{l=1}^{q}\bar{x}_{il}^{\mathrm{T}}P_lB_l(u_{il}^{\alpha}(x_i)+\Delta g_{il}(x_i)) + 2\sum_{i=1}^{N}\sum_{l=1}^{q}\bar{x}_{il}^{\mathrm{T}}P_l(\Delta f_{il}(x_i)+B_lu_{il}^{\beta}(x_i))$$

当 $\bar{B}_l^{\mathrm{T}}P_l\bar{x}_{il} \neq 0$ 时,由式(2.3.18)和式(2.3.19)得

$$\bar{x}_{il}^{\mathrm{T}}P_lB_l(\Delta g_{il}(x_i)+u_{il}^{\alpha}(x_i)) \leq 0$$

$$\bar{x}_{il}^{\mathrm{T}}P_l(\Delta f_{il}(x_i)+B_lu_{il}^{\beta}(x_i)) = \frac{-\bar{x}_{il}^{\mathrm{T}}P_lB_lB_l^{\mathrm{T}}P_l\bar{x}_{il}}{\|B_l^{\mathrm{T}}P_l\bar{x}_{il}\|^2}\|\bar{x}_{il}\|\lambda_{\max}(P_l)\eta_l(x_i) + \bar{x}_{il}^{\mathrm{T}}P_l\Delta f_{il}(x_i)$$

$$\leq -\lambda_{\max}(P_l)\|\bar{x}_{il}\|(\eta_l(x_i) - \|\Delta f_{il}(x_i)\|)$$

$$\leq 0$$

当 $\bar{B}_l^{\mathrm{T}}P_l\bar{x}_{il} = 0$ 时,由式(2.3.18)、式(2.3.19)和假设 2.3.3 得

$$\bar{x}_{il}^{\mathrm{T}}P_lB_l(\Delta g_{il}(x_i)+u_{il}^{\alpha}(x_i)) = 0$$

$$\bar{x}_{il}^{\mathrm{T}}P_l(\Delta f_{il}(x_i)+B_lu_{il}^{\beta}(x_i)) = \bar{x}_{il}^{\mathrm{T}}P_l\Delta f_{il}(x_i)$$

$$\leq \lambda_{\max}(P_l)\|\bar{x}_{il}\|\|\Delta f_{il}(x_i)\|$$

$$\leq \lambda_{\max}(P_l)\|\bar{x}_{il}\|\|\eta_l(x_i)\|$$

$$= 0$$

结合假设 2.3.3 和引理 2.3.2 得

$$\dot{V} \leq -\sum_{i=1}^{N}\big[(\lambda_{\min}(Q) - 2\lambda_M(PT^{-1}M_i(x_i)T))\|\bar{x}_i\|^2 - $$

$$\sum_{j=1,j\neq i}^{N}2(\lambda_M(PT^{-1}N_{ij}(x_j)T) + \lambda_M(PT^{-1})\|T\|\beta_{ij})\|\bar{x}_i\|\|\bar{x}_j\|\big]$$

$$= -Y^{\mathrm{T}}WY$$

$$= -\frac{1}{2}Y^{\mathrm{T}}(W^{\mathrm{T}}+W)Y$$

其中, $Y = (\|\bar{x}_1\| \quad \|\bar{x}_2\| \quad \cdots \quad \|\bar{x}_N\|)^{\mathrm{T}}$,由于 $W^{\mathrm{T}}+W$ 在 Ω 上正定,所以 $\dot{V}$ 在区域 Ω 上负

定。

证毕。

注 2.3.3　通过适当调整正定阵 Q_l 可增大镇定域和提高鲁棒性。

注 2.3.4　本节的设计方法对于不具有环链解耦性的一般非线性系统,具有更好的适用性。

2.3.2　数值算例

考虑非线性环链系统

$$\dot{x} = \begin{pmatrix} -2 & -1 & 0 & 0 \\ 2 & 2 & 0 & 0 \\ 0 & 0 & 0 & 1 \\ 0 & 0 & -1 & 0 \end{pmatrix} x + \begin{pmatrix} -1 & 0 \\ 1 & 0 \\ 0 & 0 \\ 0 & 1 \end{pmatrix} (u + \Delta H(x)) + \frac{\sqrt{13}}{52} \begin{pmatrix} \|x\| x_1 \\ 0 \\ \|x\| x_3 \\ 0 \end{pmatrix} \quad (2.3.21)$$

这里 $\Delta H(x) = \begin{pmatrix} \Delta H_1(x) \\ \Delta H_2(x) \end{pmatrix} = \begin{pmatrix} \theta_1 \|x\| \sin(x_1\theta_1) \\ \theta_2 \|x\| \cos(x_3^2\theta_2) \end{pmatrix}$, $(\theta_1, \theta_2) \in \Omega_* = \{(\theta_1, \theta_2) : |\theta_1| < 2, |\theta_2| < 1\}$。

由定理 2.2.4 后面求 T 的步骤,求出 $T = \begin{pmatrix} 1 & -1 & 0 & 0 \\ 0 & 1 & 0 & 0 \\ 0 & 0 & 1 & 0 \\ 0 & 0 & 0 & 1 \end{pmatrix}$,令 $x = T\bar{x}, \bar{x} = \begin{pmatrix} \bar{x}_1 \\ \bar{x}_2 \\ \bar{x}_3 \\ \bar{x}_4 \end{pmatrix} = T^{-1}x$,则

系统(2.3.21)变为

$$\begin{pmatrix} \dot{\bar{x}}_1 \\ \dot{\bar{x}}_2 \\ \dot{\bar{x}}_3 \\ \dot{\bar{x}}_4 \end{pmatrix} = \begin{pmatrix} 0 & 1 & 0 & 0 \\ 2 & 0 & 0 & 0 \\ 0 & 0 & 0 & 1 \\ 0 & 0 & -1 & 0 \end{pmatrix} \begin{pmatrix} \bar{x}_1 \\ \bar{x}_2 \\ \bar{x}_3 \\ \bar{x}_4 \end{pmatrix} + \begin{pmatrix} 0 & 0 \\ 1 & 0 \\ 0 & 0 \\ 0 & 1 \end{pmatrix} \left[\begin{pmatrix} u_1 \\ u_2 \end{pmatrix} + \begin{pmatrix} \Delta H_1(x) \\ \Delta H_2(x) \end{pmatrix} \right] + \frac{\sqrt{13}}{52} \begin{pmatrix} \|x\| x_1 \\ 0 \\ \|x\| x_3 \\ 0 \end{pmatrix}$$

$$(2.3.22)$$

$$\begin{pmatrix} \dot{\bar{x}}_1 \\ \dot{\bar{x}}_2 \end{pmatrix} = \begin{pmatrix} 0 & 1 \\ 2 & 0 \end{pmatrix} \begin{pmatrix} \bar{x}_1 \\ \bar{x}_2 \end{pmatrix} + \begin{pmatrix} 0 \\ 1 \end{pmatrix} (u_1 + \Delta H_1(x)) + \frac{\sqrt{13}}{52} \begin{pmatrix} \|x\| x_1 \\ 0 \end{pmatrix} \quad (2.3.23)$$

$$\begin{pmatrix} \dot{\bar{x}}_3 \\ \dot{\bar{x}}_4 \end{pmatrix} = \begin{pmatrix} 0 & 1 \\ -1 & 0 \end{pmatrix} \begin{pmatrix} \bar{x}_3 \\ \bar{x}_4 \end{pmatrix} + \begin{pmatrix} 0 \\ 1 \end{pmatrix} (u_2 + \Delta H_2(x)) + \frac{\sqrt{13}}{52} \begin{pmatrix} \|x\| x_3 \\ 0 \end{pmatrix} \quad (2.3.24)$$

从而系统(2.3.21)是环链线性解耦。$\square_1 = \begin{pmatrix} 0 & 1 \\ 2 & 0 \end{pmatrix}$, $\square_2 = \begin{pmatrix} 0 & 1 \\ -1 & 0 \end{pmatrix}$, $B_1 = B_2 = \begin{pmatrix} 0 \\ 1 \end{pmatrix}$。

$(\square_1, B_1)$ 和 $(\square_2, B_2)$ 是能控的。选取 $K_1 = (-4 \quad -2)$, $K_2 = (-1 \quad -2)$, $Q_1 = Q_2 = 4I_2$。解 Lyapunov 方程(2.3.6)可得

$$P_1 = P_2 = \begin{pmatrix} 5 & 1 \\ 1 & \dfrac{3}{2} \end{pmatrix}$$

$$\begin{pmatrix} \|x\| x_1 \\ 0 \end{pmatrix} = \begin{pmatrix} \|x\| & 0 & 0 & 0 \\ 0 & 0 & 0 & 0 \end{pmatrix} \begin{pmatrix} x_1 \\ x_2 \\ x_3 \\ x_4 \end{pmatrix}, \quad \begin{pmatrix} \|x\|^2 x_3 \\ 0 \end{pmatrix} = \begin{pmatrix} 0 & 0 & \|x\| & 0 \\ 0 & 0 & 0 & 0 \end{pmatrix} \begin{pmatrix} x_1 \\ x_2 \\ x_3 \\ x_4 \end{pmatrix}$$

$\|\Delta H_1(x)\| \leqslant \|x\|, \|\Delta H_2(x)\| \leqslant 2\|x\|$，$W(x) = \begin{pmatrix} 4 - \|x\| & -\|x\| \\ -0.707\,1\|x\| & 4 - 0.707\,1\|x\| \end{pmatrix}$

取 $\Omega = \{x; \|x\| < 2\}$，则 $W^{\mathrm{T}}(x) + W(x)$ 在区域 Ω 上正定。

$$u_1(x) = \begin{cases} -\|x\|, & (\overline{x}_1 \quad \overline{x}_2) P_1 B_1 \geqslant 0 \\[2mm] \|x\|, & (\overline{x}_1 \quad \overline{x}_2) P_1 B_1 < 0 \end{cases}$$

$$u_2(x) = \begin{cases} -2\|x\|, & (\overline{x}_3 \quad \overline{x}_4) P_2 B_2 \geqslant 0 \\[2mm] 2\|x\|, & (\overline{x}_3 \quad \overline{x}_4) P_2 B_2 < 0 \end{cases}$$

则使系统(2.3.21)在区域 Ω 上关于 $x = 0$ 渐近稳定的分散鲁棒控制器为

$$u_1 = (-4 \quad -2) \begin{pmatrix} \overline{x}_1 \\ \overline{x}_2 \end{pmatrix} - \|x\| \operatorname{sign}\left[\begin{pmatrix} \overline{x}_1 \\ \overline{x}_2 \end{pmatrix}^{\mathrm{T}} P_1 B_1 \right]$$

$$u_2 = (-1 \quad -2) \begin{pmatrix} \overline{x}_3 \\ \overline{x}_4 \end{pmatrix} - 2\|x\| \operatorname{sign}\left[\begin{pmatrix} \overline{x}_3 \\ \overline{x}_4 \end{pmatrix}^{\mathrm{T}} P_2 B_2 \right]$$

取初值 $x(0) = (0.1 \quad -1.2 \quad -0.5 \quad 0.3)$，$\theta_1 = \theta_2 = 0.5$，进行仿真，得对应系统的状态响应曲线见图 2.3.1。仿真结果表明,本节的设计方法是有效的。

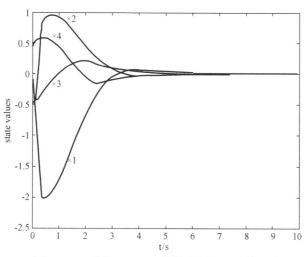

图 2.3.1　系统(2.3.21)的状态变量 $x(t)$ 的响应

2.4　非线性环链大系统的分散鲁棒状态观测器的设计

本节考虑一类非线性环链大系统的分散状态反馈鲁棒观测器的设计问题。

2.4.1　分散鲁棒状态观测器的设计

考虑如下非线性组合大系统

$$\begin{cases} \dot{x}_i = Ax_i + G_i(x_i, u_i, \theta) + H_i(x) \\ y_i = Cx_i \end{cases} \tag{2.4.1}$$

其中, $x_i \in \mathrm{R}^n, y_i, u_i \in \mathrm{R}^m$ 分别是第 i 个子系统的状态输出和输入, A 为环链矩阵, C 为常阵 $G_i(x_i, u_i, \theta)$, $H_i(x)$ 是其定义域上的 n 维光滑向量场; $\theta \in \Omega \subset \mathrm{R}^q$ (Ω 是紧集)是不确定参数, $G_i(x_i, u_i, \theta)$ 是不确定项; $H_i(x)$ 是互联项。

注 2.4.1　系统(2.4.1)是由相似子系统互联而成的。

考虑系统

$$\begin{cases} \dot{x}_i = Ax_i \\ y_i = Cx_i \end{cases} \tag{2.4.2}$$

定义 2.4.1　称系统(2.4.2)为系统(2.4.1)的第 i 个子系统的名义子系统。

定义 2.4.2　对于系统(2.4.2),若存在非奇异变换 $x = T\overline{x}$,使得

$$\begin{pmatrix} \dot{\overline{x}}_1 \\ \dot{\overline{x}}_2 \\ \vdots \\ \dot{\overline{x}}_l \end{pmatrix} = \begin{pmatrix} \square_1 & & & \\ & \square_2 & & \\ & & \ddots & \\ & & & \square_l \end{pmatrix} \begin{pmatrix} \overline{x}_1 \\ \overline{x}_2 \\ \vdots \\ \overline{x}_l \end{pmatrix}, \begin{pmatrix} y_1 \\ y_2 \\ \vdots \\ y_l \end{pmatrix} = \begin{pmatrix} C_1 & & & \\ & C_2 & & \\ & & \ddots & \\ & & & C_l \end{pmatrix} \begin{pmatrix} \overline{x}_1 \\ \overline{x}_2 \\ \vdots \\ \overline{x}_l \end{pmatrix}$$

则称系统(2.4.2)是观测环链观测解耦的。

注 2.4.2　关于可观测环链观测解耦的条件看本章命题 2.5.1。

若系统(2.4.1)的每个子系统的名义子系统都是观测环链观测解耦的,则存在非奇异变

换 $x = T\bar{x}$,使得系统(2.4.1)变为

$$
\begin{pmatrix} \dot{\bar{x}}_{i1} \\ \dot{\bar{x}}_{i2} \\ \vdots \\ \dot{\bar{x}}_{il} \end{pmatrix} = \begin{pmatrix} \square_1 & & & \\ & \square_2 & & \\ & & \ddots & \\ & & & \square_l \end{pmatrix} \begin{pmatrix} \bar{x}_{i1} \\ \bar{x}_{i2} \\ \vdots \\ \bar{x}_{il} \end{pmatrix} + \begin{pmatrix} G_{i1}(x_{ij}, u_i, \theta) \\ G_{i2}(x_{ij}, u_i, \theta) \\ \vdots \\ G_{il}(x_{ij}, u_i, \theta) \end{pmatrix} + \begin{pmatrix} H_{i1}(\bar{x}) \\ H_{i2}(\bar{x}) \\ \vdots \\ H_{il}(\bar{x}) \end{pmatrix}
$$

$$
\begin{pmatrix} y_{i1} \\ y_{i2} \\ \vdots \\ y_{il} \end{pmatrix} = \begin{pmatrix} C_1 & & & \\ & C_2 & & \\ & & \ddots & \\ & & & C_l \end{pmatrix} \begin{pmatrix} \bar{x}_{i1} \\ \bar{x}_{i2} \\ \vdots \\ \bar{x}_{il} \end{pmatrix}
$$

即

$$
\begin{cases} \dot{x}_{ij} = \square_j x_{ij} + G_{ij}(x_i, u_i, \theta) + H_{ij}(x) \\ y_{ij} = C_j x_{ij} \end{cases} \quad (i = 1,2,\cdots,N; j = 1,2,\cdots,l) \qquad (2.4.3)
$$

下面给出引理 2.4.1。

引理 2.4.1[101] 设 $f(x)(x \in \mathbb{R}^n)$ 在区域 $E(E \subset \mathbb{R}^n)$ 上满足 Lipschitz 条件,即存在常数 β ,对一切 $x, \hat{x} \in E$ 有 $\| f(\hat{x}) - f(x) \| \leqslant \beta \| \hat{x} - x \|$,则对任意的对称矩阵 P 有

$$
e^{\mathrm{T}} P(f(\hat{x}) - f(x)) \leqslant \frac{1}{2}(\beta^2 e^{\mathrm{T}} P^2 e + e^{\mathrm{T}} e)
$$

其中 $x, \hat{x} \in E$, $e = \hat{x} - x$ 。

证明 由 P 的对称性及不等式 $a^2 + b^2 \geqslant 2ab$ 知

$$
e^{\mathrm{T}} P(f(\hat{x}) - f(x))
$$
$$
\leqslant \beta \| Pe \| \| e \|
$$
$$
\leqslant \frac{1}{2}(\| \beta Pe \|^2 + \| e \|^2) = \frac{1}{2}(\beta^2 e^{\mathrm{T}} P^2 e + e^{\mathrm{T}} e)
$$

证毕。

假设 $(\square_j, C_j)$ 可检测,即存在矩阵 K_j 使得 $\square_j + K_j C_j$ 为 Hurwitz 稳定阵,则对任一正定阵 Q_j ,Lyapunov 方程

$$
(\square_j + K_j C_j)^{\mathrm{T}} P_j + P_j(\square_j + K_j C_j) = - Q_j \qquad (2.4.4)
$$

必有唯一正定解 P_j 。记 $P = \mathrm{diag}\{P_1, P_2, \cdots, P_l\}$, $Q = \mathrm{diag}\{Q_1, Q_2, \cdots, Q_l\}$ 。

定理 2.4.1 如果系统(2.4.1)满足如下条件

(1) (A, C) 是观测环链解耦的。

(2) $(\square_j, C_j)$ 可检测 $(j = 1,2,\cdots,l)$ 。

(3) $H_i(x)$ 满足 Lipschitz 条件,即

$$
\| H_i(\hat{x}) - H_i(x) \| \leqslant \gamma_i \| \hat{x} - x \| \quad (i = 1,2,\cdots,N) \text{。}
$$

(4) $G_{ij}(x_i, u_i, \theta) = P_j^{-1} C_j^{\mathrm{T}} g_{ij}(x_i, u_i, \theta)$ $\qquad (2.4.5)$

其中, P_j 由式(2.4.4)确定,且 $\| g_{ij}(x_i,u_i,\theta) \| \leqslant \rho_{ij}(u_i,y_i)$ $(i = 1,2,\cdots,N;j = 1,2,\cdots,l)$ 。

（5）矩阵 $Q - \mu^2 P^2 - I$ 正定,其中 $\mu = \max\{\gamma_i\}$ $(i = 1,2,\cdots,N)$,则系统

$$\dot{\hat{x}}_{ij} = (\square_j + K_j C_j)\hat{x}_{ij} + L_{ij}(\hat{x}_i,y_i,\rho_{ij}(u_i,y_i)) + H_{ij}(\hat{x}) - K_j y_{ij} \quad (i = 1,2,\cdots,N;j = 1,2,\cdots,l)$$

$$(2.4.6)$$

是系统(2.4.1)的分散鲁棒观测器。其中 $\hat{x} = col(\hat{x}_1,\hat{x}_2,\cdots\hat{x}_N)$ 且

$$L_{ij}(\hat{x}_i,y_i,\rho(u_i,y_i)) = \begin{cases} -\dfrac{P_j^{-1}C_j^{\mathrm{T}}(C_j\hat{x}_{ij} - y_i)}{\| C_j\hat{x}_{ij} - y_i \|}\rho_{ij}(u_i,y_i) &, C_j\hat{x}_{ij} \neq y_{ij} \\ 0, & C_j\hat{x}_{ij} = y_{ij} \end{cases} \begin{pmatrix} i = 1,2,\cdots,N \\ j = 1,2,\cdots,l \end{pmatrix}$$

证明　记 $e_{ij} = \hat{x}_{ij} - x_{ij}$,则误差方程为

$$\dot{e}_{ij} = (\square_j + KC_j)e_{ij} + L_{ij}(\hat{x}_i,y_i,\rho_{ij}(u_i,y_i)) - G_{ij}(x_i,u_i,\theta) + H_{ij}(\hat{x}) - H_{ij}(x)$$

将定理 2.4.1 中的条件（4）代入上述误差方程有

$$\dot{e}_{ij} = (\square_j + K_j C_j)e_{ij} + L(\hat{x}_i,y_i,\rho_{ij}(u_i,y_i)) - P_j^{-1}C_j^{\mathrm{T}}g_{ij}(x_i,u_i,\theta) + H_{ij}(\hat{x}) - H_{ij}(x)$$
$$(i = 1,2,\cdots,N) , (j = 1,2,\cdots,l)$$

$$(2.4.7)$$

构造正定函数 $V(e_1,e_2,\cdots,e_N) = \sum_{i=1}^{N}\sum_{j=1}^{l}e_{ij}^{\mathrm{T}}P_j e_{ij}$,其中 P_j 由式(2.4.4)确定,则

$$\dot{V}(e_1,e_2,\cdots,e_N) = -\sum_{i=1}^{N}\sum_{j=1}^{l}e_{ij}^{\mathrm{T}}Q_j e_{ij} + 2\sum_{i=1}^{N}\sum_{j=1}^{l}e_{ij}^{\mathrm{T}}P_j(H_{ij}(\hat{x}) - H_{ij}(x)) +$$

$$2\sum_{i=1}^{N}\sum_{j=1}^{l}e_{ij}^{\mathrm{T}}P_j\begin{cases} -\dfrac{P_j^{-1}C_j^{\mathrm{T}}(C_j\hat{x}_{ij} - y_{ij})}{\| C_j\hat{x}_{ij} - y_{ij} \|}\rho_{ij}(u_i,y_i) - P_j^{-1}C_j^{\mathrm{T}}g_{ij}(x_i,u_i,\theta) &, C_j\hat{x}_{ij} \neq y_{ij} \\ 0, & C_j\hat{x}_{ij} = y_{ij} \end{cases}$$

$$(2.4.8)$$

下面对上述各项进行分析,由 $y_{ij} = C_j x_{ij}$ 及 $\| g_{ij}(x_i,u_i,\theta) \| \leqslant \rho_{ij}(u_i,y_i)$ 知

$$\sum_{i=1}^{N}\sum_{j=1}^{l}e_{ij}^{\mathrm{T}}P\begin{cases} -\dfrac{P_j^{-1}C_j^{\mathrm{T}}(C_j\hat{x}_{ij} - y_{ij})}{\| C_j\hat{x}_{ij} - y_{ij} \|}\rho_{ij}(u_i,y_i) - P_j^{-1}C_j^{\mathrm{T}}g_{ij}(x_i,u_i,\theta) &, y_{ij} \neq C_j\hat{x}_{ij} \\ 0, & y_{ij} = C_j\hat{x}_{ij} \end{cases}$$

$$= -\sum_{i=1}^{N}\sum_{j=1}^{l}\begin{cases} \dfrac{e_{ij}^{\mathrm{T}}C_j^{\mathrm{T}}C_j e_{ij}}{\| C_j e_{ij} \|}\rho_{ij}(u_i,y_i) + e_{ij}^{\mathrm{T}}C_j^{\mathrm{T}}g_{ij}(x_i,u_i,\theta) &, y_{ij} \neq C_j\hat{x}_{ij} \\ 0, & y_{ij} = C_j\hat{x}_{ij} \end{cases}$$

$$= -\sum_{i=1}^{N}\sum_{j=1}^{l}\begin{cases} \| C_j e_{ij} \|\rho_{ij}(u_i,y_i) + e_{ij}^{\mathrm{T}}C_j^{\mathrm{T}}g_{ij}(x_i,u_i,\theta) &, y_{ij} \neq C_j\hat{x}_{ij} \\ 0, & y_{ij} = C_j\hat{x}_{ij} \end{cases}$$

$$\leqslant -\sum_{i=1}^{N}\sum_{j=1}^{l}(\| C_j e_{ij} \|\rho_{ij}(u_i,y_i) - \| C_j e_{ij} \|\| g_{ij}(x_i,u_i,\theta) \|) \leqslant 0 \qquad (2.4.9)$$

令 $H(x) = (H_1(x),H_2(x),\cdots,H_N(x))^{\mathrm{T}}$,由定理 2.4.1 的条件（2）知 $H(x)$ 满足 Lipschitz 条件,且有

$$\| H(\hat{x}) - H(x) \| \leqslant \mu\| \hat{x} - x \| \qquad (2.4.10)$$

其中 $\mu = \max\{\gamma_i\}$ $(i = 1,2,\cdots,N)$,故由引理 2.4.1 知

$$\sum_{i=1}^{N}\sum_{j=1}^{l} e_{ij}^{\mathrm{T}} P_j (H_{ij}(\hat{x}) - H_{ij}(x)) = \sum_{i=1}^{N} e_i^{\mathrm{T}} P (H_i(\hat{x}) - H_i(x))$$

$$\leqslant \frac{1}{2}\sum_{i=1}^{N} e_i^{\mathrm{T}} (\mu^2 P^2 + I) e_i \qquad (2.4.11)$$

结合式(2.4.8),式(2.4.9),式(2.4.11)可得

$$\dot{V}(e_1, e_2, \cdots, e_N) \leqslant - \sum_{i=1}^{N} e_i^{\mathrm{T}} (Q - \mu^2 P^2 - I) e_i$$

由定理2.4.1条件(5)知 $\dot{V}$ 是负定的,从而系统(2.4.1)是渐近稳定的,且

$$\lim_{t \to \infty} \| \hat{x}_{ij}(t) - x_{ij}(t) \| = 0$$

则系统(2.4.6)为系统(2.4.1)的分散鲁棒状态观测器。

证毕。

定理2.4.1条件(4)要求一个匹配条件,条件较强。为了弥补这一欠缺,下面给出定理2.4.2。

定理 2.4.2 若系统(2.4.1)满足如下条件:

(1) (A, C) 是可观测环链解耦的。

(2) $(\Box_j, C_j)$ 是可检测的。

(3) $H_i(x)(i = 1, 2, \cdots, N)$ 满足 Lipschitz 条件,即

$$\| H_i(\hat{x}) - H_i(x) \| \leqslant \gamma_i \| \hat{x} - x \|,\ \text{取}\ \mu = \max\{\gamma_i\}\ (i = 1, 2, \cdots, N)\ 。$$

(4) $G_i(x_i, \mu_i, \theta)$ 对 x_i 满足 Lipschitz 条件,即

$$\| G_i(\hat{x}_i, \mu_i, \theta) - G_i(x_i, \mu_i, \theta) \| \leqslant \beta_i \| \hat{x}_i - x_i \|,\ \text{取}\ \beta = \max\{\beta_i\}\ (i = 1, 2, \cdots, N)\ 。$$

(5) 矩阵 $Q_j - (\mu^2 + \beta^2) P_j^2 - 2I$ 正定$(j = 1, 2, \cdots, l)$。

则系统

$$\dot{\hat{x}}_{ij} = (\Box_j + K_j C_j)\hat{x}_{ij} + G_{ij}(\hat{x}_i, \mu_i, \theta) + H_{ij}(\hat{x}) - K_j y_{ij} \qquad (2.4.12)$$

为系统(2.4.1)的状态观测器。

证明 记 $e_{ij} = \hat{x}_{ij} - x_{ij}$,则误差方程为

$$\dot{e}_{ij} = (\Box_j + K_j C_j)e_{ij} + G_{ij}(\hat{x}_i, u_i, \theta) - G_{ij}(x_i, u_i, \theta) + H_{ij}(\hat{x}) - H_{ij}(x) \qquad (2.4.13)$$

构造正定函数 $V(e_1, e_2, \cdots, e_N) = \sum_{i=1}^{N}\sum_{j=1}^{l} e_{ij}^{\mathrm{T}} P_j e_{ij}$,则

$$\dot{V}(e_1, e_2, \cdots, e_N) = - \sum_{i=1}^{N}\sum_{j=1}^{l} e_{ij}^{\mathrm{T}} Q_j e_{ij} + 2\sum_{i=1}^{N}\sum_{j=1}^{l} e_{ij}^{\mathrm{T}} P_j (H_{ij}(\hat{x}) - H_{ij}(x)) +$$

$$2\sum_{i=1}^{N}\sum_{j=1}^{l} e_{ij}^{\mathrm{T}} P_j (G_{ij}(\hat{x}_i, u_i, \theta) - G_{ij}(x_i, u_i, \theta)) \qquad (2.4.14)$$

而由引理2.4.1和定理2.4.1的证明过程知

$$\sum_{i=1}^{N}\sum_{j=1}^{l} e_{ij}^{\mathrm{T}} P_j (H_{ij}(\hat{x}) - H_{ij}(x)) \leqslant \frac{1}{2}\sum_{i=1}^{N} e_i^{\mathrm{T}} (\mu^2 P^2 + I) e_i \qquad (2.4.15)$$

$$\sum_{i=1}^{N}\sum_{j=1}^{l} e_{ij}^{\mathrm{T}} P_j (G_{ij}(\hat{x}_{ij}, u_i, \theta) - G_{ij}(x_{ij}, u_i, \theta)) \leqslant \frac{1}{2}\sum_{i=1}^{N} e_i^{\mathrm{T}} (\beta^2 P^2 + I) e_i \qquad (2.4.16)$$

由式(2.4.14)、式(2.4.15)、式(2.4.16)得

$$\dot{V}(e_1, e_2, \cdots, e_N) \leqslant \sum_{i=1}^{N} e_i^{\mathrm{T}} (Q - (\mu^2 + \beta^2) P^2 - 2I) e_i$$

由定理 2.4.2 中的条件(5)知 $\dot{V}$ 负定,从而系统(2.4.13)是渐近稳定的,即

$$\lim_{t \to \infty} \| \hat{x}_{ij}(t) - x_{ij}(t) \| = 0$$

则系统(2.4.12)为系统(2.4.1)的分散鲁棒状态观测器。

证毕。

注 2.4.3　本节的结论可以是全局的,也可以是局部的,这取决于定理条件成立的区域是全局还是区域的。

注 2.4.4　本节设计的观测器具有相似结构,根据一个观测器,即可获得全部分散观测器,利于工程的实现。本节的设计不需要系统的孤立子系统的非线性部分的精确模型。而文献[118-121]要求系统的孤立子系统的非线性部分的精确模型。

2.4.2　数值算例

考虑如下系统:

$$\begin{pmatrix} \dot{x}_1 \\ \dot{x}_2 \end{pmatrix} = \begin{pmatrix} 0 & 1 \\ 1 & 0 \end{pmatrix} \begin{pmatrix} x_1 \\ x_2 \end{pmatrix} + \begin{pmatrix} \dfrac{1}{4}\theta_1 \sin x_1 + \dfrac{1}{2}u_1^2 \sin x_2^2 \\ \dfrac{1}{4}\theta_1 \sin x_1 + \dfrac{1}{2}u_1^2 \sin x_2^2 \end{pmatrix} + \begin{pmatrix} \dfrac{1}{2}x_3 \\ \dfrac{1}{4}\sin x_1^2 \end{pmatrix}$$

$$\begin{pmatrix} \dot{x}_3 \\ \dot{x}_4 \end{pmatrix} = \begin{pmatrix} 0 & 1 \\ 1 & 0 \end{pmatrix} \begin{pmatrix} x_3 \\ x_4 \end{pmatrix} + \frac{1}{2}\begin{pmatrix} \theta_2 + u_2^2 \sin x_4^2 \\ \theta_2 + u_2^2 \sin x_4^2 \end{pmatrix} + \frac{1}{2}\begin{pmatrix} x_2 \\ 0 \end{pmatrix}$$

$$y_1 = (1 \quad 1) \begin{pmatrix} x_1 \\ x_2 \end{pmatrix} \qquad y_2 = (1 \quad 1) \begin{pmatrix} x_3 \\ x_4 \end{pmatrix}$$

其中, $(\theta_1, \theta_2) \in \Omega = \{(\theta_1, \theta_2) \mid |\theta_1| < 2, |\theta_2| < 1\}$ 试设计系统的状态观测器。

设 $K = \begin{pmatrix} -1 \\ -1 \end{pmatrix}$, $Q = 2I$,则 $P = I$,且计算得 $H(x) = \begin{pmatrix} \dfrac{1}{2}x_3 & \dfrac{1}{4}\sin x_1^2 & \dfrac{1}{2}x_2 & 0 \end{pmatrix}^{\mathrm{T}}$ 的 Lipschitz 常数为 $\dfrac{1}{2}$ 。令

$$\rho_1 = 1 + u_1^2, \rho_2 = 1 + u_2^2 \tag{2.4.17}$$

$$g_1(x_1, x_2, \theta_1, \theta_2) = \frac{1}{4}\theta_1 \sin x_1 + \frac{1}{2}u_1^2 \sin x_2^2, g_2(x_3, x_4, \theta_1, \theta_2) = \theta_2 + u_2^2 \sin x_4^2$$

容易验证,定理 2.4.1 的条件易满足,故系统的结构相似环链状态观测器为

$$\begin{pmatrix} \dot{\hat{x}}_1 \\ \dot{\hat{x}}_2 \end{pmatrix} = \begin{pmatrix} -1 & 0 \\ 0 & -1 \end{pmatrix} \begin{pmatrix} \hat{x}_1 \\ \hat{x}_2 \end{pmatrix} + L(\hat{x}_1, \hat{x}_2, y_1, \rho_1) + \begin{pmatrix} \dfrac{1}{2}\hat{x}_3 \\ \dfrac{1}{4}\sin \hat{x}_1^2 \end{pmatrix} + \begin{pmatrix} 1 \\ 1 \end{pmatrix} y_1$$

$$\begin{pmatrix} \dot{\hat{x}}_3 \\ \dot{\hat{x}}_4 \end{pmatrix} = \begin{pmatrix} -1 & 0 \\ 0 & -1 \end{pmatrix} \begin{pmatrix} \hat{x}_3 \\ \hat{x}_4 \end{pmatrix} + L(\hat{x}_3, \hat{x}_4, y_2, \rho_2) + \frac{1}{2}\begin{pmatrix} \hat{x}_2 \\ 0 \end{pmatrix} + \begin{pmatrix} 1 \\ 1 \end{pmatrix} y_2$$

其中

$$L(\hat{x}_1, \hat{x}_2, y_1, \rho_1) = -\begin{pmatrix} 1 \\ 1 \end{pmatrix} \mathrm{sgn}(\hat{x}_1 + \hat{x}_2 - y_1)\rho_1$$

$$L(\hat{x}_3, \hat{x}_4, y_2, \rho_2) = - \begin{pmatrix} 1 \\ 1 \end{pmatrix} \mathrm{sgn}(\hat{x}_3 + \hat{x}_4 - y_2) \rho_2$$

ρ_1, ρ_2 由式$(2.4.17)$确定,$\mathrm{sgn}(x)$为符号函数。

2.5 非线性环链大系统的分散输出反馈鲁棒控制

本节研究了一类非线性环链大系统的分散输出反馈鲁棒控制器的设计问题,给出了控制器的设计方法。算例验证了设计方法的有效性。

2.5.1 分散输出反馈鲁棒控制器的设计

考虑系统

$$\begin{cases} \dot{x} = Ax + Bu \\ y = Cx \end{cases} \tag{2.5.1}$$

定义 2.5.1 对系统$(2.5.1)$,若存在非奇异变换$x = T\bar{x}$及反馈$u = L\bar{x} + v$,使得系统$(2.5.1)$变为

$$\begin{cases} \dot{\bar{x}} = \begin{pmatrix} \Box_1 & & & \\ & \Box_2 & & \\ & & \ddots & \\ & & & \Box_q \end{pmatrix} \bar{x} + \begin{pmatrix} B_1 & & & \\ & B_2 & & \\ & & \ddots & \\ & & & B_q \end{pmatrix} v \\ \\ y = \begin{pmatrix} C_1 & & & \\ & C_2 & & \\ & & \ddots & \\ & & & C_q \end{pmatrix} \bar{x} \end{cases} \tag{2.5.2}$$

其中,$\Box_i \in \mathrm{R}^{k_i \times k_i}, B_i \in \mathrm{R}^{k_i \times m_i}, C_i \in \mathrm{R}^{r_i \times k_i}, \sum\limits_{i=1}^{q} k_i = n, \sum\limits_{i=1}^{q} m_i = m \geq q, \sum\limits_{i=1}^{q} r_i = r \geq q$。则称系统$(2.5.1)$是输出反馈环链块解耦。$(k_1, k_2, \cdots, k_q)$,$(m_1, m_2, \cdots, m_q)$,$(r_1, r_2, \cdots, r_q)$为块指数。特别,当$q = m = r$,即$B_i \in \mathrm{R}^{k_i \times 1}, C_i \in \mathrm{R}^{1 \times k_i}(i = 1, 2, \cdots, m)$,则称系统$(2.5.1)$是输出反馈环链线性解耦。若$L = 0$,上面相应的定义分别称为输出环链块解耦和输出环链线性解耦。

命题 2.5.1 若系统$(2.5.1)$是可实现环链的,A的环链特征向量组的阶分别是$k_1, k_2, \cdots, k_t$。对应的环链特征向量组分别为

$$\alpha_1, \alpha_2, \cdots, \alpha_{k_1}; \alpha_{k_1+1}, \alpha_{k_1+2}, \cdots, \alpha_{k_1+k_2}; \cdots; \alpha_{\sum\limits_{i=1}^{t-1} k_i + 1}, \cdots, \alpha_n$$

则系统$(2.5.1)$可输出环链块解耦的充分必要条件是

（1）存在一组正整数$m_1, m_2, \cdots, m_q, \sum\limits_{i=1}^{q} m_i = m$。使$B$的前$m_1$列的每一列向量是$\alpha_1, \alpha_2, \cdots, \alpha_{k_1}$的线性组合;$B$的第$m_1 + 1$列到第$m_1 + m_2$列的每一列向量是$\alpha_{k_1+1}, \alpha_{k_1+2}, \cdots, \alpha_{k_1+k_2}$的线性组合;$\cdots$;$B$的第$\sum\limits_{i=1}^{q-1} m_i + 1$列到第$m$列的每一列向量是$\alpha_{\sum\limits_{i=1}^{q-1} k_i + 1}, \cdots, \alpha_n$的线性组合。

（2）存在一组正整数$r_1, r_2, \cdots, r_q, \sum\limits_{i=1}^{q} r_i = r$。使$C$的前$r_1$行的每一行向量与除了$\alpha_1, \alpha_2,$

$\cdots,\alpha_{k_1}$ 的 A 的其他环链特征向量正交；C 的第 r_1+1 行到第 r_1+r_2 行的每一行向量与除了 $\alpha_{k_1+1},\alpha_{k_1+2},\cdots,\alpha_{k_1+k_2}$ 的 A 的其他环链特征向量正交；$\cdots$；C 的第 $\sum\limits_{i=1}^{q-1}r_i+1$ 行到第 r 行的每一行向量与除了 $\alpha_{\sum\limits_{i=1}^{q-1}k_i+1},\cdots,\alpha_n$ 的 A 的其他环链特征向量正交。

考虑下面由 N 个子系统组成的非线性环链组合系统：

$$\begin{cases} \dot{x}_i = Ax_i + f_i(x) + \Delta f_i(x_i) + B(u_i + \Delta g_i(x_i)) + \sum\limits_{j=1,j\neq i}^{N}(H_{ij}(x_j) + \Delta H_{ij}(x_j)) \\ y_i = Cx_i, i=1,2,\cdots,N \end{cases} \quad (2.5.3)$$

其中，$x_i \in \mathbf{R}^n, u_i \in \mathbf{R}^m; A \in \mathbf{R}^{n\times n}, B \in \mathbf{R}^{n\times m}, C \in \mathbf{R}^{m\times n}; f_i(x_i)$ 为第 i 个环链子系统的非线性部分；$\Delta f_i(x_i)$ 和 $\Delta g_i(x_i)$ 分别是第 i 个子系统的连续的非匹配和匹配不确定项；$\sum\limits_{j=1,j\neq i}^{N}H_{ij}(x_j)$ 是互联项，$\sum\limits_{j=1,j\neq i}^{N}\Delta H_{ij}(x_j)$ 是不确定互联项；$f_i(x_i)$ 和 $H_{ij}(x_j)$ 分别是其定义域上的 n 维解析向量场；$f_i(0) = \Delta f_i(0) = H_{ij}(0) = 0, \Delta g_i(0) = 0, i,j = 1,2,\cdots,N$。

要考虑的问题：

系统(2.5.3)满足什么条件时，系统(2.5.3)有稳定鲁棒控制。

假设 2.5.1 系统(2.5.3)第 i 个子系统的名义子系统是环链块解耦的，且块指数为 $(k_1,k_2,\cdots,k_q),(m_1,m_2,\cdots,m_q),(r_1,r_2,\cdots,r_q)$。

由假设 2.5.1，于是存在非奇异变换 $x_i = T\bar{x}_i$，使得系统(2.5.3)变为

$$\begin{pmatrix} \dot{\bar{x}}_{i1} \\ \dot{\bar{x}}_{i2} \\ \vdots \\ \dot{\bar{x}}_{iq} \end{pmatrix} = \begin{pmatrix} \square_1 & & & \\ & \square_2 & & \\ & & \ddots & \\ & & & \square_q \end{pmatrix}\begin{pmatrix} \bar{x}_{i1} \\ \bar{x}_{i2} \\ \vdots \\ \bar{x}_{iq} \end{pmatrix} + T^{-1}f_i(x_i) + \begin{pmatrix} \Delta f_{i1}(x_i) \\ \Delta f_{i2}(x_i) \\ \vdots \\ \Delta f_{iq}(x_i) \end{pmatrix} +$$

$$\begin{pmatrix} B_1 & & & \\ & B_2 & & \\ & & \ddots & \\ & & & B_q \end{pmatrix}\left(u_i + \begin{pmatrix} \Delta g_{i1}(x_i) \\ \Delta g_{i2}(x_i) \\ \vdots \\ \Delta g_{iq}(x_i) \end{pmatrix}\right) + T^{-1}\sum\limits_{j=1,j\neq i}^{N}(H_{ij}(x_j) + \Delta H_{ij}(x_j))$$

$$\begin{pmatrix} y_{i1} \\ y_{i2} \\ \vdots \\ y_{iq} \end{pmatrix} = \begin{bmatrix} C_1 & & & \\ & C_2 & & \\ & & \ddots & \\ & & & C_q \end{bmatrix}\begin{pmatrix} \bar{x}_{i1} \\ \bar{x}_{i2} \\ \vdots \\ \bar{x}_{iq} \end{pmatrix}, i=1,2,\cdots,N$$

$$(2.5.4)$$

其中，$T^{-1}\Delta f_i(x_i) = (\Delta f_{il}(x_i))_{k_i\times 1}, \Delta g_i(x_i) = (\Delta g_{il}(x_i))_{k_i\times 1}, \bar{x}_i = T^{-1}x_i = (\bar{x}_{il})_{k_i\times 1}, y_i = (y_{il})_{k_i\times 1}$。

假设 2.5.2 $(\square_l, B_l)$ 能控,$(\square_l, C_l)$ 可检测$(l = 1,2,\cdots,q)$。

由假设 2.5.2,对任意正定阵 $Q_l \in \mathrm{R}^{k_l \times k_l}, R_l \in \mathrm{R}^{m_l \times m_l}$,下列 Riccati 方程

$$A_l^\mathrm{T} P_l + P_l A_l - P_l B_l R_l^{-1} B_l^\mathrm{T} P_l + Q_l = 0 \tag{2.5.5}$$

有正定解 P_l。

记 $P = \mathrm{diag}\{P_1, P_2, \cdots, P_q\}, Q = \mathrm{diag}\{Q_1, Q_2, \cdots, Q_q\}$。

假设 2.5.3 $\| \Delta f_{il}(x_i) \| \leqslant \eta_l(y_i, t) \phi_l(\| x_i \|), l = 1,2,\cdots,q; i = 1,2,\cdots,N$

$\| \Delta g_{il}(x_i) \| \leqslant \rho_l(y_i, t), l = 1,2,\cdots,q; i = 1,2,\cdots,N$

$\| \Delta H_{ij}(x_j) \| \leqslant \beta_{ij} \| x_j \|, i,j = 1,2,\cdots,N, i \neq j$

这里 $\eta_l(\cdot) \geqslant 0, \rho_l(\cdot)$ 均为已知的连续函数,且 $\dfrac{\eta_l(y_i, t)}{\| B_l^\mathrm{T} P_l C_l^+ y_{il} \|}$ 是可连续化函数;当 $B_l^\mathrm{T} P_l C_l^+ y_{il} = 0$ 时,$\eta_l(y_i, t) = 0$。

假设 2.5.4 存在非奇异阵 F_l 使得

$$B_l^\mathrm{T} P_l = F_l C_l \quad (l = 1,2,\cdots,q)$$

其中,P_l 由式(2.5.5)确定。

注 2.5.1 假设 2.5.4 是研究系统输出反馈镇定问题的最基本的要求。

由引理 2.3.2 知,存在解析函数矩阵 $M_i(x_i)$ 和 $N_{ij}(x_j)$,使得

$$f_i(x_i) = M_i(x_i) x_i, \quad H_{ij}(x_j) = N_{ij}(x_j) x_j, \quad 1 \leqslant i,j \leqslant N, i \neq j$$

假设 2.5.5 矩阵 $W^\mathrm{T} + W(W(x) = W_{ij}(x_j)_{N \times N})$ 在区域 Ω 上是正定函数阵,其中

$$W_{ij} = \begin{cases} \lambda_{\min}(Q) - 2\lambda_M(PT^{-1} M_i(x_i) T), & i = j \\ -2(\lambda_M(PT^{-1} N_{ij}(x_j) T) + \beta_{ij} \lambda_M(PT^{-1}) \| T \|), & i \neq j \end{cases}$$

定理 2.5.1 系统(2.5.3)满足假设 2.5.1~2.5.5,则系统(2.5.3)存在分散鲁棒镇定控制器。

证明 设计控制器

$$u_i = K\bar{C}^+ y_i + u_i^\alpha(y_i) + u_i^\beta(y_i), 1 \leqslant i \leqslant N \tag{2.5.6}$$

$$u_i^\alpha(y_i) = \begin{pmatrix} u_{i1}^\alpha(y_i) \\ u_{i2}^\alpha(y_i) \\ \vdots \\ u_{iq}^\alpha(y_i) \end{pmatrix}, u_i^\beta(y_i) = \begin{pmatrix} u_{i1}^\beta(y_i) \\ u_{i2}^\beta(y_i) \\ \vdots \\ u_{iq}^\beta(y_i) \end{pmatrix}$$

其中

$$u_{il}^\alpha(y_i) = \begin{cases} \dfrac{-B_l^\mathrm{T} P_l C_l^+ y_{il}}{\| B_l^\mathrm{T} P_l C_l^+ y_{il} \|} \rho_l(y_i, t), & B_l^\mathrm{T} P_l C_l^+ y_{il} \neq 0 \\ 0, & B_l^\mathrm{T} P_l C_l^+ y_{il} = 0 \end{cases} \tag{2.5.7}$$

$$u_{il}^\beta(y_i) = \begin{cases} \dfrac{-B_l^\mathrm{T} P_l C_l^+ y_{il}}{\| B_l^\mathrm{T} P_l C_l^+ y_{il} \|^2} \varepsilon \lambda_{\max}(P_l) \eta_l(y_i, t), & B_l^\mathrm{T} P_l C_l^+ y_{il} \neq 0 \\ 0, & B_l^\mathrm{T} P_l C_l^+ y_{il} = 0 \end{cases} \tag{2.5.8}$$

$$l = 1,2,\cdots,q, \quad i = 1,2,\cdots,N$$

ε 是个待定的正数。$K = \mathrm{diag}\{K_1, K_2, \cdots, K_q\}, K_l = -R_l^{-1}B_l^{\mathrm{T}}P_l, l = 1, 2, \cdots, q$

$$\overline{C}^+ = \mathrm{diag}\{C_1^+, C_2^+, \cdots, C_q^+\} \tag{2.5.9}$$

则系统(2.5.4)和控制器(2.5.6)构成的闭环系统为

$$\dot{\overline{x}}_i = \begin{pmatrix} \square_1 & & & \\ & \square_2 & & \\ & & \ddots & \\ & & & \square_q \end{pmatrix}\overline{x}_i + T^{-1}f_i(x_i) + T^{-1}\Delta f_i(x_i) + T^{-1}B[K\overline{C}^+ y_i + u_i^{\alpha}(y_i) + u_i^{\beta}(y_i)] +$$

$$T^{-1}\sum_{j=1, j\neq i}^{N}(H_{ij}(x_j) + \Delta H_{ij}(x_j)), i = 1, 2, \cdots, N \tag{2.5.10}$$

对系统(2.5.10)构造 Lyapunov 函数

$$V = \sum_{i=1}^{N}\sum_{l=1}^{q}\overline{x}_{il}^{\mathrm{T}}P_l\overline{x}_{il} = \sum_{i=1}^{N}\overline{x}_i^{\mathrm{T}}P\overline{x}_i$$

沿系统(2.5.10)的轨迹求导,则

$$\dot{V} = -\sum_{i=1}^{N}\overline{x}_i^{\mathrm{T}}Q\overline{x}_i + \sum_{i=1}^{N}2\overline{x}_i^{\mathrm{T}}PT^{-1}f_i(x_i) + \sum_{i=1}^{N}2\overline{x}_i^{\mathrm{T}}PT^{-1}\sum_{j=1, j\neq i}^{N}(H_{ij} + \Delta H_{ij}) +$$

$$2\sum_{i=1}^{N}\sum_{l=1}^{q}\overline{x}_{il}^{\mathrm{T}}P_lB_l(u_{il}^{\alpha}(y_i) + \Delta g_{il}(y_i)) + 2\sum_{i=1}^{N}\sum_{l=1}^{q}\overline{x}_{il}^{\mathrm{T}}P_l(\Delta f_{il}(y_i) + B_l u_{il}^{\beta}(y_i))$$

当 $\overline{B}_l^{\mathrm{T}}P_lC_l^+ y_{il} \neq 0$ 时,由式(2.5.7)和式(2.5.8)得

$$\overline{x}_{il}^{\mathrm{T}}P_lB_l(\Delta g_{il}(x_i) + u_{il}^{\alpha}(y_i)) \leqslant 0$$

$$\begin{aligned} \overline{x}_{il}^{\mathrm{T}}P_l(\Delta f_{il}(x_i) + B_l u_{il}^{\beta}(y_i)) &= \frac{-\overline{x}_{il}^{\mathrm{T}}P_lB_lB_l^{\mathrm{T}}P_lC_l^+ y_{il}}{\|B_l^{\mathrm{T}}P_lC_l^+ y_{il}\|^2}\varepsilon\lambda_{\max}(P_l)\eta_l(y_i, t) + \overline{x}_{il}^{\mathrm{T}}P_l\Delta f_{il}(x_i) \\ &= \frac{-\overline{x}_{il}^{\mathrm{T}}P_lB_lF_lC_lC_l^+ C_l\overline{x}_{il}}{\|B_l^{\mathrm{T}}P_lC_l^+ y_{il}\|^2}\varepsilon\lambda_{\max}(P_l)\eta_l(y_i, t) + \overline{x}_{il}^{\mathrm{T}}P_l\Delta f_{il}(x_i) \\ &= \frac{-\overline{x}_{il}^{\mathrm{T}}P_lB_lF_lC_l\overline{x}_{il}}{\|B_l^{\mathrm{T}}P_lC_l^+ y_{il}\|^2}\varepsilon\lambda_{\max}(P_l)\eta_l(y_i, t) + \overline{x}_{il}^{\mathrm{T}}P_l\Delta f_{il}(x_i) \\ &= \frac{-\overline{x}_{il}^{\mathrm{T}}P_lB_lB_l^{\mathrm{T}}P_l\overline{x}_{il}}{\|B_l^{\mathrm{T}}P_l\overline{x}_{il}\|^2}\varepsilon\lambda_{\max}(P_l)\eta_l(y_i, t) + \overline{x}_{il}^{\mathrm{T}}P_l\Delta f_{il}(x_i) \\ &\leqslant -\lambda_{\max}(P_l)(\varepsilon\eta_l(y_i, t) - \|\Delta f_{il}(x_i)\|\|\overline{x}_{il}\|) \end{aligned}$$

只要取 $\varepsilon > \max\sup\limits_{x_i\in\Omega_i, i=1,2,\cdots,N, l=1,2,\cdots,q}[\phi_l(\|x_i\|)\|\overline{x}_{il}\|]$,上式小于等于零。

当 $B_l^{\mathrm{T}}P_lC_l^+ y_{il} = 0$ 时,由式(2.5.7)、式(2.5.8)和假设 2.5.3 得

$$\overline{x}_{il}^{\mathrm{T}}P_lB_l(\Delta g_{il}(x_i) + u_{il}^{\alpha}(y_i)) = 0$$

$$\begin{aligned} \overline{x}_{il}^{\mathrm{T}}P_l(\Delta f_{il}(x_i) + B_l u_{il}^{\beta}(y_i)) &= \overline{x}_{il}^{\mathrm{T}}P_l\Delta f_{il}(x_i) \\ &\leqslant \lambda_{\max}(P_l)\|\overline{x}_{il}\|\|\Delta f_{il}(x_i)\| \\ &\leqslant \lambda_{\max}(P_l)\|\overline{x}_{il}\|\|\eta_l(y_i, t)\|\phi_l(\|x_i\|) \end{aligned}$$

$$= 0$$

结合假设 2.5.3 和引理 2.3.2 得

$$\dot{V} < - \sum_{i=1}^{N} \Big[(\lambda_{\min}(Q) - 2\lambda_M(PT^{-1}M_i(x_i)T)) \| \bar{x}_i \|^2 -$$

$$\sum_{j=1,j \neq i}^{N} 2(\lambda_M(PT^{-1}N_{ij}(x_j)T) + \lambda_M(PT^{-1}) \| T \| \beta_{ij}) \| \bar{x}_i \| \| \bar{x}_j \| \Big]$$

$$= - \frac{1}{2} Y^{\mathrm{T}}(W^{\mathrm{T}} + W) Y$$

其中, $Y = (\| \bar{x}_1 \| \quad \| \bar{x}_2 \| \quad \cdots \quad \| \bar{x}_N \|)^{\mathrm{T}}$, 由于 $W^{\mathrm{T}} + W$ 在 Ω 上正定, 所以 $\dot{V}$ 在区域 Ω 上负定。

证毕。

注 2.5.2 通过适当调整正定阵 Q_l, R_l, 选取增益 ε 可增大镇定域和提高鲁棒性。

2.5.2 数值算例

考虑如下非线性环链组合系统

$$\dot{x}_1 = \begin{pmatrix} -2 & -1 & 0 & 0 \\ 2 & 2 & 0 & 0 \\ 0 & 0 & 0 & 1 \\ 0 & 0 & -1 & 0 \end{pmatrix} x_1 + \begin{pmatrix} -1 & 0 \\ 1 & 0 \\ 0 & 0 \\ 0 & 1 \end{pmatrix} \left(u_1 + \begin{pmatrix} (x_{11} + 2x_{12})^2 e^{-t} \sin x_{13} \\ \theta_1 (x_{13} + x_{14})^2 e^{-t} \sin(x_{14}\theta_1) \end{pmatrix} \right) +$$

$$\begin{pmatrix} \theta_1 (x_{11} + 2x_{12})^2 e^{|x_{14}|-12} \\ 0 \\ 2(x_{13} + 2x_{14})^2 e^{|x_{12}|-12} \sin(\theta_2 t) \\ 0 \end{pmatrix} + \frac{1}{36} \begin{pmatrix} x_{11}^2 \sin x_{12} \\ 0 \\ x_{13} x_{11} \\ 0 \end{pmatrix} + \frac{1}{36} \begin{pmatrix} x_{21}^2 \\ 0 \\ x_{21} x_{23} \\ 0 \end{pmatrix} + \Delta H_{12}(x_2)$$

$$y_1 = \begin{pmatrix} 1 & 2 & 0 & 0 \\ 0 & 0 & 1 & 2 \end{pmatrix} x_1$$

$$\dot{x}_2 = \begin{pmatrix} -2 & -1 & 0 & 0 \\ 2 & 2 & 0 & 0 \\ 0 & 0 & 0 & 1 \\ 0 & 0 & -1 & 0 \end{pmatrix} x_2 + \begin{pmatrix} -1 & 0 \\ 1 & 0 \\ 0 & 0 \\ 0 & 1 \end{pmatrix} \left(u_2 + \begin{pmatrix} \frac{1}{2}(x_{21} + 2x_{22})^2 e^{-t}\theta_1 \\ 2(x_{23} + 2x_{24})^2 e^{-t} \cos(x_{24}\theta_1) \end{pmatrix} \right) +$$

$$\begin{pmatrix} 2\theta_2^2 (x_{21} + 2x_{22})^2 e^{|x_{24}|-12} \\ 0 \\ 2(x_{23} + 2x_{24})^2 e^{|x_{22}|-12} \sin(\theta_2 t) \\ 0 \end{pmatrix} + \frac{1}{36} \begin{pmatrix} x_{21}^2 \cos x_{22} \\ 0 \\ x_{21} x_{23} \\ 0 \end{pmatrix} + \frac{1}{36} \begin{pmatrix} x_{11}^2 \\ 0 \\ x_{11} x_{13} \\ 0 \end{pmatrix} + \Delta H_{21}(x_1)$$

$$y_2 = \begin{pmatrix} 1 & 2 & 0 & 0 \\ 0 & 0 & 1 & 2 \end{pmatrix} x_2$$

这里 $x_i = (x_{i1} \quad x_{i2} \quad x_{i3} \quad x_{i4})$, $i = 1,2$, $\| \Delta H_{12}(x_2) \| \leq 0.1 \| x_2 \|$, $\| \Delta H_{21}(x_1) \| \leq 0.1 \| x_1 \|$;

$$y_i = \begin{pmatrix} y_{i1} & y_{i2} \end{pmatrix}^{\mathrm{T}}, (\theta_1, \theta_2) \in \Omega = \{(\theta_1, \theta_2) \mid |\theta_1| < 2, |\theta_2| < 1\} \text{ 。}$$

由定理 2.2.4 后面求 T 的步骤，求出 $T = \begin{pmatrix} 1 & -1 & 0 & 0 \\ 0 & 1 & 0 & 0 \\ 0 & 0 & 1 & 0 \\ 0 & 0 & 0 & 1 \end{pmatrix}$。

令 $x = T\bar{x}, \bar{x} = \begin{pmatrix} \bar{x}_1 \\ \bar{x}_2 \\ \bar{x}_3 \\ \bar{x}_4 \end{pmatrix} = T^{-1}x$，则系统变为

$$\begin{pmatrix} \dot{\bar{x}}_{11} \\ \dot{\bar{x}}_{12} \\ \dot{\bar{x}}_{13} \\ \dot{\bar{x}}_{14} \end{pmatrix} = \begin{pmatrix} 0 & 1 & 0 & 0 \\ 2 & 0 & 0 & 0 \\ 0 & 0 & 0 & 1 \\ 0 & 0 & -1 & 0 \end{pmatrix} \begin{pmatrix} \bar{x}_{11} \\ \bar{x}_{12} \\ \bar{x}_{13} \\ \bar{x}_{14} \end{pmatrix} + \begin{pmatrix} 0 & 0 \\ 1 & 0 \\ 0 & 0 \\ 0 & 1 \end{pmatrix} \left(u_1 + \begin{pmatrix} (x_{11} + 2x_{12})^2 e^{-t}\sin x_{13} \\ \theta_1(x_{13} + 2x_{14})^2 e^{-t}\sin(x_{14}\theta_1) \end{pmatrix} \right) +$$

$$\begin{pmatrix} \theta_1(x_{11} + 2x_{12})^2 e^{|x_{14}|-12} \\ 0 \\ 2(x_{13} + 2x_{14})^2 e^{|x_{12}|-12}\sin(\theta_2 t) \\ 0 \end{pmatrix} + \frac{1}{36}\begin{pmatrix} x_{11}^2 \sin x_{12} \\ 0 \\ x_{13}x_{11} \\ 0 \end{pmatrix} + \frac{1}{36}\begin{pmatrix} x_{21}^2 \\ 0 \\ x_{21}x_{23} \\ 0 \end{pmatrix} + T^{-1}\Delta H_{12}(x_2)$$

$$y_1 = \begin{pmatrix} 1 & 1 & 0 & 0 \\ 0 & 0 & 1 & 2 \end{pmatrix}\bar{x}_1$$

$$\begin{pmatrix} \dot{\bar{x}}_{21} \\ \dot{\bar{x}}_{22} \\ \dot{\bar{x}}_{23} \\ \dot{\bar{x}}_{24} \end{pmatrix} = \begin{pmatrix} 0 & 1 & 0 & 0 \\ 2 & 0 & 0 & 0 \\ 0 & 0 & 0 & 1 \\ 0 & 0 & -1 & 0 \end{pmatrix} \begin{pmatrix} \bar{x}_{21} \\ \bar{x}_{22} \\ \bar{x}_{23} \\ \bar{x}_{24} \end{pmatrix} + \begin{pmatrix} 0 & 0 \\ 1 & 0 \\ 0 & 0 \\ 0 & 1 \end{pmatrix} \left(u_2 + \begin{pmatrix} \dfrac{1}{2}(x_{21} + 2x_{22})^2 e^{-t}\theta_1 \\ 2(x_{23} + 2x_{24})^2 e^{-t}\cos(x_{24}\theta_1) \end{pmatrix} \right) +$$

$$\begin{pmatrix} 2\theta_2^2(x_{21} + 2x_{22})^2 e^{|x_{24}|-12} \\ 0 \\ 2(x_{23} + 2x_{24})^2 e^{|x_{24}|-12}\sin(\theta_2 t) \\ 0 \end{pmatrix} + \frac{1}{36}\begin{pmatrix} x_{21}^2 \cos x_{22} \\ 0 \\ x_{21}x_{23} \\ 0 \end{pmatrix} + \frac{1}{36}\begin{pmatrix} x_{11}^2 \\ 0 \\ x_{11}x_{13} \\ 0 \end{pmatrix} + T^{-1}\Delta H_{21}(x_1)$$

$$y_2 = \begin{pmatrix} 1 & 1 & 0 & 0 \\ 0 & 0 & 1 & 2 \end{pmatrix}\bar{x}_2$$

从而系统是输出环链线性解耦的。

$\square_1 = \begin{pmatrix} 0 & 1 \\ 2 & 0 \end{pmatrix}, \square_2 = \begin{pmatrix} 0 & 1 \\ -1 & 0 \end{pmatrix}, B_1 = B_2 = \begin{pmatrix} 0 \\ 1 \end{pmatrix}, C_1 = (1 \quad 1), C_2 = (1 \quad 2)$。$(\square_i, B_i)$ 能控，

$(\square_i, C_i)$ 可检测，$i = 1, 2$。选取 $Q_1 = \begin{pmatrix} 8 & 2 \\ 2 & 12 \end{pmatrix}, Q_2 = \begin{pmatrix} 8 & 2 \\ 2 & 22 \end{pmatrix}, R_1 = \frac{1}{4}I, R_2 = \frac{1}{6}I$。解 Riccati 方程 $(2.5.5)$ 可得

$$P_1 = \begin{pmatrix} 10 & 2 \\ 2 & 2 \end{pmatrix}, P_2 = \begin{pmatrix} 12 & 1 \\ 1 & 2 \end{pmatrix}$$

经计算得

$$M_1(x_1) = \frac{1}{36}\begin{pmatrix} x_{11}\sin x_{12} & 0 & 0 & 0 \\ 0 & 0 & 0 & 0 \\ 0 & 0 & x_{11} & 0 \\ 0 & 0 & 0 & 0 \end{pmatrix}, M_2(x_2) = \frac{1}{36}\begin{pmatrix} x_{21}\cos x_{22} & 0 & 0 & 0 \\ 0 & 0 & 0 & 0 \\ 0 & 0 & x_{21} & 0 \\ 0 & 0 & 0 & 0 \end{pmatrix}$$

$$N_{12}(x_2) = \frac{1}{36}\begin{pmatrix} x_{21} & 0 & 0 & 0 \\ 0 & 0 & 0 & 0 \\ 0 & 0 & x_{21} & 0 \\ 0 & 0 & 0 & 0 \end{pmatrix}, N_{21}(x_2) = \frac{1}{36}\begin{pmatrix} x_{11} & 0 & 0 & 0 \\ 0 & 0 & 0 & 0 \\ 0 & 0 & x_{11} & 0 \\ 0 & 0 & 0 & 0 \end{pmatrix}$$

$\rho_1(y_i, t) = y_{i1}^2 e^{-t}, \rho_2(y_i, t) = 2y_{i2}^2 e^{-t}, i = 1, 2$。$C_1^+ = \begin{pmatrix} 0.5 \\ 0.5 \end{pmatrix}, C_2^+ = \begin{pmatrix} 0.2 \\ 0.4 \end{pmatrix}$。$F_1 = 2, F_2 = 1$

$\eta_1(y_i, t)\phi_1(\| x_i \|) = 2y_{i1}^2 e^{\| x_i \| - 12}, \eta_2(y_i, t)\varphi_2(\| x_i \|) = 2y_{i2}^2 e^{\| x_i \| - 12}, i = 1, 2$

$$W(x) = \begin{pmatrix} 7.1715 - L_1 & -1.0438 \| x_{21} \| - 0.2 \\ -1.0438 \| x_{11} \| - 0.2 & 7.1715 - L_2 \end{pmatrix}$$

这里 $L_1 = \frac{1}{18}(208 \| x_{11}\sin x_{12} \|^2 + 145 \| x_{11} \|^2)^{\frac{1}{2}}, L_2 = \frac{1}{18}(208 \| x_{21}\cos x_{22} \|^2 + 145 \| x_{21} \|^2)^{\frac{1}{2}}$。

取 $\Omega = \{x_i; \| x_{ij} \| < 3, i = 1, 2; j = 1, 2, 3, 4\}, \varepsilon = 6e^{-6}$，则 $W^T(x) + W(x)$ 在区域 Ω 上正定。使系统镇定的分散输出反馈控制器为

$$u_i = -\begin{pmatrix} 8 \\ 6 \end{pmatrix} y_i - \begin{pmatrix} y_i^2 e^{-t}\mathrm{sgn}(y_{i1}) \\ 2y_i^2 e^{-t}\mathrm{sgn}(y_{i2}) \end{pmatrix} - \begin{pmatrix} \zeta_{i1} \\ \zeta_{i2} \end{pmatrix}, i = 1, 2$$

其中，$\zeta_{i1} = 126.9906e^{-6}y_{i1}, \zeta_{i2} = 290.376e^{-6}y_{i1}, i = 1, 2$。$\mathrm{sgn}\, x$ 是符号函数。

对数例进行仿真，系统的子系统闭环系统和系统的闭环系统状态响应曲线见图 $2.5.1 \sim 2.5.3$。

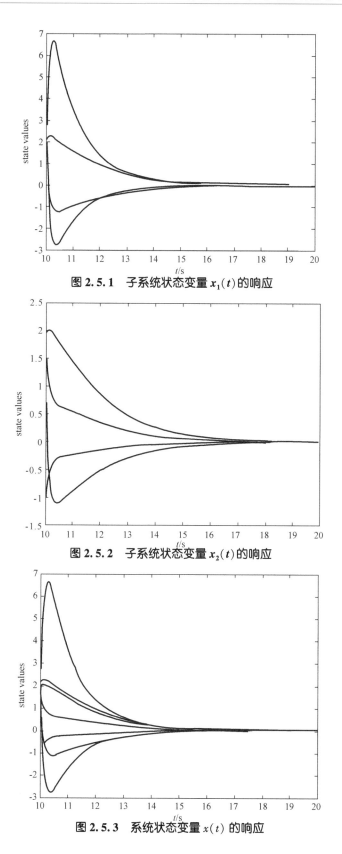

图 **2.5.1**　子系统状态变量 $x_1(t)$ 的响应

图 **2.5.2**　子系统状态变量 $x_2(t)$ 的响应

图 **2.5.3**　系统状态变量 $x(t)$ 的响应

2.6 本章小结

本章考虑了环链系统和几类不确定非线性环链组合大系统,利用线性代数理论,给出了实现环链系统的充要条件。利用 Lyapunov 稳定理论、Riccati 方程和矩阵的 Moore-Penrose 逆分别研究了几类非线性组合大系统的分散状态反馈鲁棒镇定、分散鲁棒观测器和输出反馈鲁棒镇定问题。分别给出了非线性分散状态反馈鲁棒镇定控制器、分散鲁棒观测器和非线性分散输出反馈鲁棒镇定控制器的设计。最后给出了数例,证明了本章设计方法的可行性。

第3章 具有输入饱和的大系统的分散鲁棒控制

3.1 引言

分散控制[102-108]是在实践中产生和发展起来的处理组合大系统的重要方法之一,它不仅是理论发展的产物,而且是大系统实现在线反馈的现实需要。在实际控制系统中,输入含有饱和是一个普遍现象,如果不考虑输入饱和设计控制器,闭环系统的稳定性无法保证。关于具有输入饱和的系统的镇定问题研究已有一些结果[109-110]。Sussmann[111]用非线性反馈研究了一类具有输入饱和线性系统的全局镇定问题;Saberi[112]用线性反馈研究了同类线性系统的半全局镇定问题;Choi[113]讨论了一类具有输入饱和的线性离散系统的镇定问题;Wei Lin[114]对一类具有输入饱和的非线性系统讨论了输出反馈全局镇定问题;Bao 和 Lin[115]研究具有输入饱和的非线性系统的控制问题;翟丁[116]对一类具有输入饱和的线性组合大系统设计了分散镇定控制器;黄守东[117]研究了一类具有输入饱和的线性对称组合系统的全局和半全局镇定问题。目前,关于输入饱和的镇定研究还不多。特别地,关于不确定非线性交联大系统中具有输入饱和时的分散鲁棒控制,结果不多见。关于广义系统,梁家荣[118]研究了具有输入饱和因子的线性广义系统的镇定问题;Lan 和 Huang[119]讨论了具有输入饱和因子的线性广义系统的半全局镇定问题。不确定非线性广义交联系统含有输入饱和的镇定研究鲜有报道。所以研究具有输入饱和的非线性广义大系统的分散控制有一定的理论意义和实际意义。

本章首先对一类具有输入饱和的不确定非线性交联大系统的分散鲁棒控制问题进行讨论,利用 Riccati 方程的方法,通过变化 Riccati 方程的形式并结合 Lyapunov 函数和矩阵理论设计出一种分散鲁棒镇定控制器。然后,对一类具有输入饱和的不确定非线性广义交联系统,通过广义 Riccati 方程的方法,给出了一种分散广义鲁棒镇定控制器的设计;此外,还考虑了一类具有输入饱和的不确定非线性广义相似组合大系统,利用相似结构,给出了一种简洁的分散鲁棒镇定控制器的设计方法,设计结果表明,该设计计算量小,并且控制器具有相似结构,利于工程实现。和已有文献相比,本章考虑了系统的非线性、关联性和不确定性,因而更有实际意义。

3.2 具有输入饱和的不确定非线性交联系统的分散鲁棒镇定

本节对一类具有输入饱和的不确定非线性交联大系统的分散鲁棒控制问题进行讨论,利用 Riccati 方程的方法,通过变化 Riccati 方程的形式并结合 Lyapunov 函数和矩阵理论设计出一种分散鲁棒镇定控制器。

3.2.1 问题描述和预备知识

考虑如下不确定非线性交联大系统:

$$\dot{x}_i = A_i x_i + f_i(x_i) + B_i(\sigma_i(u_i) + \Delta g_i(x_i)) + \sum_{j=1,j\neq i}^{N} H_{ij}(x_j), i = 1,2,\cdots,N \quad (3.2.1)$$

其中, $x_i \in \mathrm{R}^{n_i}, u_i \in \mathrm{R}^{m_i}, A_i \in \mathrm{R}^{n_i \times n_i}, B_i \in \mathrm{R}^{n_i \times m_i}, \sigma_i = \mathrm{R}^{m_i} \to \mathrm{R}^{m_i}$ 是饱和函数 $(i = 1, 2, \cdots, N)$,

$\sum_{j=1, j \neq i}^{N} H_{ij}(x_j) \in V_{n_i}^{\omega}(\Omega)$ 是互联项(Ω_i 是 $x_i = 0$ 的某邻域, $\Omega = \Omega_1 \times \Omega_2 \times \cdots \times \Omega_N$ 是 $x = 0$ 的邻域), $H_{ij}(x_j) \in V_{n_i}^{\omega}(\Omega_j)$, $f_i(x_i) \in V_{n_i}^{\omega}(\Omega_i)$ 是第 i 个子系统的非线性项, $\Delta g_i(x_i)$ 是第 i 个子系统的不确定项, 不失一般性, 假设 $H_{ij}(0) = 0, f_i(x_i) = 0, (i \neq j, i, j = 1, 2, \cdots, N)$ 。

下面也将考虑下列特殊形式的不确定非线性交联大系统:

$$\dot{x}_i = A x_i + f_i(x_i) + B(\sigma_i(u_i) + \Delta g_i(x_i)) + \sum_{j=1, j \neq i}^{N} H_{ij}(x_j), i = 1, 2, \cdots, N \quad (3.2.2)$$

其中, $x_i \in \mathrm{R}^n, u_i \in \mathrm{R}^m, A \in \mathrm{R}^{n \times n}, B \in \mathrm{R}^{n \times m}, H_{ij}(x_j) \in V_n^{\omega}(\Omega_j)$, $f_i(x_i) \in V_n^{\omega}(\Omega_i)$ 。

显然系统(3.2.2)是一个具有饱和输入的不确定非线性相似交联大系统。

问题是: 系统(3.2.1)满足什么条件时, 存在反馈

$$u_i = K_i x_i, i = 1, 2, \cdots, N$$

使得

问题 1　对于第 i 个孤立子系统的闭环系统

$$\dot{x}_i = A_i x_i + f_i(x_i) + B_i(\sigma_i(K_i x_i) + \Delta g_i(x_i)) \quad (3.2.3)$$

在区域 Ω_i 上关于 $x_i = 0$ 渐近稳定;

问题 2　对于完全闭环系统

$$\dot{x}_i = A_i x_i + f_i(x_i) + B_i(\sigma_i(K_i x_i) + \Delta g_i(x_i)) + \sum_{j=1, j \neq i}^{N} H_{ij}(x_j), i = 1, 2, \cdots, N \quad (3.2.4)$$

在区域 Ω 上关于 $x = 0$ 渐近稳定。

引理 3.2.1[116]　σ 为饱和函数, 则

$$\left\| \frac{1}{2} s - \sigma(s) \right\| \leqslant \frac{1}{2} \| s \| , \forall s \in \mathrm{R}^m \quad (3.2.5)$$

由引理 2.3.2 可得: 由于

$$H_{ij}(x_j) \in V_{n_i}^{\omega}(\Omega_j), f_i(x_i) \in V_{n_i}^{\omega}(\Omega_i), H_{ij}(0) = 0, f_i(x_i) = 0, i \neq j, i, j = 1, 2, \cdots, N$$

所以存在解析函数阵 $M_i(x_i), R_{ij}(x_j)$ 使得

$$f_i(x_i) = M_i(x_i) x_i, H_{ij}(x_j) = R_{ij}(x_j) x_j , i, j = 1, 2, \cdots, N, i \neq j \quad (3.2.6)$$

3.2.2　主要结论

假设 3.2.1　$\| \Delta g_i(x_i) \| \leqslant \beta_i \| x_i \| , i = 1, 2, \cdots, N$ 。

假设 3.2.2　(A_i, B_i) 能控。

取正定阵 $R \in \mathrm{R}^{m_i \times m_i}$, 当 $\lambda_{\min}(R^{-1}) > 1$, 有 $(R^{-1} - I)$ 正定, 由假设 3.2.2 对任意的正定阵 $Q_i \in \mathrm{R}^{n_i \times n_i}, R_i \in \mathrm{R}^{m_i \times m_i}$, 当 $\lambda_{\min}(R_i^{-1}) > 1$ 时, 下列 Riccati 方程

$$A_i^{\mathrm{T}} P_i + P_i A_i - P_i B_i R_i^{-1} B_i^{\mathrm{T}} P_i + P_i B_i B_i^{\mathrm{T}} P + Q_i + \beta_i^2 I = 0 \quad (3.2.7)$$

有正定解 $P_i(i = 1, 2, \cdots, N)$ 。

定理 3.2.1　系统 (3.2.1) 满足假设 3.2.1 ~ 3.2.2, 如果矩阵 $W^{\mathrm{T}}(x) + W(x) (W(x) = (W_{ij}(x_j))_{N \times N})$ 是区域 Ω 上的正定阵, 其中

$$W_{ij}(x_j) = \begin{cases} 1 - (\lambda_M((Q_i^{-\frac{1}{2}})^{\mathrm{T}} P_i B_i) \lambda_M(R_i^{-1} B_i^{\mathrm{T}} P_i Q_i^{-\frac{1}{2}}) + 2\lambda_M((Q_i^{-\frac{1}{2}})^{\mathrm{T}} P_i M_i(x_i) Q_i^{-\frac{1}{2}})), i = j \\ - 2\lambda_M((Q_i^{-\frac{1}{2}})^{\mathrm{T}} P_i R_{ij}(x_j) Q_j^{-\frac{1}{2}}), \quad\quad\quad\quad\quad\quad\quad\quad\quad\quad\quad\quad\quad\quad\quad\quad i \neq j \end{cases}$$

这里 Q_i,R_i 根据需要选择，$\lambda_{\min}(R_i^{-1}) > 1$，$P_i$ 由(3.2.7)式确定；$R_{ij}(x_j)$，$M_i(x_i)$ 由式(3.2.6)确定，则分散状态反馈

$$u_i = -R_i^{-1}B_i^{\mathrm{T}}P_ix_i, i = 1,2,\cdots,N \qquad (3.2.8)$$

使第 i 孤立子系统的闭环系统(3.2.3)在区域 Ω_i 上关于 $x_i = 0$ 渐近稳定；使系统(3.2.1)的闭环系统(3.2.4)在区域 Ω 上关于 $x = 0$ 渐近稳定。

证明 对于第 i 个孤立子系统的闭环系统(3.2.3)，设 Lyapunov 函数

$$V_i(x_i) = x_i^{\mathrm{T}}P_ix_i$$

把 $V_i(x_i)$ 沿系统(3.2.3)的轨迹对 t 求导，再结合式(3.2.6)、式(3.2.7)和式(3.2.8)得

$\dot{V}_i = \dot{x}_i^{\mathrm{T}}P_ix_i + x_i^{\mathrm{T}}P_i\dot{x}_i$

$= x_i^{\mathrm{T}}(P_iA_i + A_i^{\mathrm{T}}P_i)x_i + 2x_i^{\mathrm{T}}P_iB_i\sigma_i(-R_i^{-1}B_i^{\mathrm{T}}P_ix_i) + 2x_i^{\mathrm{T}}P_iB_i\Delta g_i(x_i) + 2x_i^{\mathrm{T}}P_if_i(x_i)$

$= -x_i^{\mathrm{T}}(-P_iB_iR_i^{-1}B_i^{\mathrm{T}}P_i + P_iB_iB_i^{\mathrm{T}}P + Q_i + \beta_i^2I)x_i + 2x_i^{\mathrm{T}}P_iB_i\sigma_i(-R_i^{-1}B_i^{\mathrm{T}}P_ix_i) + 2x_i^{\mathrm{T}}P_if_i(x_i) + 2x_i^{\mathrm{T}}P_iB_i\Delta g_i(x_i)$

$= -x_i^{\mathrm{T}}Q_ix_i + 2x_i^{\mathrm{T}}P_iB_i\left[\dfrac{1}{2}R_i^{-1}P_iB_ix_i + \sigma_i(-R_i^{-1}P_iB_ix_i)\right] + (2x_i^{\mathrm{T}}P_iB_i\Delta g_i(x_i) - x_i^{\mathrm{T}}P_iB_iB_i^{\mathrm{T}}P_ix_i - x_i^{\mathrm{T}}\beta_i^2Ix_i) + 2x_i^{\mathrm{T}}P_iM_i(x_i)x_i$

由式(3.2.5)

$$\left\|\dfrac{1}{2}R_i^{-1}P_iB_ix_i + \sigma_i(-R_i^{-1}P_iB_ix_i)\right\| \leqslant \dfrac{1}{2}\|R_i^{-1}P_iB_ix_i\| \qquad (3.2.9)$$

由假设 3.2.1 和假设 3.2.2 得

$(2x_i^{\mathrm{T}}P_iB_i\Delta g_i(x_i) - x_i^{\mathrm{T}}P_iB_iB_i^{\mathrm{T}}P_ix_i - x_i^{\mathrm{T}}\beta_i^2Ix_i)$

$\leqslant 2\|x_i^{\mathrm{T}}P_iB_i\|\|\Delta g_i(x_i)\| - (\|x_i^{\mathrm{T}}P_iB_i\|^2 + \beta_i^2\|x_i\|^2)$

$\leqslant -(\|x_i^{\mathrm{T}}P_iB_i\| - \beta_i\|x_i\|)^2$

$\leqslant 0 \qquad (3.2.10)$

$x_i^{\mathrm{T}}P_if_i(x_i)x_i \leqslant \left\|x_i^{\mathrm{T}}(Q_i^{\frac{1}{2}})^{\mathrm{T}}(Q_i^{-\frac{1}{2}})^{\mathrm{T}}P_iM_i(x_i)Q_i^{-\frac{1}{2}}Q_i^{\frac{1}{2}}x_i\right\|$

$\leqslant \lambda_M((Q_i^{-\frac{1}{2}})^{\mathrm{T}}P_iM_i(x_i)Q_i^{-\frac{1}{2}})\left\|Q_i^{\frac{1}{2}}x_i\right\|^2 \qquad (3.2.11)$

由式(3.2.9)、式(3.2.10)和式(3.2.11)得

$\dot{V} \leqslant -x_i^{\mathrm{T}}Q_ix_i + \|x_i^{\mathrm{T}}P_iB_i\|\|R_i^{-1}B_i^{\mathrm{T}}P_ix_i\| + \|2x_i^{\mathrm{T}}P_if_i(x_i)\|$

$\leqslant -x_i^{\mathrm{T}}(Q_i^{\frac{1}{2}})^{\mathrm{T}}Q_i^{\frac{1}{2}}x_i + \|x_i^{\mathrm{T}}(Q_i^{\frac{1}{2}})^{\mathrm{T}}(Q_i^{-\frac{1}{2}})^{\mathrm{T}}P_iB_i\|\|R_i^{-1}B_i^{\mathrm{T}}P_iQ_i^{-\frac{1}{2}}Q_i^{\frac{1}{2}}x_i\| + 2\lambda_M((Q_i^{-\frac{1}{2}})^{\mathrm{T}}P_iM_i(x_i)Q_i^{-\frac{1}{2}})\|Q_i^{\frac{1}{2}}x_i\|^2$

$= -\left(1 - \lambda_M((Q_i^{-\frac{1}{2}})^{\mathrm{T}}P_iB_i)\lambda_M(R_i^{-1}B_i^{\mathrm{T}}P_iQ_i^{-\frac{1}{2}}) - 2\lambda_M((Q_i^{-\frac{1}{2}})^{\mathrm{T}}P_iM_i(x_i)Q_i^{-\frac{1}{2}})\right)\|Q_i^{\frac{1}{2}}x_i\|^2$

由于 $W^{\mathrm{T}}(x) + W(x)$ 在区域 Ω 上正定，所以 $W_{ii} > 0$，$i = 1,2,\cdots,N$，这样 $\dot{V}_i$ 在区域 Ω_i 上负定，问题 1 可解。

对于系统(3.2.4)构造 Lyapunov 函数

$$V(x_1,x_2,\cdots,x_n) = \sum_{i=1}^{N}x_i^{\mathrm{T}}P_ix_i$$

结合式(3.2.8)、式(3.2.9)，把 $V(x_1,x_2,\cdots,x_N)$ 沿闭环系统(3.2.4)的轨迹对 t 求导得

$$\dot{V} = - \sum_{i=1}^{N} x_i^{\mathrm{T}}(- P_i B_i R_i^{-1} B_i^{\mathrm{T}} P_i + P_i B_i B_i^{\mathrm{T}} P + Q_i + \beta_i^2 I) x_i + \sum_{i=1}^{N} 2 x_i^{\mathrm{T}} P_i f_i(x_i) +$$

$$\sum_{i=1}^{N} 2 x_i^{\mathrm{T}} P_i B_i(\sigma_i(- R_i^{-1} B_i^{\mathrm{T}} P_i x_i) + \Delta g_i(x_i)) + \sum_{i=1}^{N} 2 x_i^{\mathrm{T}} P_i \sum_{j=1,j\neq i}^{N} R_{ij}(x_j) x_j$$

$$= - \sum_{i=1}^{N} x_i^{\mathrm{T}} Q_i x_i + \sum_{i=1}^{N} 2 x_i^{\mathrm{T}} P_i B_i\left[\frac{1}{2} R_i^{-1} P_i B_i x_i + \sigma_i(- R_i^{-1} P_i B_i x_i)\right] + \sum_{i=1}^{N} 2 x_i^{\mathrm{T}} P_i \sum_{j=1,j\neq i}^{N} R_{ij}(x_j) x_j +$$

$$\sum_{i=1}^{N} 2 x_i^{\mathrm{T}} P_i f_i(x_i) + \sum_{i=1}^{N} (2 x_i^{\mathrm{T}} P_i B_i \Delta g_i(x_i) - x_i^{\mathrm{T}} \beta_i^2 x_i - x_i^{\mathrm{T}} P_i B_i B_i^{\mathrm{T}} P_i x_i)$$

结合式(3.2.9)、式(3.2.10)、式(3.2.11)和引理2.3.2得

$$\dot{V} \leqslant - \sum_{i=1}^{N}\left\{\left[1 - (\lambda_M((Q_i^{-\frac{1}{2}})^T P_i B_i)\lambda_M(R_i^{-1} B_i^{\mathrm{T}} P_i Q_i^{-\frac{1}{2}}) + 2\lambda_M((Q_i^{-\frac{1}{2}})^T P_i M_i(x_i) Q_i^{-\frac{1}{2}}))\right]\left\|Q_i^{\frac{1}{2}} x_i\right\|^2 -$$

$$2 \sum_{j=1,j\neq i}^{N} \lambda_M((Q_i^{-\frac{1}{2}})^T P_i R_{ij}(x_j) Q_j^{-\frac{1}{2}})\left\|Q_i^{\frac{1}{2}} x_i\right\|\left\|Q_j^{\frac{1}{2}} x_j\right\|\right\}$$

$$= - \frac{1}{2} Y^{\mathrm{T}}(W^{\mathrm{T}}(x) + W(x)) Y$$

其中，$Y = \left(\left\|Q_1^{\frac{1}{2}} x_1\right\| \quad \left\|Q_2^{\frac{1}{2}} x_2\right\| \quad \cdots \quad \left\|Q_N^{\frac{1}{2}} x_N\right\|\right)^{\mathrm{T}}$。由 $W^{\mathrm{T}}(x) + W(x)$ 在区域 Ω 上的正定性，$\dot{V}$ 在区域 Ω 上是负定。所以系统(3.2.4)在区域 Ω 上关于 $x = 0$ 渐近稳定。

注3.2.1 镇定域 Ω 的大小由 $W^{\mathrm{T}}(x) + W(x)$ 的正定性可估计，而且可通过适当选择正定阵 Q_i，R_i 来调节。

下面讨论具有饱和输入的非线性交联大系统(3.2.2)。由于系统(3.2.2)的相似性，可以获得镇定的简单充分条件。

定理3.2.2 系统(3.2.3)满足假设3.2.1~3.2.2，如果矩阵

$$W^{\mathrm{T}}(x) + W(x)(W(x) = (W_{ij}(x_j))_{N\times N})$$

是区域 Ω 上的正定阵，其中

$$W_{ij}(x_j) = \begin{cases} 1 - (\lambda_M((Q^{-\frac{1}{2}})^{\mathrm{T}} PB)\lambda_M(R^{-1} B^{\mathrm{T}} PQ^{-\frac{1}{2}}) + 2\lambda_M((Q^{-\frac{1}{2}})^{\mathrm{T}} PM_i(x_i) Q^{-\frac{1}{2}})), & i = j \\ - 2\lambda_M((Q^{-\frac{1}{2}})^{\mathrm{T}} PR_{ij}(x_j) Q^{-\frac{1}{2}}), & i \neq j \end{cases}$$

这里 Q，R 为正定阵，$\lambda_{\min}(R^{-1}) > 2$，$P$ 由式(3.2.7)确定；$R_{ij}(x_j)$ 由式(3.2.6)确定，则反馈

$$u_i = - R^{-1} B^{\mathrm{T}} P x_i, i = 1, 2, \cdots, N$$

使问题1和问题2可解。

证明同定理3.2.1。

3.3 具有输入饱和的不确定非线性交联系统的分散输出反馈鲁棒镇定

目前，关于不确定非线性交联大系统中具有输入饱和因子时的分散输出反馈鲁棒控制，很少有人注意。本节对一类具有饱和输入的不确定非线性交联大系统的分散输出反馈鲁棒控制问题进行讨论，利用 Riccati 方程的方法，通过变化 Riccati 方程的形式并结合 Lyapunov 函数和矩阵理论设计出一种分散输出反馈鲁棒镇定控制器。最后数值例子说明了此方法的有效性。

3.3.1 问题描述和预备知识

考虑如下不确定非线性交联大系统：

$$\begin{cases} \dot{x}_i = A_i x_i + \Delta f_i(x_i) + B_i(\sigma_i(u_i) + f_i(x_i) + \Delta g_i(x_i)) + \displaystyle\sum_{j=1,j\neq i}^{N} H_{ij}(x_j), i = 1,2,\cdots,N \\ y_i = C_i x_i \end{cases} \tag{3.3.1}$$

其中，$x_i \in \mathrm{R}^{n_i}, u_i \in \mathrm{R}^{m_i}, y_i \in \mathrm{R}^{m_i}, A_i \in \mathrm{R}^{n_i \times n_i}, B_i \in \mathrm{R}^{n_i \times m_i}, C_i \in \mathrm{R}^{m_i \times n_i}; \sigma_i = \mathrm{R}^{m_i} \to \mathrm{R}^{m_i}(i=1,2,\cdots,N)$ 是饱和函数；$\displaystyle\sum_{j=1,j\neq i}^{N} H_{ij}(x_j) \in V_{n_i}^{\omega}(\Omega)$ 是互联项（ Ω_i 是 $x_i = 0$ 的某邻域，$\Omega = \Omega_1 \times \Omega_2 \times \cdots \times \Omega_N$ 是 $x = 0$ 的邻域），$H_{ij}(x_j) \in V_{n_i}^{\omega}(\Omega_j); f_i(x_i) \in V_{m_i}^{\omega}(\Omega_i)$ 是第 i 个子系统的匹配非线性项，$\Delta f_i(x_i)$ 和 $\Delta g_i(x_i)$ 分别是第 i 个子系统的非匹配不确定项和匹配不确定项；不失一般性，假设 $H_{ij}(0) = 0, f_i(0) = 0(i \neq j, i,j = 1,2,\cdots,N)$。

也将考虑下列形式的不确定非线性交联大系统：

$$\begin{cases} \dot{x}_i = A x_i + \Delta f_i(x_i) + B(\sigma_i(u_i) + f_i(x_i) + \Delta g_i(x_i)) + \displaystyle\sum_{j=1,j\neq i}^{N} H_{ij}(x_j), i = 1,2,\cdots,N \\ y_i = C x_i \end{cases} \tag{3.3.2}$$

其中，$x_i \in \mathrm{R}^n, u_i \in \mathrm{R}^m, A \in \mathrm{R}^{n \times n}, B \in \mathrm{R}^{n \times m}, C \in \mathrm{R}^{m \times n}, H_{ij}(x_j) \in V_n^{\omega}(\Omega_j), f_i(x_i) \in V_m^{\omega}(\Omega_i)$。

显然系统(3.3.2)是一个具有饱和输入的不确定非线性相似交联大系统。

设计输出反馈控制器

$$u_i = K_i y_i, i = 1,2,\cdots,N$$

使得的第 i 个闭环子系统

$$\dot{x}_i = A_i x_i + \Delta f_i(x_i) + B_i(\sigma_i(K_i y_i) + f_i(x_i) + \Delta g_i(x_i)) \tag{3.3.3}$$

在区域 Ω_i 上关于 $x_i = 0$ 渐近稳定；使得系统(3.3.1)的完全闭环系统

$$\dot{x}_i = A_i x_i + \Delta f_i(x_i) + B_i(\sigma_i(K_i y_i) + f_i(x_i) + \Delta g_i(x_i)) + \displaystyle\sum_{j=1,j\neq i}^{N} H_{ij}(x_j), i = 1,2,\cdots,N \tag{3.3.4}$$

在区域 Ω 上关于 $x = 0$ 渐近稳定。

由引理 2.3.2，由于

$$H_{ij}(x_j) \in V_{n_i}^{\omega}(\Omega_j), f_i(x_i) \in V_{m_i}^{\omega}(\Omega_i), H_{ij}(0) = 0, f_i(0) = 0(i \neq j, i,j = 1,2,\cdots,N)$$

所以存在解析函数阵 $M_i(x_i), R_{ij}(x_j)$ 使得

$$f_i(x_i) = M_i(x_i) x_i, H_{ij}(x_j) = R_{ij}(x_j) x_j \tag{3.3.5}$$

3.3.2 主要结论

假设 3.3.1 $\| \Delta f_i(x_i) \| \leqslant \alpha_i \| x_i \|, i = 1,2,\cdots,N$

$$\| \Delta g_i(x_i) \| \leqslant \beta_i \| x_i \|, i = 1,2,\cdots,N$$

假设 3.3.2 存在常值矩阵 L_i，使对所有的 $x_i \in \Omega_i$ 有

$$| M_i(x_i) | \leqslant L_i, i = 1,2,\cdots,N$$

假设 3.3.3 (A_i, B_i) 能控，(A_i, C_i) 可检测。

取正定阵 $R \in \mathrm{R}^{m_i \times m_i}$，当 $\lambda_{\min}(R^{-1}) > 2$，有 $(R^{-1} - 2I)$ 正定，由假设 3.3.3 对任意的正定

阵 $Q_i \in \mathrm{R}^{n_i \times n_i}, R_i \in \mathrm{R}^{m_i \times m_i}$, 当 $\lambda_{\min}(R_i^{-1}) > 2$ 时, 下列 Riccati 方程

$$A_i^{\mathrm{T}} P_i + P_i A_i - P_i B_i R_i^{-1} B_i^{\mathrm{T}} P_i + 2 P_i B_i B_i^{\mathrm{T}} P + Q_i + \beta_i^2 I + \lambda_M^2(L_i) I = 0 \tag{3.3.6}$$

有正定解 $P_i (i = 1,2,\cdots,N)$。

假设 3.3.4 存在非奇异阵 F_i, 使得

$$B_i^{\mathrm{T}} P_i = F_i C_i (i = 1,2,\cdots,N) \tag{3.3.7}$$

定理 3.3.1 设系统(3.3.1)是满足假设 3.3.1~3.3.4 的非线性组合大系统,
如果矩阵 $W^{\mathrm{T}}(x) + W(x) (W(x) = (W_{ij}(x_j))_{N \times N})$ 是区域 Ω 上的正定阵, 其中

$$W_{ij}(x_j) = \begin{cases} 1 - \left\| (Q_i^{-\frac{1}{2}})^{\mathrm{T}} P_i B_i \right\| \left\| R_i^{-1} B_i^{\mathrm{T}} P_i Q_i^{-\frac{1}{2}} \right\| - 2\alpha_i \left\| Q_i^{-\frac{1}{2}} P_i \right\| \left\| Q_i^{-\frac{1}{2}} \right\|, i = j \\ -2 \left\| (Q_i^{-\frac{1}{2}})^{\mathrm{T}} P_i R_{ij}(x_j) Q_j^{-\frac{1}{2}} \right\|, \qquad\qquad i \neq j \end{cases}$$

这里 Q_i, R_i 根据需要选择, $\lambda_{\min}(R_i^{-1}) > 2, P_i$ 由式(3.3.6)确定; $R_{ij}(x_j)$ 由式(3.3.5)确定, 则分散输出反馈

$$u_i = -R_i^{-1} B_i^{\mathrm{T}} P_i C_i^{+} y_i, i = 1,2,\cdots,N \tag{3.3.8}$$

使第 i 个闭环子系统(3.3.3)在区域 Ω_i 上关于 $x_i = 0$ 渐近稳定;使系统(3.3.1)的闭环系统(3.3.4)在区域 Ω 上关于 $x = 0$ 渐近稳定。

证明 对于第 i 个闭环子系统(3.3.3), 设 Lyapunov 函数

$$V_i(x_i) = x_i^{\mathrm{T}} P_i x_i$$

把 $V_i(x_i)$ 沿系统(3.3.3)的轨迹对 t 求导,再结合式(3.3.7)和式(3.3.8)得

$$\begin{aligned} \dot{V}_i &= \dot{x}_i^{\mathrm{T}} P_i x_i + x_i^{\mathrm{T}} P_i \dot{x}_i \\ &= x_i^{\mathrm{T}}(P_i A_i + A_i^{\mathrm{T}} P_i) x_i + 2 x_i^{\mathrm{T}} P_i B_i \sigma_i(-R_i^{-1} B_i^{\mathrm{T}} P_i C_i^{+} y_i) + 2 x_i^{\mathrm{T}} P_i B_i(f_i(x_i) + \Delta g_i(x_i)) + \\ &\quad 2 x_i^{\mathrm{T}} P_i \Delta f_i(x_i) \\ &= -x_i^{\mathrm{T}}(-P_i B_i R_i^{-1} B_i^{\mathrm{T}} P_i + 2 P_i B_i B_i^{\mathrm{T}} P + Q_i + \beta_i^2 I + \lambda_M^2(L_i) I) x_i + \\ &\quad 2 x_i^{\mathrm{T}} P_i B_i [\sigma_i(-R_i^{-1} B_i^{\mathrm{T}} P_i C_i^{+} y_i)] + 2 x_i^{\mathrm{T}} P_i \Delta f_i(x_i) + 2 x_i^{\mathrm{T}} P_i B_i(f_i(x_i) + \Delta g_i(x_i)) \\ &= -x_i^{\mathrm{T}} Q_i x_i + 2 x_i^{\mathrm{T}} P_i B_i \left[\frac{1}{2} R_i^{-1} F_i C_i x_i + \sigma_i(-R_i^{-1} F C_i C_i^{+} C_i x_i) \right] + (2 x_i^{\mathrm{T}} P_i B_i \Delta g_i(x_i) - \\ &\quad x_i^{\mathrm{T}} P_i B_i B_i^{\mathrm{T}} P_i x_i - x_i^{\mathrm{T}} P_i \beta_i^2 I x_i) + (2 x_i^{\mathrm{T}} P_i B_i f_i(x_i) - x_i^{\mathrm{T}} P_i B_i B_i^{\mathrm{T}} P_i x_i - x_i^{\mathrm{T}} \lambda_M^2(L_i) I x_i) + \\ &\quad 2 x_i^{\mathrm{T}} P_i \Delta f_i(x_i) \end{aligned}$$

由引理 3.2.1 和式(3.3.7)得

$$\left\| \frac{1}{2} R_i^{-1} F_i C_i x_i + \sigma_i(-R_i^{-1} F C_i x_i) \right\| \leqslant \frac{1}{2} \| R_i^{-1} F_i C_i x_i \|$$
$$= \frac{1}{2} \| R_i^{-1} B_i^{\mathrm{T}} P_i x_i \| \tag{3.3.9}$$

由假设 3.3.1 和假设 3.3.2 得

$$\begin{aligned} (2 x_i^{\mathrm{T}} P_i B_i f_i(x_i) - x_i^{\mathrm{T}} P_i B_i B_i^{\mathrm{T}} P_i x_i - x_i^{\mathrm{T}} \lambda_M^2(L_i) I x_i) &\leqslant 2 \| x_i^{\mathrm{T}} P_i B_i \| \| f_i(x_i) \| - \\ (\| x_i^{\mathrm{T}} P_i B_i \|^2 + \lambda_M^2(L_i) \| x_i \|^2) &\leqslant 0 \end{aligned} \tag{3.3.10}$$

同理

$$(2 x_i^{\mathrm{T}} P_i B_i \Delta g_i(x_i) - x_i^{\mathrm{T}} P_i B_i B_i^{\mathrm{T}} P_i x_i - x_i^{\mathrm{T}} \beta_i^2 I x_i) \leqslant 0 \tag{3.3.11}$$

$$x_i^{\mathrm{T}} P_i \Delta f_i(x_i) \leqslant \alpha_i \left\| x_i^{\mathrm{T}} (Q_i^{\frac{1}{2}})^{\mathrm{T}} (Q_i^{-\frac{1}{2}})^{\mathrm{T}} P_i \right\| \left\| Q_i^{-\frac{1}{2}} \right\| \left\| Q_i^{\frac{1}{2}} x_i \right\|$$

$$\leqslant \alpha_i \left\| (Q_i^{-\frac{1}{2}})^{\mathrm{T}} P_i \right\| \left\| Q_i^{-\frac{1}{2}} \right\| \left\| Q_i^{\frac{1}{2}} x_i \right\|^2 \tag{3.3.12}$$

由式(3.3.9)、式(3.3.10)、式(3.3.11)、式(3.3.12)得

$$\dot{V} \leqslant - x_i^{\mathrm{T}} Q_i x_i + \| x_i^{\mathrm{T}} P_i B_i \| \| R_i^{-1} B_i^{\mathrm{T}} P_i x_i \| + \| 2x_i^{\mathrm{T}} P_i \Delta f_i(x_i) \|$$

$$\leqslant - x_i^{\mathrm{T}} (Q_i^{\frac{1}{2}})^{\mathrm{T}} Q_i^{\frac{1}{2}} x_i + \left\| x_i^{\mathrm{T}} (Q_i^{\frac{1}{2}})^{\mathrm{T}} (Q_i^{-\frac{1}{2}})^{\mathrm{T}} P_i B_i \right\| \left\| R_i^{-1} B_i^{\mathrm{T}} P_i Q_i^{-\frac{1}{2}} Q_i^{\frac{1}{2}} x_i \right\| +$$

$$2\alpha_i \left\| (Q_i^{-\frac{1}{2}})^{\mathrm{T}} P_i \right\| \left\| Q_i^{-\frac{1}{2}} \right\| \left\| Q_i^{\frac{1}{2}} x_i \right\|^2$$

$$= - \left(1 - \left\| (Q_i^{-\frac{1}{2}})^{\mathrm{T}} P_i B_i \right\| \left\| R_i^{-1} B_i^{\mathrm{T}} P_i Q_i^{-\frac{1}{2}} \right\| - 2\alpha_i \left\| (Q_i^{-\frac{1}{2}})^{\mathrm{T}} P_i \right\| \left\| Q_i^{-\frac{1}{2}} \right\| \right) \left\| Q_i^{\frac{1}{2}} x_i \right\|^2$$

由于 $W^{\mathrm{T}}(x) + W(x)$ 在区域 Ω 上正定,所以 $W_{ii} > 0, i = 1, 2, \cdots, N$,这样 $\dot{V}_i$ 在区域 Ω_i 上负定,系统(3.3.3)在区域 Ω_i 上关于 $x_i = 0$ 渐近稳定。

对于系统(3.3.4)构造 Lyapunov 函数

$$V(x_1, x_2, \cdots, x_N) = \sum_{i=1}^{N} x_i^{\mathrm{T}} P_i x_i$$

结合式(3.3.7)、式(3.3.8),把 $V(x_1, x_2, \cdots, x_N)$ 沿闭环系统(3.3.4)的轨迹对 t 求导得

$$\dot{V} = - \sum_{i=1}^{N} x_i^{\mathrm{T}} (- P_i B_i R_i^{-1} B_i^{\mathrm{T}} P_i + 2P_i B_i B_i^{\mathrm{T}} P + Q_i + \beta_i^2 I + \lambda_M^2(L_i) I) x_i + \sum_{i=1}^{N} 2x_i^{\mathrm{T}} P_i \Delta f_i(x_i) +$$

$$\sum_{i=1}^{N} 2x_i^{\mathrm{T}} P_i B_i (\sigma_i(- R_i^{-1} B_i^{\mathrm{T}} P_i C_i^{+} y_i) + f_i(x_i) + \Delta g_i(x_i)) + \sum_{i=1}^{N} 2x_i^{\mathrm{T}} P_i \sum_{j=1, j \neq i}^{N} R_{ij}(x_j) x_j$$

$$= - \sum_{i=1}^{N} x_i^{\mathrm{T}} Q_i x_i + \sum_{i=1}^{N} 2x_i^{\mathrm{T}} P_i B_i \left[\frac{1}{2} R_i^{-1} F_i C_i x_i + \sigma_i(- R_i^{-1} F_i C_i x_i) \right] +$$

$$\sum_{i=1}^{N} 2x_i^{\mathrm{T}} P_i \sum_{j=1, j \neq i}^{N} R_{ij}(x_j) x_j +$$

$$\sum_{i=1}^{N} (2x_i^{\mathrm{T}} P_i B_i f_i(x_i) - x_i^{\mathrm{T}} \lambda_M^2(L_i) x_i - x_i^{\mathrm{T}} P_i B_i B_i^{\mathrm{T}} P_i x_i) + \sum_{i=1}^{N} 2x_i^{\mathrm{T}} P_i \Delta f_i(x_i) +$$

$$\sum_{i=1}^{N} (2x_i^{\mathrm{T}} P_i B_i \Delta g_i(x_i) - x_i^{\mathrm{T}} \beta_i^2 x_i - x_i^{\mathrm{T}} P_i B_i B_i^{\mathrm{T}} P_i x_i)$$

结合式(3.3.9)、式(3.3.10)、式(3.3.11)、式(3.3.12)和引理 2.3.2 得

$$\dot{V} \leqslant - \sum_{i=1}^{N} \left\{ \left\| \left(Q_i^{\frac{1}{2}} \right) x_i \right\|^2 - \left(\left\| \left(Q_i^{-\frac{1}{2}} \right)^{\mathrm{T}} P_i B_i \right\| \left\| R_i^{-1} B_i^{\mathrm{T}} P_i Q_i^{-\frac{1}{2}} \right\| + 2\alpha_i \left\| \left(Q_i^{-\frac{1}{2}} P_i \right) \right\| \left\| Q_i^{-\frac{1}{2}} \right\| \right) \right) \left\| Q_i^{\frac{1}{2}} x_i \right\|^2 -$$

$$2 \sum_{j=1, j \neq i}^{N} \left\| (Q_i^{-\frac{1}{2}})^{\mathrm{T}} P_i R_{ij}(x_j) Q_j^{-\frac{1}{2}} \right\| \left\| Q_i^{\frac{1}{2}} x_i \right\| \left\| Q_j^{\frac{1}{2}} x_j \right\| \right\}$$

$$= - \frac{1}{2} Y^{\mathrm{T}} (W^{\mathrm{T}}(x) + W(x)) Y$$

其中,$Y = \left(\left\| Q_1^{\frac{1}{2}} x_1 \right\| \quad \left\| Q_2^{\frac{1}{2}} x_2 \right\| \quad \cdots \quad \left\| Q_N^{\frac{1}{2}} x_N \right\| \right)^{\mathrm{T}}$。由 $W^{\mathrm{T}}(x) + W(x)$ 在区域 Ω 上的正定性,$\dot{V}$ 在区域 Ω 上是负定。

注 3.3.1　镇定域 Ω 的大小由 $W^{\mathrm{T}}(x) + W(x)$ 的正定性可估计,而且可通过适当选择正定阵 Q_i, R_i 来调节。

推论 3.3.1 假设系统(3.3.1)满足假设 3.3.1~3.3.4，且存在常值矩阵 L_{ij}，使得对所有 $x_j \in \Omega_j$ 有

$$|P_i R_{ij}(x_j)| \leqslant L_{ij}(i,j=1,2,\cdots,N), i \neq j \text{。如果 } W^{\mathrm{T}} + W \ (W=(W_{ij})_{N \times N}) \text{ 正定，其中}$$

$$W_{ij} = \begin{cases} 1 - \left\| (Q_i^{\frac{1}{2}})^{\mathrm{T}} P_i B_i \right\| \left\| R_i^{-1} B_i^{\mathrm{T}} P_i Q_i^{-\frac{1}{2}} \right\| - 2\alpha_i \left\| (Q_i^{\frac{1}{2}})^{\mathrm{T}} P \right\| \left\| Q_i^{-\frac{1}{2}} \right\|, & i=j \\ -2 \left\| (Q_i^{-\frac{1}{2}})^{\mathrm{T}} L_{ij} Q_j^{-\frac{1}{2}} \right\|, & i \neq j \end{cases}$$

则分散输出反馈

$$u_i = -R_i^{-1} B_i^{\mathrm{T}} P_i C_i^+ y_i, i=1,2,\cdots,N$$

使第 i 个闭环子系统(3.3.3)在区域 Ω_i 上关于 $x_i = 0$ 渐近稳定；使系统(3.3.1)的闭环系统(3.3.4)在区域 Ω 上关于 $x = 0$ 渐近稳定。这里 Q_i, R_i 根据需要选择，$\lambda_{\min}(R_i^{-1}) > 2$，$P_i$ 由式(3.3.6)确定；$R_{ij}(x_j)$ 由式(3.3.5)确定。

下面讨论具有饱和输入的非线性组合大系统(3.3.2)。由于系统(3.3.2)的相似性，可以获得镇定的简单充分条件。

定理 3.3.2 设系统(3.3.3)满足假设 3.3.1~3.3.4，令

$$\beta = \max_{1 \leqslant i \leqslant N} \beta_i, \lambda_M(L) = \max_{1 \leqslant i \leqslant N} \lambda_M(L_i), \alpha = \max_{1 \leqslant i \leqslant N} \alpha_i$$

并且 $W^{\mathrm{T}}(x) + W(x)(W(x) = (W_{ij}(x_j))_{N \times N})$ 是区域 Ω 上的正定阵，其中

$$W_{ij}(x_j) = \begin{cases} 1 - \left\| (Q^{\frac{1}{2}})^{\mathrm{T}} P B \right\| \left\| R^{-1} B^{\mathrm{T}} P Q^{-\frac{1}{2}} \right\| - 2\alpha \left\| (Q^{\frac{1}{2}})^{\mathrm{T}} P \right\| \left\| Q^{-\frac{1}{2}} \right\|, & i=j \\ -2 \left\| ((Q^{-\frac{1}{2}})^{\mathrm{T}} P R_{ij}(x_j) Q^{-\frac{1}{2}}) \right\|, & i \neq j \end{cases}$$

这里 Q, R 为正定阵，$\lambda_{\min}(R^{-1}) > 2$，$P$ 由式(3.3.6)确定；$R_{ij}(x_j)$ 由式(3.3.5)确定，则分散输出反馈

$$u_i = -R^{-1} B^{\mathrm{T}} P C^+ y_i, i=1,2,\cdots,N$$

使系统(3.3.2)的第 i 个闭环子系统在区域 Ω_i 上关于 $x_i = 0$ 渐近稳定；使系统(3.3.2)的闭环系统在区域 Ω 上关于 $x = 0$ 渐近稳定。

证明同定理 3.3.1。

3.3.3 数值算例

考虑具有饱和因子的不确定非线性交联大系统

$$\begin{cases} \begin{pmatrix} \dot{x}_{11} \\ \dot{x}_{12} \end{pmatrix} = \begin{pmatrix} -4 & 0 \\ 0 & -5 \end{pmatrix} \begin{pmatrix} x_{11} \\ x_{12} \end{pmatrix} + \Delta f_1(x_1) + \begin{pmatrix} 1 \\ 1 \end{pmatrix} \left(\sigma_1(u_1) + \dfrac{x_{11}^2 x_{12}}{x_{11}^2 + x_{12}^2 + 1} + \Delta g_1(x_1) \right) + \dfrac{1}{4} \begin{pmatrix} x_{11} x_{21} \\ 0 \end{pmatrix} \\ y_1 = (1 \quad 1) x_1 \\ \begin{pmatrix} \dot{x}_{21} \\ \dot{x}_{22} \end{pmatrix} = \begin{pmatrix} -4 & 0 \\ 0 & -5 \end{pmatrix} \begin{pmatrix} x_{21} \\ x_{22} \end{pmatrix} + \Delta f_2(x_2) + \begin{pmatrix} 1 \\ 1 \end{pmatrix} \left(\sigma_2(u_2) + \dfrac{1}{2} x_{21} \sin x_{22} + \Delta g_2(x_2) \right) + \dfrac{1}{4} \begin{pmatrix} x_{21} x_{12} \\ 0 \end{pmatrix} \\ y_2 = (1 \quad 1) x_2 \end{cases}$$

其中，$x_1 = (x_{11} \quad x_{12})^{\mathrm{T}}, x_2 = (x_{21} \quad x_{22})^{\mathrm{T}}$；$\| \Delta f_i(x_i) \| \leqslant \dfrac{1}{4} \| x_i \|, \| \Delta g_i(x_i) \| \leqslant \dfrac{\sqrt{3}}{2} \| x_i \|, i = 1,2$。

经计算

$$|M_1(x_1)| = \left(\begin{array}{cc} \dfrac{|x_{11}x_{12}|}{x_{11}^2 + x_{12}^2 + 1} & 0 \end{array}\right) \leqslant L_1 = \left(\begin{array}{cc} \dfrac{1}{2} & 0 \end{array}\right), |M_2(x_2)| = \left(\begin{array}{cc} \dfrac{1}{2}|\sin x_{22}| & 0 \end{array}\right) \leqslant L_2 = \left(\begin{array}{cc} \dfrac{1}{2} & 0 \end{array}\right)$$

$$\lambda_M(L_1) = \lambda_M(L_2) = \frac{1}{2}, R_{12} = \frac{1}{4}\begin{pmatrix} x_{21} & 0 \\ 0 & 0 \end{pmatrix}, R_{21} = \frac{1}{4}\begin{pmatrix} x_{12} & 0 \\ 0 & 0 \end{pmatrix}, C^+ = \begin{pmatrix} 0.5 \\ 0.5 \end{pmatrix}, F = 2$$

$$\beta_i = \frac{\sqrt{3}}{2}, \alpha_i = \frac{1}{4}, i = 1,2 \text{。取 } Q = \begin{pmatrix} 8 & 1 \\ 1 & 10 \end{pmatrix}, R^{-1} = 3I \text{。}$$

解 Riccati 方程(3.3.6)得

$$P = \begin{pmatrix} 1 & 0 \\ 0 & 1 \end{pmatrix}$$

直接计算得

$$W(x) = \begin{pmatrix} 0.161\,0 & -(0.570\,0 + 0.009\,0\|x_{21}\|) \\ -(0.570\,0 + 0.009\,0)\|x_{12}\| & 0.161\,0 \end{pmatrix}$$

取 $\Omega = \{(x_{11}, x_{12}, x_{21}, x_{22}) \mid |x_{ij}| < 4, i,j = 2\}$，则 $W^T(x) + W(x)$ 在 Ω 上是正定函数。所以使系统及其孤立子系统同时镇定的分散输出反馈鲁棒镇定控制器为

$$u_i = -3y_i, i = 1,2$$

3.4   具有输入饱和的非线性广义交联系统的分散鲁棒镇定

本节对具有输入饱和的不确定非线性广义交联系统，通过广义 Riccati 方程的方法，给出了一种分散广义鲁棒镇定控制器的设计。

3.4.1   系统描述及预备引理

考虑如下 N 个正则子系统组成的广义交联系统：

$$E_i \dot{x}_i = A_i x_i + f_i(E_i x_i) + \Delta g_i(x_i, t) + B_i \sigma_i(u_i) + \sum_{j=1, j \neq i}^{N}(H_{ij}(E_j x_j) + \Delta H_{ij}(x_j)), \quad 1 \leqslant i \leqslant N$$

$$(3.4.1)$$

其中，$x_i \in \mathbf{R}^{n_i}, u_i \in \mathbf{R}^{m_i}$ 是状态和输入控制；$E_i, A_i \in \mathbf{R}^{n_i \times n_i}, B_i \in \mathbf{R}^{n_i \times m_i}$ 和 $\sigma_i : \mathbf{R}^{m_i} \to \mathbf{R}^{m_i}(i = 1, 2, \cdots, N)$ 分别是系数矩阵和饱和函数；$\mathrm{rank}E_i < n_i, \det(sE_i - A_i) \neq 0, i = 1, 2, \cdots, N$; $\sum_{j=1, j \neq i}^{N} H_{ij}(E_j x_j)$ 表示第 i 个子系统的互联项，$\sum_{j=1, j \neq i}^{N} \Delta H_{ij}(x_j)$ 是第 i 个子系统的不确定非匹配互联项；$f_i(E_i x_i)$ 和 $\Delta g_i(x_i, t)$ 分别是连续的非匹配结构及匹配结构不确定项；$f_i(E_i x_i)$ 和 $H_{ij}(E_i x_i)$ 是其定义域上的 n 维解析向量场，且

$$f_i(0) = \Delta g_i(0, t) = H_{ij}(0) = 0$$

称系统

$$E_i \dot{x}_i = A_i x_i + B_i u_i \tag{3.4.2}$$

为系统(3.4.1)的第 i 个子系统的参照系统。简记为 (E_i, A_i, B_i)。

引理 3.4.1[120]   如果系统(3.4.2)是 R- 能稳且无脉冲模式，则对任意的正定矩阵 $R_i \in \mathbf{R}^{m_i \times m_i}, W_i \in \mathbf{R}^{n_i \times n_i}$，下述广义 Riccati 方程

$$E_i^T V_i A_i + A_i^T V_i E_i - E_i^T V_i B_i R_i^{-1} B_i^T V_i E_i = -E_i^T W_i E_i \tag{3.4.3}$$

有正定解 V_i。

引理 3.4.2[100] 若 $f_i(E_ix_i)$ 和 $H_{ij}(E_jx_j)$ 是其定义域上的 n 维解析向量场, $f_i(0) = H_{ij}(0) = 0$, 则存在解析函数阵 $L_i(E_ix_i)$ 和 $R_{ij}(E_jx_j)$, 使

$$f_i(E_ix_i) = L_i(E_ix_i)(E_ix_i), \quad H_{ij}(E_jx_j) = R_{ij}(E_jx_j)(E_jx_j), \quad i,j = 1,2,\cdots,N, j \neq i$$

还将考虑如下 N 个正则子系统组成的广义交联系统:

$$E\dot{x}_i = Ax_i + f_i(E_ix_i) + \Delta g_i(x_i,t) + B\sigma_i(u_i) + \sum_{j=1,j \neq i}^{N}(H_{ij}(E_jx_j) + \Delta H_{ij}(x_j)), \quad 1 \leq i \leq N$$

$$(3.4.4)$$

显然系统(3.4.4)具有 PS 相似结构[63]。

3.4.2 主要结果

研究系统(3.4.1)和系统(3.4.4)的分散广义鲁棒镇定问题。

假设 3.4.1

$$\|\Delta g_i(x_i,t)\| \leq \alpha_i\|E_ix_i\|, \quad \|\Delta H_{ij}(x_j)\| \leq \beta_{ij}\|E_jx_j\|, i,j = 1,2,\cdots,N; j \neq i$$

其中, α_i 和 β_{ij} 是已知正数。

假设 3.4.2 函数矩阵 $W^{\mathrm{T}}(x) + W(x)$ ($W(x) = (W_{ij}(x_j))_{N \times N}$) 在区域 Ω 上是正定的, 其中

$$W_{ij} = \begin{cases} \lambda_{\min}(W_i) - \|V_iB_i\|\|R_i^{-1}B_i^{\mathrm{T}}V_i\| - 2\lambda_{\max}(V_i)(\|L_i(E_ix_i)\| + \alpha_i), i = j \\ -2\lambda_{\max}(V_i)(\|R_{ij}(E_jx_j)\| + \beta_{ij}), \quad\quad\quad\quad\quad\quad\quad\quad i \neq j \end{cases}$$

这里 W_i, R_i, V_i 由广义 Riccati 方程(3.4.3)确定; $L_i(E_ix_i), R_{ij}(E_jx_j)$ 由引理 3.4.2 确定; $i, j = 1,2,\cdots,N, i \neq j$。

定理 3.4.1 设系统(3.4.1)的每个子系统的参照系统(3.4.2)是 R-能稳且无脉冲模式, 若假设 3.4.1～3.4.2 成立, 则系统(3.4.1)在反馈

$$u_i = -R_i^{-1}B_i^{\mathrm{T}}V_iE_ix_i, 1 \leq i \leq N \qquad (3.4.5)$$

作用下, 所得的闭环系统是 E-渐近稳定的。

证明 系统(3.4.1)与控制器(3.4.5)构成的闭环系统

$$E\dot{x}_i = \left(A_i - \frac{1}{2}B_iR_i^{-1}B_i^{\mathrm{T}}V_iE_i\right)x_i + B_i\left(\sigma_i(u_i) - \frac{1}{2}u_i\right) + f_i(E_ix_i) + \Delta g_i(x_i,t) +$$

$$\sum_{j=1,j \neq i}^{N}(H_{ij}(E_jx_j) + \Delta H_{ij}(x_j)), 1 \leq i \leq N \qquad (3.4.6)$$

对系统(3.4.6)构造 Lyapunov 函数

$$V(E_1x_1, E_2x_2, \cdots, E_Nx_N) = \sum_{i=1}^{N}(E_ix_i)^{\mathrm{T}}V_i(E_ix_i)$$

把 V 沿系统(3.4.6)的轨迹求导, 并结合式(3.4.3)得

$$\dot{V} = -\sum_{i=1}^{N}(E_ix_i)^{\mathrm{T}}W_i(E_ix_i) + 2\sum_{i=1}^{N}(E_ix_i)^{\mathrm{T}}V_iB_i\left(\sigma_i(-R_i^{-1}B_i^{\mathrm{T}}V_iE_ix_i) + \frac{1}{2}R_i^{-1}B_i^{\mathrm{T}}V_iE_ix_i\right) +$$

$$2\sum_{i=1}^{N}(E_ix_i)^{\mathrm{T}}V_i(f_i(E_ix_i) + \Delta g_i(x_i,t)) + 2\sum_{i=1}^{N}(E_ix_i)^{\mathrm{T}}V_i\sum_{j=1,j \neq i}^{N}(H_{ij}(E_jx_j) + \Delta H_{ij}(x_j))$$

由引理 3.2.1 得

$$\left\| (E_i x_i)^{\mathrm{T}} V_i B_i \left(\sigma_i (- R_i^{-1} B_i^{\mathrm{T}} V_i E_i x_i) + \frac{1}{2} R_i^{-1} B_i^{\mathrm{T}} V_i E_i x_i \right) \right\| \leqslant \frac{1}{2} \| V_i B_i \| \; \| R_i^{-1} B_i^{\mathrm{T}} V_i \| \; \| E_i x_i \|^2$$

$$(3.4.7)$$

由引理 3.4.2 和假设 3.4.1 知

$$(E_i x_i)^{\mathrm{T}} V_i (f_i (E_i x_i) + \Delta g_i (x_i,t)) \leqslant \lambda_{\max}(V_i)(\| L_i (E_i x_i) \| + \alpha_i) \| E_i x_i \|^2 \quad (3.4.8)$$

$$(E_i x_i)^{\mathrm{T}} V_i (H_{ij}(E_j x_j) + \Delta H_{ij}(x_j)) \leqslant \lambda_{\max}(V_i)(\| R_{ij}(E_j x_j) \| + \beta_{ij}) \| E_i x_i \| \; \| E_j x_j \| , i \neq j$$

$$(3.4.9)$$

结合式(3.4.7)、式(3.4.8)和式(3.4.9)得

$$\dot{V} \leqslant - \sum_{i=1}^{N} \left\{ \left[\lambda_{\min}(W_i) - \| V_i B_i \| \; \| R_i^{-1} B_i^{\mathrm{T}} V_i \| - 2\lambda_{\max}(V_i)(\| L_i (E_i x_i) \| + \alpha_i) \right] \| E_i x_i \|^2 - \right.$$

$$\left. \sum_{j=1,j \neq i}^{N} 2\lambda_{\max}(V_i)(\| R_{ij}(E_j x_j) \| + \beta_{ij}) \| E_i x_i \| \; \| E_j x_j \| \right\}$$

$$= - Y^{\mathrm{T}} W Y$$

$$= - \frac{1}{2} Y^{\mathrm{T}} (W^{\mathrm{T}} + W) Y$$

其中，$Y = (\| E_1 x_1 \| \quad \| E_2 x_2 \| \quad \cdots \quad \| E_N x_N \|)^{\mathrm{T}}$。由于 $W^{\mathrm{T}} + W$ 在区域 Ω 上是正定函数阵，所以 $\dot{V}$ 在区域 Ω 上是负定的，即系统(3.4.6)在区域 Ω 上关于 $x = 0,E$- 渐近稳定。

下面讨论系统(3.4.4)。由于系统(3.4.4)具有相似结构,可以获得下面分散镇定的简单的充分条件。

定理 3.4.2　设系统(3.4.4)的每个子系统的参照系统 (E,A,B) 是 R- 能稳且无脉冲模式,假设 3.4.1 成立,如果函数矩阵 $W^{\mathrm{T}}(x) + W(x) (W(x) = (W_{ij}(x_j))_{N \times N})$ 在区域 Ω 上是正定函数,其中

$$W_{ij} = \begin{cases} \lambda_{\min}(W) - \| VB \| \; \| R^{-1} B^{\mathrm{T}} V \| - 2\lambda_{\max}(V)(\| L_i (E_i x_i) \| + \alpha_i), & i = j \\ - 2\lambda_{\max}(V)(\| R_{ij}(E_j x_j) \| + \beta_{ij}), & i \neq j \end{cases}$$

这里 W,R,V 由广义 Riccati 方程(3.4.3)确定；$L_i (E_i x_i),R_{ij}(E_j x_j)$ 由引理 3.4.2 确定；$i,j = 1,2,\cdots,N, i \neq j$。则系统(3.4.4)在反馈

$$u_i = - R^{-1} B^{\mathrm{T}} V E x_i, 1 \leqslant i \leqslant N \qquad (3.4.10)$$

作用下,所得的闭环系统是 E- 渐近稳定的。

证明同定理 3.4.1。

分散广义鲁棒镇定控制器的设计步骤：

(1) 根据需要选取正定阵 R_i 和 W_i ,求出广义 Riccati 方程(3.4.3)的正定解 V_i 。

(2) 由引理 3.4.2 确定 $L_i (E_i x_i)$ 和 $R_{ij}(E_j x_j)$;并由 $W^{\mathrm{T}}(x) + W(x)$ 的正定性估计出区域 Ω 。

(3) 设计广义镇定控制器(3.4.5) $(1 \leqslant i \leqslant N)$ 。

注 3.4.1　设计结果表明,广义相似系统(3.4.4)的控制器,只需解一个广义 Riccati 方程,计算简单,易于设计。

3.4.3　数值算例

考虑广义交联系统

$$\begin{pmatrix} 1 & 0 \\ 0 & 0 \end{pmatrix} \dot{x}_1 = \begin{pmatrix} -1 & 1 \\ 0 & 8 \end{pmatrix} x_1 + \begin{pmatrix} 1 \\ 0 \end{pmatrix} \sigma_1 (u_1) + \frac{1}{12} \begin{pmatrix} x_{11}^2 \\ 0 \end{pmatrix} + \Delta g_1 (x_1) + \frac{1}{12} \begin{pmatrix} x_{21}^2 \\ 0 \end{pmatrix} + \Delta H_{12}(x_2)$$

$$\begin{pmatrix} 1 & 0 \\ 0 & 0 \end{pmatrix} \dot{x}_2 = \begin{pmatrix} -1 & 1 \\ 0 & 8 \end{pmatrix} x_2 + \begin{pmatrix} 1 \\ 0 \end{pmatrix} \sigma_2(u_2) + \frac{1}{12} \begin{pmatrix} x_{21}^2 \\ 0 \end{pmatrix} + \Delta g_2(x_2) + \frac{1}{12} \begin{pmatrix} x_{11}^2 \\ 0 \end{pmatrix} + \Delta H_{12}(x_1)$$

其中，$\| \Delta g_1(x_1) \| \leqslant \frac{1}{8} \| Ex_1 \|$，$\| \Delta g_2(x_2) \| \leqslant \frac{1}{8} \| Ex_2 \|$；$\| \Delta H_{12}(x_2) \| \leqslant \frac{1}{8} \| Ex_2 \|$，

$\| \Delta H_{21}(x_1) \| \leqslant \frac{1}{8} \| Ex_1 \|$。试设计分散鲁棒广义镇定控制器。因为

$$\text{rank}(sE - A, B) = 2, \text{rank} \begin{pmatrix} E & 0 \\ A & E \end{pmatrix} = 3 = 2 + \text{rank}E$$

所以系统的两个子系统的参照系统是 R- 能稳的, 无脉冲的。

（1）取 $W = 4I_2, R = \frac{1}{2}$，解广义 Riccati 方程(3.4.3)，取

$$V = \begin{pmatrix} 1 & -0.125 \\ -0.125 & 0.4841 \end{pmatrix}$$

（2）经计算

$$L_1(x_1) = \begin{pmatrix} \frac{x_{11}}{12} & 0 \\ 0 & 0 \end{pmatrix} = R_{21}(x_1), L_2(x_2) = \begin{pmatrix} \frac{x_{21}}{12} & 0 \\ 0 & 0 \end{pmatrix} = R_{12}(x_2)$$

$$W^{\text{T}}(x) + W(x) =$$
$$\begin{pmatrix} 3.375 - 0.375 \| x_{11} \| & -0.5625 - 0.1875 \| x_{11} \| - 0.1875 \| x_{21} \| \\ -0.5625 - 0.1875 \| x_{11} \| - 0.1875 \| x_{21} \| & 3.375 - 0.375 \| x_{21} \| \end{pmatrix}$$

取 $\Omega = \{ x \mid |x_{ij}| \leqslant 2, 1 \leqslant i, j \leqslant 2 \}$，则 $W^{\text{T}}(x) + W(x)$ 在 Ω 上正定。

（3）所以系统在反馈

$$\begin{cases} u_1 = (-2 \quad 0.25)Ex_1 \\ u_2 = (-2 \quad 0.25)Ex_2 \end{cases}$$

作用下的所得闭环系统是 E-渐近稳定的。

3.5 具有输入饱和的不确定非线性广义相似组合大系统的分散鲁棒镇定

在本节中，考虑了一类具有输入饱和的不确定非线性广义相似组合大系统，利用相似结构，给出了一种简洁的分散鲁棒镇定控制器的设计方法。设计结果表明，该设计计算量小，并且控制器具有相似结构，利于工程实现。

3.5.1 系统描述

考虑如下 N 个正则子系统组成的广义大系统：

$$E_i \dot{x}_i = A_i x_i + \Delta f_i(x_i, t) + B_i u_i + \sum_{j=1, j \neq i}^{N} \Delta H_{ij}(x_j), \quad 1 \leqslant i \leqslant N \qquad (3.5.1)$$

其中，$x_i \in \mathbf{R}^n, u_i \in \mathbf{R}^m$ 分别是第 i 个子系统的状态和输入；$E_i, A_i \in \mathbf{R}^{n \times n}, B_i \in \mathbf{R}^{n \times m}$ 是常值矩阵，$\text{rank}E \leqslant n, \det(sE_i - A)_i \neq 0$；$\Delta f_i(x_i, t)$ 表示第 i 个子系统的结构不确定项；$\sum\limits_{j=1, j \neq i}^{N} \Delta H_{ij}(x_i)$ 表示第 i 个子系统的不确定非匹配互联项，且 $\Delta f_i(0, t) = \Delta H_{ij}(0) = 0, 1 \leqslant i, j \leqslant N, j \neq i$。

称系统

$$E_i \dot{x}_i = A_i x_i + B_i u_i \tag{3.5.2}$$

为系统(3.5.1)的第 i 个子系统的标称系统,并简记为 (E_i, A_i, B_i) ,$1 \le i \le N$ 。

定义 3.5.1[63]　对系统(3.5.1)的两个子系统的标称系统 (E_i, A_i, B_i) 和 (E_j, A_j, B_j) ,若存在常值矩阵 $K \in R^{m \times n}$ 和非奇异矩阵 $T, S \in R^{n \times n}$,使得

$$TE_i S = E_j, T(A_i + B_i K)S = A_j, TB_i = B_j \tag{3.5.3}$$

则称第 i 个子系统的标称系统和第 j 个子系统的标称系统比例状态反馈相似,简记为 $(E_i, A_i, B_i) \xrightarrow{PS} (E_j, A_j, B_j)$,并称 (T, S, K) 为相似参量。

定义 3.5.2[121]　若存在 j ,$1 \le j \le N$,使得 $(E_i, A_i, B_i) \xrightarrow{PS} (E_j, A_j, B_j)$,且相似参量为 T_i ,$S_i, K_i, 1 \le i \le N, i \ne j$,则称系统(1)具有 PS 相似结构,并称

$$S(i,j) = (T_i, S_i, K_i), 1 \le i, j \le N, i \ne j$$

为相似指标。

并有下列结果[63]:相似关系" $\xrightarrow{PS}$ "是等价关系;若系统(1)具有 PS 相似结构,且能稳、 R-能稳和脉冲能控的标称系统同时存在,则所有的标称系统 (E_i, A_i, B_i) 都可稳、 R-能稳和脉冲能控。

考虑如下非线性广义组合大系统:

$$E_i \dot{x}_i = A_i x_i + \Delta f_i(x_i, t) + B_i \sigma_i(u_i) + \sum_{j=1, j \ne i}^{N} \Delta H_{ij}(x_j), \quad 1 \le i \le N \tag{3.5.4}$$

其中, $\sigma_i(u_i)$ 是饱和函数; $1 \le i, j \le N, j \ne i$ 。假定每个广义子系统正则。

称系统(3.5.2)为系统(3.5.4)的第 i 个子系统的参照系统。

设计状态反馈控制器

$$u_i = K_i x_i, \quad i = 1, 2, \cdots, N$$

使得系统(3.5.1)的第 i 个闭环子系统

$$E_i \dot{x}_i = A_i x_i + \Delta f_i(x_i, t) + B_i \sigma_i(K_i x_i) \tag{3.5.5}$$

关于 $x_i = 0$ 渐近稳定,$1 \le i \le N$;使得系统(3.5.1)的闭环大系统

$$E_i \dot{x}_i = A_i x_i + \Delta f_i(x_i, t) + B_i \sigma_i(K_i x_i) + \sum_{j=1, j \ne i}^{N} \Delta H_{ij}(x_j), \quad 1 \le i \le N \tag{3.5.6}$$

关于 $x = 0$ 渐近稳定。

3.5.2　主要结果

对系统(3.5.4)作如下假设:

假设 3.5.1　系统(3.5.4)具有 PS 相似结构,且 $S(i,1) = (T_i, S_i, K_i), 1 \le i \le N$ 。

假设 3.5.2　(E_1, A_1, B_1) 可稳且脉冲能控。

根据假设 3.5.2,存在矩阵 $K \in R^{m \times n}$ 和非奇异矩阵 $T, S \in R^{n \times n}$,使得

$$TE_1 S = \begin{pmatrix} I_r & 0 \\ 0 & 0 \end{pmatrix}, T(A_1 + B_1 K)S = \begin{pmatrix} A_{(1)} & 0 \\ 0 & I_{n-r} \end{pmatrix} \tag{3.5.7}$$

其中, $r = \text{rank} E_1$,$A_{(1)}$ 是 Hurwitz 稳定矩阵,于是对任意正定矩阵 $Q \in R^{r \times r}$,Lyapunov 方程

$$A_{(1)}^T P + P A_{(1)} = -Q \tag{3.5.8}$$

有唯一正定解 P。记

$$T = \begin{pmatrix} T_{(1)} \\ T_{(2)} \end{pmatrix}, T^{-1} = (T_{[1]} \quad T_{[2]}), S^{-1} = \begin{pmatrix} S_{(1)} \\ S_{(2)} \end{pmatrix} \tag{3.5.9}$$

这里 $T_{(1)}, S_{(1)} \in \mathrm{R}^{r \times n}$；$T_{(2)}, S_{(2)} \in \mathrm{R}^{(n-r) \times n} T_{[1]} \in \mathrm{R}^{n \times r}, T_{[2]} \in \mathrm{R}^{n \times (n-r)}$。

假设 3.5.3 令 $\| T_{(2)} B_1 \| \ \| KS_i^{-1} + K_i \| \ \| SS_i \| = r_i, r = \max\limits_{1 \leqslant i \leqslant N} r_i, r < 1$。

假设 3.5.4 矩阵 $(W^{\mathrm{T}} + W)(W = (W_{ij})_{N \times N})$ 是正定的。这里

$$W_{ij} = \begin{cases} \lambda_{\min}(Q) - 2\beta_i \| PT_{(1)} T_i \| \ \| T_i^{-1} T_{[2]} \| - 2 \| PT_{(1)} B_1 \| \ \| KS_i^{-1} + K_i \| \ \| SS_i \| \times \\ \left(1 + \dfrac{\beta_i \| T_{(2)} T_i \| \ \| T_i^{-1} T_{[1]} \| + r_i}{1 - r_i} \right), \qquad\qquad i = j \\ \\ -2\alpha_{ij}(\| PT_{(1)} T_i \| \ \| T_j^{-1} T_{[1]} \| + \dfrac{\| PT_{(1)} B_1 \| \ \| KS_i^{-1} + K_i \| \ \| SS_i \|}{1 - r_i} \times \\ \| T_{(2)} T_i \| \ \| T_j^{-1} T_{[1]} \|), \qquad\qquad i \neq j \end{cases}$$

其中 $S_1 = T_1 = I_n, K_1 = 0$。

对系统(3.5.4)设计如下分散控制器

$$u_1(x_1) = 2Kx_1 \tag{3.5.10}$$

再根据(3.5.10)式和相似参量 (T_i, S_i, K_i) 构造分散控制器

$$u_i(x_i) = 2(KS_i^{-1} + K_i)x_i, 2 \leqslant i \leqslant N \tag{3.5.11}$$

定理 3.5.1 若假设 3.5.1~3.5.4 成立，则

$$u_i(x_i) = 2(KS_i^{-1} + K_i)x_i, 1 \leqslant i \leqslant N$$

是系统(3.5.4)的分散镇定控制器；$u_i(x_i) = 2(KS_i^{-1} + K_i)x_i$ 是系统(3.5.4)的孤立子系统(3.5.5)的镇定控制器。

证明 为了叙述方便，记

$$T_1 = S_1 = I_n, K_1 = 0$$

根据假设 3.5.1~3.5.2、定义 3.5.1 及其等价性可知：

$$T_i E_i S_i = E_1, T_i(A_i + B_i K_i)S_i = A_1, T_i B_i = B_1 \tag{3.5.12}$$

$$TT_i E_i S_i S = \begin{pmatrix} I_r & 0 \\ 0 & 0 \end{pmatrix}$$

$$TT_i(A_i + B_i K_i + B_i KS_i^{-1})S_i S = \begin{pmatrix} A_{(1)} & 0 \\ 0 & I_{n-r} \end{pmatrix}, 1 \leqslant i \leqslant N \tag{3.5.13}$$

对第 i 个子系统(3.5.5)与控制器 u_i 构成的闭环系统是

$$E_i \dot{x}_i = (A_i + B_i K_i + B_i KS_i^{-1})x_i + B_i(\sigma_i(u_i) - \frac{1}{2}u_i) + \Delta f_i(x_i), 1 \leqslant i \leqslant N \tag{3.5.14}$$

作非奇异变换

$$\begin{pmatrix} z_{(1)} \\ z_{(2)} \end{pmatrix} = S^{-1} S_i^{-1} x_i = \begin{pmatrix} S_{(1)} \\ S_{(2)} \end{pmatrix} S_i^{-1} x_i, 1 \leqslant i \leqslant N \tag{3.5.15}$$

并在式(3.5.14)两端左乘 TT_i 可得

$$\begin{pmatrix} I_r & 0 \\ 0 & 0 \end{pmatrix}\begin{pmatrix} \dot{z}_{i(1)} \\ \dot{z}_{i(2)} \end{pmatrix} = \begin{pmatrix} A_{(1)} & 0 \\ 0 & I_{n-r} \end{pmatrix}\begin{pmatrix} z_{i(1)} \\ z_{i(2)} \end{pmatrix} + TT_i\Delta f_i(x_i,t) + TB_1\Big(\sigma_i(u_i) - \frac{1}{2}u_i\Big) \quad (3.5.16)$$

又

$$T = \begin{pmatrix} T_{(1)} \\ T_{(2)} \end{pmatrix}$$

式(3.5.16)等价于

$$\dot{z}_{i(1)} = A_{(1)}z_{i(1)} + T_{(1)}T_i\Delta f_i(x_i,t) + T_{(1)}B_1\Big(\sigma_i(u_i) - \frac{1}{2}u_i\Big) \quad (3.5.17)$$

$$0 = z_{i(2)} + T_{(2)}T_i\Delta f_i(x_i,t) + T_{(2)}B_1\Big(\sigma_i(u_i) - \frac{1}{2}u_i\Big) \quad (3.5.18)$$

$$x_i = S_i S \begin{pmatrix} z_{i(1)} \\ z_{i(2)} \end{pmatrix}$$

$$E_i x_i = T_i^{-1}T^{-1}TT_i E_i S_i S^{-1}S_i^{-1}x_i$$

$$= T_i^{-1}\big(T_{[1]} \quad T_{[2]}\big)\begin{pmatrix} I_r & 0 \\ 0 & 0 \end{pmatrix}\begin{pmatrix} z_{i(1)} \\ z_{i(2)} \end{pmatrix}$$

$$= T_i^{-1}T_{[1]}z_{i(1)} \quad (3.5.19)$$

由引理 3.2.1

$$\Big\| \sigma_i(u_i) - \frac{1}{2}u_i \Big\| \leqslant \frac{1}{2}\| u_i \| = \| KS_i^{-1} + K_i \| \| x_i \| \leqslant \| SS_i \| \| KS_i^{-1} + K_i \| \times$$
$$\big(\| z_{i(1)} \| + \| z_{i(2)} \| \big) \quad (3.5.20)$$

由式(3.5.18)

$$- z_{i(2)} = T_{(2)}T_i\Delta f_i(x_i,t) + T_{(2)}B_1\Big(\sigma_i(u_i) - \frac{1}{2}u_i\Big)$$

结合假设 3.4.1、假设 3.5.3 和式(3.5.20)

$$\| z_{i(2)} \| \leqslant \| T_{(2)}T_i \| \| T_i^{-1}T_{[1]} \| \beta_i \| z_{i(1)} \| + r_i\big(\| z_{i(1)} \| + \| z_{i(2)} \| \big)$$

因为

$$r_i < 1$$

所以

$$\| z_{i(2)} \| \leqslant \frac{\beta_i \| T_{(2)}T_i \| \| T_i^{-1}T_{[1]} \| + r_i}{1 - r_i} \| z_{i(1)} \| \quad (3.5.21)$$

不难知道,当 $r_i < 1$ 时,第 i 个孤立子系统的闭环系统无脉冲。

对系统(3.5.17)构造正定函数

$$V(z_{i(1)}) = z_{i(1)}^{\mathrm{T}}Pz_{i(1)}$$

把 V 沿系统(3.5.17)的轨迹求导,结合式(3.5.20)和式(3.5.21)可得

$$\dot{V} = z_{i(1)}^{\mathrm{T}}\big(A_{(1)}^{\mathrm{T}}P + PA_{(1)}\big)z_{i(1)} + 2z_{i(1)}^{\mathrm{T}}PT_{(1)}B_1\Big(\sigma_i(u_i) - \frac{1}{2}u_i\Big) + 2z_{i(1)}^{\mathrm{T}}PT_{(1)}T_i\Delta f_i(x_i,t)$$

$$= - z_{i(1)}^{\mathrm{T}}Qz_{i(1)}^{\mathrm{T}} + 2z_{i(1)}^{\mathrm{T}}PT_{(1)}B_1\Big(\sigma_i(u_i) - \frac{1}{2}u_i\Big) + 2z_{i(1)}^{\mathrm{T}}PT_{(1)}T_i\Delta f_i(x_i,t)$$

$$\leqslant -\lambda_{\min}(Q)\parallel z_{i(1)}\parallel^2 + 2\parallel PT_{(1)}B_1\parallel\parallel KS_i^{-1}+K_i\parallel\parallel SS_i\parallel(\parallel z_{i(1)}\parallel + \parallel z_{i(2)}\parallel)\times$$

$$\parallel z_{i(1)}\parallel + 2\beta_i\parallel PT_{(1)}T_i\parallel\parallel T_i^{-1}T_{[1]}\parallel\parallel z_{i(1)}\parallel^2$$

$$\leqslant -[\lambda_{\min}(Q) - 2\beta_i\parallel PT_{(1)}T_i\parallel\parallel T_i^{-1}T_{[1]}\parallel - 2\parallel PT_{(1)}B_1\parallel\parallel KS_i^{-1}+K_i\parallel\parallel SS_i\parallel\times$$

$$(1 + \frac{\beta_i\parallel T_{(2)}T_i\parallel\parallel T_i^{-1}T_{[1]}\parallel + r_i}{1 - r_i})]\parallel z_{i(1)}\parallel^2$$

由假设 3.5.4,由于 $W^T + W$ 正定,所以 $W_{ii} > 0, 1 \leqslant i \leqslant N$,所以 $\dot{V}$ 负定,由式(3.5.21)知

$$\lim_{t\to+\square}z_{i(1)} = 0 \ , \ \lim_{t\to+\square}z_{i(2)} = 0$$

系统(3.5.4)与控制器 u_i 构成的闭环系统是

$$E_i\dot{x}_i = (A_i + B_iK_i + B_iKS_i^{-1})x_i + B_i(\sigma_i(u_i) - \frac{1}{2}u_i) + \Delta f_i(x_i,t) + \sum_{j=1,j\neq i}^{N}\Delta H_{ij}(x_j), 1\leqslant i\leqslant N \quad (3.5.22)$$

作非奇异变换

$$\begin{pmatrix} z_{i(1)} \\ z_{i(2)} \end{pmatrix} = S^{-1}S_i^{-1}x_i = \begin{pmatrix} S_{(1)} \\ S_{(2)} \end{pmatrix}S_i^{-1}x_i, 1\leqslant i\leqslant N$$

并在式(3.5.22)两端左乘 TT_i 可得

$$\begin{pmatrix} I_r & 0 \\ 0 & 0 \end{pmatrix}\begin{pmatrix} \dot{z}_{i(1)} \\ \dot{z}_{i(2)} \end{pmatrix} = \begin{pmatrix} A_{(1)} & 0 \\ 0 & I_{n-r} \end{pmatrix}\begin{pmatrix} z_{i(1)} \\ z_{i(2)} \end{pmatrix} + TT_i\Delta f_i(x_i,t) + TB_1(\sigma_i(u_i) - \frac{1}{2}u_i) +$$

$$TT_i\sum_{j=1,j\neq i}^{N}\Delta H_{ij}(x_j) \quad (3.5.23)$$

又

$$T = \begin{pmatrix} T_{(1)} \\ T_{(2)} \end{pmatrix}$$

式(3.5.23)等价于

$$\dot{z}_{i(1)} = A_{(1)}z_{i(1)} + T_{(1)}T_i\Delta f_i(x_i,t) + T_{(1)}B_1(\sigma_i(u_i) - \frac{1}{2}u_i) + T_{(1)}T_i\sum_{j=1,j\neq i}^{N}\Delta H_{ij}(x_j)$$

$$(3.5.24)$$

$$0 = z_{i(2)} + T_{(2)}T_i\Delta f_i(x_i,t) + T_{(2)}B_1(\sigma_i(u_i) - \frac{1}{2}u_i) + T_{(2)}T_i\sum_{j=1,j\neq i}^{N}\Delta H_{ij}(x_j), i = 1,2,\cdots,N$$

$$(3.5.25)$$

由式(3.5.25)得

$$-z_{i(2)} = T_{(2)}T_i\Delta f_i(x_i,t) + T_{(2)}B_1(\sigma_i(u_i) - \frac{1}{2}u_i) + T_{(2)}T_i\sum_{j=1,j\neq i}^{N}\Delta H_{ij}(x_j), i = 1,2,\cdots,N$$

$$(3.5.26)$$

结合假设 3.4.1、假设 3.5.3 和式(3.5.20)可得

$$\parallel z_{i(2)}\parallel \leqslant \beta_i\parallel T_{(2)}T_i\parallel\parallel T_i^{-1}T_{[1]}\parallel\parallel z_{i(1)}\parallel + r_i(\parallel z_{i(1)}\parallel + \parallel z_{i(2)}\parallel) +$$

$$\sum_{j=1,j\neq i}^{N} \| T_j^{-1} T_{[1]} \| \ \| T_{(2)} T_i \| \alpha_{ij} \| z_{j(1)} \|$$

因为

$$r_i < 1$$

所以

$$\| z_{i(2)} \| \leqslant \frac{r_i + \beta_i \| T_{(2)} T_i \| \ \| T_i^{-1} T_{[1]} \|}{1 - r_i} \| z_{i(1)} \| + \sum_{j=1,j\neq i}^{N} \frac{\alpha_{ij} \| T_{(2)} T_i \| \ \| T_j^{-1} T_{[1]} \|}{1 - r_i} \| z_{j(1)} \|$$

$$(3.5.27)$$

对系统(3.5.24)构造正定函数

$$V(z_{1(1)}, z_{2(1)}, \cdots, z_{N(1)}) = \sum_{i=1}^{N} z_{i(1)}^{\mathrm{T}} P z_{i(1)}$$

把 V 沿系统(3.5.24)的轨迹求导,结合式(3.5.20)和式(3.5.27)得

$$\dot{V} = -\sum_{i=1}^{N} z_{i(1)}^{T} Q z_{i(1)} + \sum_{i=1}^{N} 2 z_{i(1)}^{T} P T_{(1)} B_1 \left(\sigma_i(u_i) - \frac{1}{2} u_i \right) + \sum_{i=1}^{N} 2 z_{i(1)}^{T} P T_{(1)} T_i \Delta f_i(x_i, t) +$$

$$\sum_{i=1}^{N} \sum_{j=1,j\neq i}^{N} 2 z_{i(1)}^{T} P T_{(1)} T_i \Delta H_{ij}(x_j)$$

$$\leqslant \sum_{i=1}^{N} -\lambda_{\min}(Q) \| z_{i(1)} \|^2 + \sum_{i=1}^{N} 2 \| P T_{(1)} B_1 \| \ \| K S_i^{-1} + K_i \| \ \| S S_i \| \left(\| z_{i(1)} \| + \| z_{i(2)} \| \right) \| z_{i(1)} \| +$$

$$\sum_{i=1}^{N} \sum_{j=1,j\neq i}^{N} 2 \alpha_{ij} \| P T_{(1)} T_i \| \ \| T_j^{-1} T_{[1]} \| \ \| z_{i(1)} \| \ \| z_{j(1)} \| + \sum_{i=1}^{N} 2 \beta_i \| P T_{(1)} T_i \| \ \| T_i^{-1} T_{[1]} \| \ \| z_{i(1)} \|^2$$

$$\leqslant -\sum_{i=1}^{N} \left[\lambda_{\min}(Q) - 2\beta_i \| P T_{(1)} T_i \| \ \| T_i^{-1} T_{[1]} \| - 2 \| P T_{(1)} B_1 \| \ \| S S_i \| \ \| K S_i^{-1} + K_i \| \times \right.$$

$$\left. \left(1 + \frac{r_i + \beta_i \| T_{(2)} T_i \| \ \| T_i^{-1} T_{[1]} \|}{1 - r_i} \right) \right] \| z_{i(1)} \|^2 +$$

$$\sum_{i=1}^{N} \sum_{j=1,j\neq i}^{N} 2 \alpha_{ij} (\| P T_{(1)} T_i \| \ \| T_j^{-1} T_{[1]} \| + \| P T_{(1)} B_1 \| \ \| S S_i \| \ \| K S_i^{-1} + K_i \| \times$$

$$\frac{\| T_{(2)} T_i \| \ \| T_j^{-1} T_{[1]} \|}{1 - r_i}) \| z_{i(1)} \| \ \| z_{j(1)} \|$$

$$= -Y^{\mathrm{T}} W Y$$

$$= \frac{1}{2} Y^{\mathrm{T}} (W^{\mathrm{T}} + W) Y$$

其中,$Y = (\| z_{1(1)} \| \quad \| z_{2(1)} \| \quad \cdots \quad \| z_{N(1)} \|)^{\mathrm{T}}$。由假设 3.5.4, $W^{\mathrm{T}} + W$ 正定,所以 $\dot{V}$ 负定, 再由式(3.5.27)得

$$\lim_{t \to +\square} (z_{1(1)} \quad z_{2(1)} \quad \cdots \quad z_{N(1)})^{\mathrm{T}} = 0, \lim_{t \to +\square} (z_{1(2)} \quad z_{2(2)} \quad \cdots \quad z_{N(2)})^{\mathrm{T}} = 0$$

证毕。

推论 3.5.1　若系统(3.5.4)满足假设 3.4.1 和假设 3.5.1~3.5.3,当 $r_i < 1$ 时,第 i 个孤 立子系统的闭环系统无脉冲。

分散鲁棒镇定控制器的设计步骤:

(1) 根据假设 3.5.2 选取 K,求出 T,S。

(2) 选取正定阵 Q,求出 Lyapunov 方程(3.5.8)的正定解 P。

(3) 设计分散镇定控制器(3.5.11)$(1 \leqslant i \leqslant N)$。

注 3.5.1 本节的设计也适合一般的非线性广义组合大系统,但需要解 N 个 Lyapunov 方程。

3.5.3 数值算例

考虑如下由两个正则子系统组成的不确定广义组合大系统

$$\begin{pmatrix} 1 & 0 \\ 0 & 0 \end{pmatrix} \dot{x}_1 = \begin{pmatrix} -0.9 & 0.1 \\ 0 & 1 \end{pmatrix} x_1 + \begin{pmatrix} 1 \\ 0 \end{pmatrix} \sigma_1(u_1) + \Delta f_1(x_1,t) + \Delta H_{12}(x_2) \quad (3.5.28)$$

$$\begin{pmatrix} 1 & 0 \\ 0 & 0 \end{pmatrix} \dot{x}_2 = \begin{pmatrix} -0.9 & 0.1 \\ 0 & 1 \end{pmatrix} x_2 + \begin{pmatrix} 1 \\ 0 \end{pmatrix} \sigma_2(u_2) + \Delta f_2(x_2,t) + \Delta H_{21}(x_1) \quad (3.5.29)$$

这里

$$\| \Delta f_1(x_1,t) \| \leqslant \frac{1}{4} \| E x_1 \|, \| \Delta f_2(x_2,t) \| \leqslant \frac{1}{4} \| E x_2 \|; \| \Delta H_{12}(x_2) \| \leqslant \frac{1}{4} \| E x_2 \|,$$

$\| \Delta H_{21}(x_1) \| \leqslant \frac{1}{4} \| E x_1 \|$ 试设计分散鲁棒镇定控制器。

显然系统(3.5.28)和系统(3.5.29)是相似的,相似参量 $(T,S,K) = (I_2,I_2,0)$。

(1) $\mathrm{rank}(sE-A,B) = 2, \mathrm{rank}\begin{pmatrix} E & 0 & 0 \\ A & E & B \end{pmatrix} = 2 + \mathrm{rank}E$

系统(3.5.28)和系统(3.5.29)的参照系统是 R 能稳且脉冲能控的。

(2) 取 $K = (-0.1 \quad -0.1)$,$A + BK = \begin{pmatrix} -1 & 0 \\ 0 & 1 \end{pmatrix}$,$A_{(1)} = -1$,取 $Q = 4$,解 Lyapunov 方程

$$(-1)^{\mathrm{T}}P + P(-1) = -4, P = 2, T = S = \begin{pmatrix} 1 & 0 \\ 0 & 1 \end{pmatrix} = T^{-1} = S^{-1}$$

$$S_{(1)} = T_{(1)} = (1 \quad 0), S_{(2)} = T_{(2)} = (0 \quad 1), T_{[1]} = \begin{pmatrix} 1 \\ 0 \end{pmatrix}, T_{[2]} = \begin{pmatrix} 0 \\ 1 \end{pmatrix}, T_1 = T_2 = S_1 = S_2 = I_2$$

(3) $T_{(2)}B_1 = 0$,所以 $r_i = 0, r_i < 1, i = 1,2$。

(4) $W = \begin{pmatrix} 2.2929 & -1.1414 \\ -1.1414 & 2.2929 \end{pmatrix}$ 是正定的。

所以

$$u_1 = (-0.2 \quad -0.2)x_1$$
$$u_2 = (-0.2 \quad -0.2)x_2$$

是系统的分散鲁棒镇定控制器。

3.6 本章小结

本章考虑了一类具有输入饱和因子的不确定非线性关联大系统及一类具有输入饱和因子

的不确定非线性相似关联大系统的镇定问题,利用 Riccati 方程的变换形式和矩阵 Moore-Penrose 逆,设计出一种区域分散输出反馈鲁棒镇定控制器。针对一类具有输入饱和的不确定非线性广义交联系统,利用广义 Riccati 方程的方法,对该系统设计出一种分散广义鲁棒镇定控制器。最后给出了数值算例说明了本章设计方法的可行性。

第4章 不确定广义交联大系统的
分散控制及脉冲分析

4.1 引言

镇定是控制理论研究的基本问题之一,近年来,许多作者研究了广义系统的鲁棒镇定问题,取得了一些结果[122-126]。文献[127-129]研究了广义交联大系统的分散控制和鲁棒控制。但与正常系统相比,无论从结果的数量,还是质量上都有一定差距。特别是关于不确定广义交联大系统的分散鲁棒镇定问题,结果还不多见。原因在于不确定广义交联大系统的复杂性和脉冲行为。所以研究广义大系统的分散控制问题有一定的理论意义和实际意义。本章首先考虑了一类不确定广义交联大系统,利用 Lyapunov 稳定理论和矩阵理论研究了该类系统的分散镇定问题,并给出了鲁棒镇定的不确定量的范数界。还考虑了在广义交联大系统的每个子系统的标称系统都能稳和脉冲能控的前提下,广义交联大系统本身及其各个孤立子系统的脉冲问题,并给出了广义交联大系统和其各个孤立子系统的闭环系统同时渐近稳定和无脉冲的不确定量的范数界。最后考虑了一类不确定广义非线性交联大系统,利用 Lyapunov 稳定理论和矩阵理论研究了该类系统的分散镇定,并给出了鲁棒镇定的不确定量的范数界。与相关文献相比,本章考虑了系统对象的不确定性、非线性和交联性,更有实际意义。

4.2 广义交联大系统的分散控制及脉冲分析

本节考虑一类不确定相似广义交联大系统的分散控制与脉冲分析问题,给出了一种分散鲁棒镇定控制器的设计,得到了系统可鲁棒镇定的不确定量的范数界。同时分析了广义交联大系统及各个孤立子系统的脉冲控制问题,给出了其闭环系统无脉冲的不确定量的范数界。最后获得了广义交联大系统及各个孤立子系统的闭环系统同时渐近稳定和无脉冲的范数界。

4.2.1 问题描述及假设

考虑如下 N 个正则子系统组成的广义交联大系统:

$$E\dot{x}_i = Ax_i + \Delta A_i x_i + Bu_i + \sum_{j=1,j\neq i}^{N}(A_{ij}x_j + \Delta A_{ij}x_j), 1 \leqslant i \leqslant N \qquad (4.2.1)$$

其中,$x_i \in \mathrm{R}^n, u_i \in \mathrm{R}^m$ 分别是状态和输 $E, A, \Delta A_i, \Delta A_{ij}, A_{ij} \in \mathrm{R}^{n\times n}, B \in \mathrm{R}^{n\times m}, \mathrm{rank}E < n, \det(sE-A) \neq 0(i,j=1,2,\cdots,N,i\neq j)$;$\sum_{j=1,j\neq i}^{N}A_{ij}x_j$ 表示第 i 个子系统互联 $\sum_{j=1,j\neq i}^{N}\Delta A_{ij}x_j$ 和 ΔA_i 分别表示第 i 个子系统的不确定非匹配互联项和不确定非匹配项。

显然系统(4.2.1)具有相似结构[63]。

称系统

$$E\dot{x}_i = Ax_i + Bu_i \qquad (4.2.2)$$

为系统(4.2.1)的第 i 个子系统的标称系统,简记为(E,A,B)。

称系统

$$E\dot{x}_i = Ax_i + \Delta A_i x_i + Bu_i \tag{4.2.3}$$

为系统(4.2.1)的第 i 个孤立子系统,并简记为 $(E,A+\Delta A_i,B)$。

假设 4.2.1 (E,A,B) 能稳且脉冲能控。

根据假设 1,存在矩阵 $K \in \mathrm{R}^{m\times n}$ 和非奇异矩阵 $T,S \in \mathrm{R}^{n\times n}$,使得

$$TES = \begin{pmatrix} I_r & 0 \\ 0 & 0 \end{pmatrix}, T(A+BK)S = \begin{pmatrix} A_{(1)} & 0 \\ 0 & I_{n-r} \end{pmatrix} \tag{4.2.4}$$

其中,$r=\mathrm{rank}E$,$A_{(1)}$ 是 Hurwitz 稳定矩阵,于是对任意正定矩阵 $Q \in \mathrm{R}^{r\times r}$,Lyapunov 方程

$$A_{(1)}^{\mathrm{T}}P + PA_{(1)} = -Q \tag{4.2.5}$$

有唯一正定解 P。记

$$T = \begin{pmatrix} T_{(1)} \\ T_{(2)} \end{pmatrix}, T^{-1} = (T_{[1]} \quad T_{[2]}), S = (S_{(1)} \quad S_{(2)}), S^{-1} = \begin{pmatrix} S_{[1]} \\ S_{[2]} \end{pmatrix} \tag{4.2.6}$$

其中,$T_{(1)},S_{[1]} \in \mathrm{R}^{r\times n}$;$T_{(2)},S_{[2]} \in \mathrm{R}^{(n-r)\times n}$;$T_{[1]},S_{(1)} \in \mathrm{R}^{n\times r}$;$T_{[2]},S_{(2)} \in \mathrm{R}^{n\times(n-r)}$。

假设 4.2.2

$$\|\Delta A_i\| \leq \alpha, 1 \leq i \leq N$$
$$\|\Delta A_{ij}x_j\| \leq \beta \|Ex_j\|, 1 \leq i,j \leq N, i \neq j$$
$$\|A_{ij}x_j\| \leq a \|Ex_j\|, 1 \leq i,j \leq N, i \neq j$$

其中,α,β 是不确定参数,a 是已知的正数。

假设 4.2.3

$$\alpha < \frac{1}{\|T_{(2)}\| \|S_{(2)}\|}, al<1$$

其中

$$l = \lambda_{\max}(P)\frac{(N-1)\|T_{[1]}\|(\|T_{(1)}\|+\|T_{(2)}\|-\gamma_1\|T_{(1)}\|\|T_{(2)}\|\|S_{(2)}\|)}{1-\gamma_1\|T_{(2)}\|\|S_{(2)}\|}$$

$$\gamma_1 = \frac{1}{2\lambda_{\max}(P)\|T_{(1)}\|\|S_{(1)}\|+\|T_{(2)}\|\|S_{(2)}\|}$$

4.2.2 主要结论

定理 4.2.1 若系统(4.2.1)满足假设 4.2.1～4.2.3,且不确定参数 $\alpha<\gamma_1,\beta<\gamma_2$,其中 $\gamma_2=\frac{1-al}{l}$。

则反馈

$$u_i = Kx_i(1 \leq i \leq N) \tag{4.2.7}$$

是系统(4.2.1)的分散鲁棒控制;$u_i=Kx_i$ 是系统(4.2.3)的鲁棒控制。

证明 系统(4.2.1)与控制器(4.2.7),构成的闭环系统为

$$E\dot{x}_i = (A+BK)x_i + \Delta A_i x_i + \sum_{j=1,j\neq i}^{N}(A_{ij}x_j + \Delta A_{ij}x_j), 1 \leq i \leq N \tag{4.2.8}$$

根据假设 4.2.1,作非奇异变换

$$\begin{pmatrix} z_{(1)} \\ z_{(2)} \end{pmatrix} = S^{-1}x_i, 1 \leq i \leq N$$

并在式(4.2.8)两端左乘 T 可得

$$\begin{pmatrix} I_r & 0 \\ 0 & 0 \end{pmatrix} \begin{pmatrix} \dot{z}_{i(1)} \\ \dot{z}_{i(2)} \end{pmatrix} = \begin{pmatrix} A_{(1)} & 0 \\ 0 & I_{n-r} \end{pmatrix} \begin{pmatrix} z_{i(1)} \\ z_{i(2)} \end{pmatrix} + T\Delta A_i S \begin{pmatrix} z_{i(1)} \\ z_{i(2)} \end{pmatrix} + T\sum_{j=1, j\neq i}^{N} (\Delta A_{ij} + A_{ij}) x_j, 1 \leqslant i \leqslant N$$

$$(4.2.9)$$

式(4.2.9)等价于

$$\dot{z}_{i(1)} = A_{(1)} z_{i(1)} + T_{(1)} \Delta A_i S_{(1)} z_{i(1)} + T_{(1)} \Delta A_i S_{(2)} z_{i(2)} + T_{(1)} \sum_{j=1, j\neq i}^{N} (\Delta A_{ij} + A_{ij}) x_j \quad (4.2.10)$$

$$0 = T_{(2)} \Delta A_i S_{(1)} z_{i(1)} + (I_{n-r} + T_{(2)} \Delta A_i S_{(2)}) z_{i(2)} + T_{(2)} \sum_{j=1, j\neq i}^{N} (\Delta A_{ij} + A_{ij}) x_j \quad (4.2.11)$$

由式(4.2.11)知:当 $\alpha < [\|T_{(2)}\| \|S_{(2)}\|]^{-1}$ 时,系统(4.2.8)的每个孤立子系统无脉冲;当 $\alpha < \gamma_1$ 时,系统(4.2.8)的每个孤立子系统当然无脉冲,且 $I + T_{(2)} \Delta A_i S_{(2)}$ 可逆。

由式(4.2.11)得

$$z_{i(2)} = -(I_{n-r} + T_{(2)} \Delta A_i S_{(2)})^{-1} T_{(2)} \Delta A_i S_{(1)} z_{i(1)} - (I_{n-r} + T_{(2)} \Delta A_i S_{(2)})^{-1} T_{(2)} \sum_{j=1, j\neq i}^{N} (\Delta A_{ij} + A_{ij}) x_j$$

$$(4.2.12)$$

取 $Q = 2I$,解 Lyapunov 方程(4.2.5)得正定阵 P。

对系统(4.2.10)构造正定函数

$$V(z_{1(1)}, z_{2(1)}, \cdots, z_{N(1)}) = \sum_{i=1}^{N} z_{i(1)}^{\mathrm{T}} P z_{i(1)}$$

求导后,结合式(4.2.12)得

$$\dot{V} = \sum_{i=1}^{N} z_{i(1)}^{\mathrm{T}} (A_{(1)}^{\mathrm{T}} P + P A_{(1)}) z_{i(1)} + \sum_{i=1}^{N} 2 z_{i(1)}^{\mathrm{T}} P [T_{(1)} \Delta A_i S_{(1)} - T_{(1)} \Delta A_i S_{(2)} (I_{n-r} + T_{(2)} \Delta A_i S_{(2)})^{-1} \times$$

$$T_{(2)} \Delta A_i S_{(1)}] z_{i(1)} + \sum_{i=1}^{N} 2 z_{i(1)}^{\mathrm{T}} P [T_{(1)} - (I_{n-r} + T_{(2)} \Delta A_i S_{(2)})^{-1} T_{(2)}] \sum_{j=1, j\neq i}^{N} (\Delta A_{ij} + A_{ij}) x_j$$

$$E x_i = T^{-1} TESS^{-1} x_i = (T_{[1]} \quad T_{[2]}) \begin{pmatrix} I_r & 0 \\ 0 & 0 \end{pmatrix} \begin{pmatrix} z_{i(1)} \\ z_{i(2)} \end{pmatrix} = T_{[1]} z_{i(1)}, i = 1, 2, \cdots, N$$

由假设4.2.2,再经计算得

$$\| T_{(1)} \Delta A_i S_{(1)} - T_{(1)} \Delta A_i S_{(2)} (I_{n-r} + T_{(2)} \Delta A_i S_{(2)})^{-1} T_{(2)} \Delta A_i S_{(1)} \| \leqslant \frac{\alpha \|T_{(1)}\| \|S_{(1)}\|}{1 - \alpha \|T_{(2)}\| \|S_{(2)}\|}$$

$$(4.2.13)$$

$$\| T_{(1)} - (I_{n-r} + T_{(2)} \Delta A_i S_{(2)})^{-1} T_{(2)} \| \leqslant \frac{\|T_{(1)}\| + \|T_{(2)}\| - \alpha \|T_{(2)}\| \|T_{(1)}\| \|S_{(2)}\|}{1 - \alpha \|T_{(2)}\| \|S_{(2)}\|} = l_1$$

$$(4.2.14)$$

所以

$$\dot{V} \leqslant -\sum_{i=1}^{N} 2 \|z_{i(1)}\|^2 + \sum_{i=1}^{N} 2\lambda_{\max}(P) \frac{\alpha \|T_{(1)}\| \|S_{(1)}\|}{1 - \alpha \|T_{(2)}\| \|S_{(2)}\|} \|z_{i(1)}\|^2 +$$

$$\sum_{i=1}^{N} 2\lambda_{\max}(P) l_1 \|T_{[1]}\| (\beta + a) \sum_{j=1, j\neq i}^{N} \|z_{i(1)}\| \|z_{j(1)}\|$$

$$\leqslant -\sum_{i=1}^{N} 2 \parallel z_{i(1)} \parallel^2 + \sum_{i=1}^{N} 2\lambda_{\max}(P) \frac{\alpha \parallel T_{(1)} \parallel \parallel S_{(1)} \parallel}{1 - \alpha \parallel T_{(2)} \parallel \parallel S_{(2)} \parallel} \parallel z_{i(1)} \parallel^2 +$$

$$\sum_{i=1}^{N} \lambda_{\max}(P) l_1 \parallel T_{[1]} \parallel (\beta + a) \sum_{j=1, j \neq i}^{N} (\parallel z_{i(1)} \parallel^2 + \parallel z_{j(1)} \parallel^2)$$

$$\leqslant -\sum_{i=1}^{N} (2 - \lambda_{\max}(P) (2 \frac{\alpha \parallel T_{(1)} \parallel \parallel S_{(1)} \parallel}{1 - \alpha \parallel T_{(2)} \parallel \parallel S_{(2)} \parallel} + (N-1) \parallel T_{[1]} \parallel l_1 (\beta + a))) \parallel z_{i(1)} \parallel^2$$

要使 $\dot{V}$ 负定有

$$2 - \lambda_{\max}(P) (2 \frac{\alpha \parallel T_{(1)} \parallel \parallel S_{(1)} \parallel}{1 - \alpha \parallel T_{(2)} \parallel \parallel S_{(2)} \parallel} + (N-1) \parallel T_{[1]} \parallel l_1 (\beta + a)) > 0$$

可选取参数 $\delta_1 > 0, \delta_2 > 0$,使 $\delta_1 + \delta_2 = 2$。为了方便取 $\delta_1 = \delta_2 = 1$。

令

$$2\lambda_{\max}(P) \frac{\alpha \parallel T_{(1)} \parallel \parallel S_{(1)} \parallel}{1 - \alpha \parallel T_{(2)} \parallel \parallel S_{(2)} \parallel} < 1, l(\beta + a) < 1$$

取

$$\gamma_1 = \frac{1}{2\lambda_{\max}(P) \parallel T_{(1)} \parallel \parallel S_{(1)} \parallel + \parallel T_{(2)} \parallel \parallel S_{(2)} \parallel}, \gamma_2 = \frac{1 - al}{l}$$

当 $\alpha < \gamma_1$ 时,$(N-1) \parallel T_{[1]} \parallel l_1 (\beta + a) < l(\beta + a)$。

所以当 $\alpha < \gamma_1, \beta < \gamma_2$ 时,$\dot{V}$ 负定。

$$\lim_{t \to +\infty} (z_{1(1)} \quad z_{2(1)} \quad \cdots \quad z_{N(1)})^{\mathrm{T}} = 0$$

由式(4.2.12)和假设 4.2.2 不难得到

$$\lim_{t \to +\infty} (z_{1(2)} \quad z_{2(2)} \quad \cdots \quad z_{N(2)})^{\mathrm{T}} = 0$$

所以系统(4.2.1)的闭环系统渐近稳定。

系统(4.2.3)和 $u_i = Kx_i$ 构成的闭环系统为

$$E\dot{x}_i = (A + BK)x_i + \Delta A_i x_i \tag{4.2.15}$$

类似上面的证明可知:当 $\alpha < \gamma_1$,系统(4.2.3)的闭环系统渐近稳定。

推论 4.2.1 当 $\alpha < (\parallel T_{(2)} \parallel \parallel S_{(2)} \parallel)^{-1}$ 时,系统(4.2.1)的每个孤立子系统的闭环系统无脉冲。

下面讨论在 (E, A, B) 能稳且脉冲能控的前提下,系统(4.2.1)的脉冲消除问题。

系统(4.2.1)可写成下列形式

$$\begin{pmatrix} E & & & \\ & E & & \\ & & \ddots & \\ & & & E \end{pmatrix} \begin{pmatrix} \dot{x}_1 \\ \dot{x}_2 \\ \vdots \\ \dot{x}_N \end{pmatrix} = \begin{pmatrix} A & & & \\ & A & & \\ & & \ddots & \\ & & & A \end{pmatrix} \begin{pmatrix} x_1 \\ x_2 \\ \vdots \\ x_N \end{pmatrix} + \begin{pmatrix} B & & & \\ & B & & \\ & & \ddots & \\ & & & B \end{pmatrix} \begin{pmatrix} u_1 \\ u_2 \\ \vdots \\ u_N \end{pmatrix} +$$

$$\begin{pmatrix} \Delta A_1 & A_{12} + \Delta A_{12} & \cdots & A_{1N} + \Delta A_{1N} \\ A_{21} + \Delta A_{21} & \Delta A_2 & \cdots & A_{2N} + \Delta A_{2N} \\ \vdots & \vdots & & \vdots \\ A_{N1} + \Delta A_{N1} & A_{N2} + \Delta A_{N2} & \cdots & \Delta A_N \end{pmatrix} \begin{pmatrix} x_1 \\ x_2 \\ \vdots \\ x_N \end{pmatrix} \tag{4.2.16}$$

令

$$\gamma_1^* = \frac{1}{2N \parallel T_{(2)} \parallel \parallel S_{(2)} \parallel}, \gamma_2^* = \frac{1 - 2aN(N-1) \parallel E \parallel \parallel T_{(2)} \parallel \parallel S_{(2)} \parallel}{2N(N-1) \parallel E \parallel \parallel T_{(2)} \parallel \parallel S_{(2)} \parallel}$$

定理 4.2.2 若系统(4.2.1)满足假设 4.2.1~4.2.2,且 $\alpha < \gamma_1^*$, $\beta < \gamma_2^*$, $2N(N-1)a \parallel E \parallel$ $\parallel T_{(2)} \parallel \parallel S_{(2)} \parallel < 1$,则系统(4.2.1)在反馈 $u_i = Kx_i (i = 1, 2, \cdots, N)$ 的作用下的闭环系统无脉冲。

证明 由定理(4.2.1)的证明过程知

$$\begin{pmatrix} T & & & \\ & T & & \\ & & \ddots & \\ & & & T \end{pmatrix} \begin{pmatrix} E & & & \\ & E & & \\ & & \ddots & \\ & & & E \end{pmatrix} \begin{pmatrix} S & & & \\ & S & & \\ & & \ddots & \\ & & & S \end{pmatrix} = \begin{pmatrix} I_r & & & & & & \\ & 0 & & & & & \\ & & I_r & & & & \\ & & & 0 & & & \\ & & & & \ddots & & \\ & & & & & I_r & \\ & & & & & & 0 \end{pmatrix}$$

$$(4.2.17)$$

且

$$\begin{pmatrix} T & & & \\ & T & & \\ & & \ddots & \\ & & & T \end{pmatrix} \begin{pmatrix} A+BK & & & \\ & A+BK & & \\ & & \ddots & \\ & & & A+BK \end{pmatrix} \begin{pmatrix} S & & & \\ & S & & \\ & & \ddots & \\ & & & S \end{pmatrix}$$

$$= \begin{pmatrix} A_{(1)} & & & & & & \\ & I_{n-r} & & & & & \\ & & A_{(1)} & & & & \\ & & & I_{n-r} & & & \\ & & & & \ddots & & \\ & & & & & A_{(1)} & \\ & & & & & & I_{n-r} \end{pmatrix}$$

$$(4.2.18)$$

$$\begin{pmatrix} T & & & \\ & T & & \\ & & \ddots & \\ & & & T \end{pmatrix} \begin{pmatrix} \Delta A_1 & A_{12} + \Delta A_{12} & \cdots & A_{1N} + \Delta A_{1N} \\ A_{21} + \Delta A_{21} & \Delta A_2 & \cdots & A_{2N} + \Delta A_{2N} \\ \vdots & \vdots & & \vdots \\ A_{N1} + \Delta A_{N1} & A_{N2} + \Delta A_{N2} & \cdots & \Delta A_N \end{pmatrix} \begin{pmatrix} S & & & \\ & S & & \\ & & \ddots & \\ & & & S \end{pmatrix}$$

$$
= \begin{pmatrix}
T_{(1)}\Delta A_1 S_{(1)} & T_{(1)}\Delta A_1 S_{(2)} & T_{(1)}L_{12}S_{(1)} & T_{(1)}L_{12}S_{(2)} & \cdots & T_{(1)}L_{1N}S_{(1)} & T_{(1)}L_{1N}S_{(2)} \\
T_{(2)}\Delta A_1 S_{(1)} & T_{(2)}\Delta A_1 S_{(2)} & T_{(2)}L_{12}S_{(1)} & T_{(2)}L_{12}S_{(2)} & \cdots & T_{(2)}L_{1N}S_{(1)} & T_{(2)}L_{1N}S_{(2)} \\
T_{(1)}L_{21}S_{(1)} & T_{(1)}L_{21}S_{(2)} & T_{(1)}\Delta A_2 S_{(1)} & T_{(1)}\Delta A_2 S_{(2)} & \cdots & T_{(1)}L_{2N}S_{(1)} & T_{(1)}L_{2N}S_{(2)} \\
T_{(2)}L_{21}S_{(1)} & T_{(2)}L_{21}S_{(2)} & T_{(2)}\Delta A_2 S_{(1)} & T_{(2)}\Delta A_2 S_{(2)} & \cdots & T_{(2)}L_{2N}S_{(1)} & T_{(2)}L_{2N}S_{(2)} \\
\vdots & \vdots & \vdots & \vdots & & \vdots & \vdots \\
T_{(1)}L_{N1}S_{(1)} & T_{(1)}L_{N1}S_{(2)} & T_{(1)}L_{N2}S_{(1)} & T_{(1)}L_{N2}S_{(2)} & \cdots & T_{(1)}\Delta A_N S_{(1)} & T_{(1)}\Delta A_N S_{(2)} \\
T_{(2)}L_{N1}S_{(1)} & T_{(2)}L_{N1}S_{(2)} & T_{(2)}L_{N2}S_{(1)} & T_{(2)}L_{N2}S_{(2)} & \cdots & T_{(2)}\Delta A_N S_{(1)} & T_{(2)}\Delta A_N S_{(2)}
\end{pmatrix}
\tag{4.2.19}
$$

其中，$L_{ij}=\Delta A_{ij}+A_{ij}$，$i,j=1,2,\cdots,N,i\neq j$。

不难看出：式(4.2.17)、式(4.2.18)、式(4.2.19)经过相同的一系列交换两行和两列的初等变换，可依次变为

$$
\begin{pmatrix}
I_r & & & & & & & \\
 & I_r & & & & & & \\
 & & \ddots & & & & & \\
 & & & I_r & & & & \\
 & & & & 0 & & & \\
 & & & & & 0 & & \\
 & & & & & & \ddots & \\
 & & & & & & & 0
\end{pmatrix}
\tag{4.2.20}
$$

$$
\begin{pmatrix}
A_{(1)} & & & & & & \\
 & A_{(1)} & & & & & \\
 & & \ddots & & & & \\
 & & & A_{(1)} & & & \\
 & & & & I_{n-r} & & \\
 & & & & & I_{n-r} & \\
 & & & & & & \ddots \\
 & & & & & & & I_{n-r}
\end{pmatrix}
\tag{4.2.21}
$$

$$
\begin{pmatrix}
* & \cdots & * & * & * & \cdots & * \\
\vdots & & \vdots & \vdots & \vdots & & \vdots \\
* & \cdots & * & * & * & \cdots & * \\
* & \cdots & * & T_{(2)}\Delta A_1 S_{(2)} & T_{(2)}\square S_{(2)} & \cdots & T_{(2)}\square S_{(2)} \\
* & \cdots & * & T_{(2)}\square S_{(2)} & T_{(2)}\Delta A_2 S_{(2)} & \cdots & T_{(2)}\square S_{(2)} \\
\vdots & & \vdots & \vdots & \vdots & & \vdots \\
* & \cdots & * & T_{(2)}\square S_{(2)} & T_{(2)}\square S_{(2)} & \cdots & T_{(2)}\Delta A_N S_{(2)}
\end{pmatrix}
\tag{4.2.22}
$$

其中，$*$ 表示矩阵(4.2.21)的不相关部分，$\square$ 表示某个 $A_{ij}+\Delta A_{ij}$。系统(4.2.1)的闭环系统无脉冲的充要条件是

71

$$\begin{pmatrix} I_{n-r} & & & \\ & I_{n-r} & & \\ & & \ddots & \\ & & & I_{n-r} \end{pmatrix} + \begin{pmatrix} T_{(2)}\Delta A_1 S_{(2)} & T_{(2)}\square S_{(2)} & \cdots & T_{(2)}\square S_{(2)} \\ T_{(2)}\square S_{(2)} & T_{(2)}\Delta A_2 S_{(2)} & \cdots & T_{(2)}\square S_{(2)} \\ \vdots & \vdots & \ddots & \vdots \\ T_{(2)}\square S_{(2)} & T_{(2)}\square S_{(2)} & \cdots & T_{(2)}\Delta A_N S_{(2)} \end{pmatrix}$$

可逆,则当

$$\left\| \begin{matrix} T_{(2)}\Delta A_1 S_{(2)} & T_{(2)}\square S_{(2)} & \cdots & T_{(2)}\square S_{(2)} \\ T_{(2)}\square S_{(2)} & T_{(2)}\Delta A_2 S_{(2)} & \cdots & T_{(2)}\square S_{(2)} \\ \vdots & \vdots & & \vdots \\ T_{(2)}\square S_{(2)} & T_{(2)}\square S_{(2)} & \cdots & T_{(2)}\Delta A_N S_{(2)} \end{matrix} \right\| \leqslant$$

$\alpha N \parallel T_{(2)} \parallel \parallel S_{(2)} \parallel + N(N-1)(\beta+a) \parallel E \parallel \parallel T_{(2)} \parallel \parallel S_{(2)} \parallel < 1$
系统(4.2.1)的闭环系统无脉冲。

选取参数 $\delta_3 > 0, \delta_3 > 0, \delta_3 + \delta_4 = 1$,为了方便取 $\delta_3 = \delta_4 = \dfrac{1}{2}$,当 $2N(N-1)a \parallel E \parallel < 1$ 时,令

$$N\alpha \parallel T_{(2)} \parallel \parallel S_{(2)} \parallel < \frac{1}{2}, N(N-1)(\beta+a) \parallel E \parallel \parallel T_{(2)} \parallel \parallel S_{(2)} \parallel < \frac{1}{2}$$

取

$$\gamma_1^* = \frac{1}{2N \parallel T_{(2)} \parallel \parallel S_{(2)} \parallel}, \gamma_2^* = \frac{1 - 2aN(N-1) \parallel E \parallel \parallel T_{(2)} \parallel \parallel S_{(2)} \parallel}{2N(N-1) \parallel E \parallel \parallel T_{(2)} \parallel \parallel S_{(2)} \parallel}$$

则当 $\alpha < \gamma_1^*, \beta < \gamma_2^*$ 时

$$\left\| \begin{matrix} T_{(2)}\Delta A_1 S_{(2)} & T_{(2)}\square S_{(2)} & \cdots & T_{(2)}\square S_{(2)} \\ T_{(2)}\square S_{(2)} & T_{(2)}\Delta A_2 S_{(2)} & \cdots & T_{(2)}\square S_{(2)} \\ \vdots & \vdots & & \vdots \\ T_{(2)}\square S_{(2)} & T_{(2)}\square S_{(2)} & \cdots & T_{(2)}\Delta A_N S_{(2)} \end{matrix} \right\| < 1$$

即

$$\begin{pmatrix} I_{n-r} & & & \\ & I_{n-r} & & \\ & & \ddots & \\ & & & I_{n-r} \end{pmatrix} + \begin{pmatrix} T_{(2)}\Delta A_1 S_{(2)} & T_{(2)}\square S_{(2)} & \cdots & T_{(2)}\square S_{(2)} \\ T_{(2)}\square S_{(2)} & T_{(2)}\Delta A_2 S_{(2)} & \cdots & T_{(2)}\square S_{(2)} \\ \vdots & \vdots & & \vdots \\ T_{(2)}\square S_{(2)} & T_{(2)}\square S_{(2)} & \cdots & T_{(2)}\Delta A_N S_{(2)} \end{pmatrix}$$

可逆。

所以系统(4.2.1)的闭环系统无脉冲。

由定理 4.2.1、4.2.2 得:

定理 4.2.3 若系统(4.2.1)满足假设 4.2.1~4.2.3,且 $\alpha < \min(\gamma_1, \gamma_1^*), \beta < \min(\gamma_2, \gamma_2^*)$,则在反馈 $u_i = Kx_i(i=1,2,\cdots,N)$ 作用下,系统(4.2.1)和系统(4.2.3)的闭环系统均渐近稳定且无脉冲。

注 4.2.1 可以适当地选择反馈律 K、正定阵 Q 及调整参数 $\delta_1, \delta_2; \delta_3, \delta_4$ 可以得到满意的不确定参数的范数界。

4.2.3 数值算例

考虑不确定广义交联大系统：

$$\begin{cases} \begin{pmatrix} 1 & 0 \\ 0 & 0 \end{pmatrix} \dot{x}_1 = \begin{pmatrix} 1 & -1 \\ 2 & 0 \end{pmatrix} x_1 + \begin{pmatrix} 1 \\ 1 \end{pmatrix} u_1 + \Delta A_1 x_1 + \Delta A_{12} x_2 + \begin{pmatrix} \frac{1}{6} & 0 \\ 0 & 0 \end{pmatrix} x_2 \\ \\ \begin{pmatrix} 1 & 0 \\ 0 & 0 \end{pmatrix} \dot{x}_2 = \begin{pmatrix} 1 & -1 \\ 2 & 0 \end{pmatrix} x_2 + \begin{pmatrix} 1 \\ 1 \end{pmatrix} u_2 + \Delta A_2 x_2 + \Delta A_{21} x_1 + \begin{pmatrix} \frac{1}{5} & 0 \\ 0 & 0 \end{pmatrix} x_1 \end{cases} \tag{4.2.23}$$

其中，$\|\Delta A_i\| \leqslant \alpha$，$\|\Delta A_{ij} x_j\| \leqslant \beta \|E x_j\|$，$x_i = (x_{i1} \quad x_{i2})^{\mathrm{T}}$，$i,j = 1,2$，$i \neq j$。

（1）存在 s 使 $\mathrm{rank}(sE - A, B) = 2$，$\mathrm{rank}\begin{pmatrix} E & 0 & 0 \\ A & E & B \end{pmatrix} = 3 = 2 + \mathrm{rank}E$。所以系统的两个子系统的标称系统是正则、能稳和脉冲能控的。

（2）取 $K = (-2 \quad 1)$，$A + BK = \begin{pmatrix} -1 & 0 \\ 0 & 1 \end{pmatrix}$，$A_{(1)} = -1$，$T = S = T^{-1} = S^{-1} = I_2$，$T_{(1)} = (1 \quad 0)$，$T_{(2)} = (0 \quad 1)$，$T_{[1]} = S_{(1)} = \begin{pmatrix} 1 \\ 0 \end{pmatrix}$，$T_{[2]} = S_{(2)} = \begin{pmatrix} 0 \\ 1 \end{pmatrix}$，取 $Q = 2$ 解 Lyapunov 方程（4.2.5），$P = 1$。

（3）经计算得

$$\|A_{ij} x_j\| \leqslant \frac{1}{5} \|E x_j\|，i,j = 1,2，a = \frac{1}{5}，\gamma_1 = \frac{1}{3}，\gamma_2 = \frac{1}{5}，\gamma_1^* = \frac{1}{4}，\gamma_2^* = \frac{1}{20}$$

当 $\alpha < \gamma_1$，$\beta < \gamma_2$ 时，则在反馈

$$u_1 = (-2 \quad 1) x_1$$
$$u_2 = (-2 \quad 1) x_2$$

的作用下系统（4.2.23）及其孤立子系统的闭环系统均渐近稳定。

当 $\alpha < \gamma_1^*$，$\beta < \gamma_2^*$ 时，系统（4.2.23）的闭环系统无脉冲。

当 $\alpha < \min(\gamma_1^*, \gamma_1) = \frac{1}{4}$，$\beta < \min(\gamma_2^*, \gamma_2) = \frac{1}{20}$ 时，系统（4.2.23）及其孤立子系统的闭环系统均渐近稳定且无脉冲。

取初值

$$x = (x_{11} \quad x_{12} \quad x_{21} \quad x_{22})^{\mathrm{T}} = (3 \quad -0.3 \quad 8 \quad -0.8)$$

$$\Delta A_1 = \Delta A_2 = \begin{pmatrix} 0.1 & 0.1 \\ 0.1 & 0 \end{pmatrix}，\Delta A_{12} = \Delta A_{21} = \begin{pmatrix} 0.04 & 0 \\ 0 & 0 \end{pmatrix}$$

进行仿真，得对应系统的状态响应曲线见图4.2.1。设计方法是有效的。

4.3 不确定广义非线性交联大系统的分散鲁棒控制

本节在文献[123-130]的基础上考虑了一类不确定广义非线性交联大系统，利用 Lyapunov 稳定理论和矩阵理论研究了该类系统的分散镇定，并给出了鲁棒镇定的不确定量的范数界。

4.3.1 问题描述和假设

考虑如下 N 个子系统组成的广义交联大系统：

$$Ex_i^. = Ax_i + \Delta f_i(x_i) + Bu_i + \sum_{j=1,j\neq i}^{N} (H_{ij}(x_j) + \Delta H_{ij}(x_j)), 1 \leq i \leq N \qquad (4.3.1)$$

其中,$x_i \in \mathbb{R}^n, u_i \in \mathbb{R}^m$ 是状态和输入控 $E, A \in \mathbb{R}^{n\times n}, B \in \mathbb{R}^{n\times m}(i=1,2,\cdots,N)$,$\text{rank}E < n$,$\det(sE-A) \equiv 0$;$\sum_{j=1,j\neq i}^{N} H_{ij}(x_j)$ 表示第 i 个子系统的互联项,$\Delta f_i(x_i)$,$\sum_{j=1,j\neq i}^{N} \Delta H_{ij}(x_j)$ 分别表示第 i 个子系统的不确定非匹配项和不确定非匹配互联项。

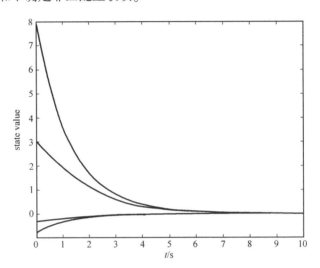

图 4.2.1　系统(4.2.23)的状态变量 $x(t)$ 的响应

显然系统(4.3.1)具有相似结构[63]。

称系统

$$Ex_i^. = Ax_i + \Delta f_i(x_i) + Bu_i \qquad (4.3.2)$$

为系统(4.3.1)的第 i 个孤立子系统。

假设 4.3.1　$\| \Delta f_i(x_i) \| \leq \alpha \| Ex_i \|, 1 \leq i \leq N$

$\| \Delta H_{ij}(x_j) \| \leq \beta \| Ex_i \|, 1 \leq i,j \leq N, i \neq j$

$\| H_{ij}(x_j) \| \leq a \| Ex_j \|, 1 \leq i,j \leq N, i \neq j$

其中,α,β 是不确定参数,a 是已知的正数。

假设 4.3.2　$a(N-1)\lambda_{\max}(P) \| T_{(1)} \| \| T_{[1]} \| < \frac{1}{2}\lambda_{\min}(Q)$。

4.3.2　主要结论

定理 4.3.1　若系统(4.3.1)满足假设 4.2.1 和假设 4.3.1、4.3.2,当不确定参数

$$\alpha < \gamma_1, \beta < \gamma_2, \left(\gamma_1 = \frac{\lambda_{\min}(Q)}{4\lambda_{\max}(P) \| T_{(1)} \| \| T_{[1]} \|}, \gamma_2 = \frac{2\gamma_1}{N-1} - a \right)$$

则反馈

$$u_i = Kx_i \quad (1 \leq i \leq N)$$

是系统(4.3.1)的分散鲁棒控制,$u_i = Kx_i$ 是系统(4.3.2)的鲁棒控制。

证明　系统(4.3.1)与 u_i 构成的闭环系统为

$$Ex_i^. = (A + BK)x_i + \Delta f_i(x_i) + \sum_{j=1,j\neq i}^{N} (H_{ij}(x_j) + \Delta H_{ij}(x_j)), 1 \leq i \leq N \qquad (4.3.3)$$

根据假设 4.3.1,作非奇异变换

$$\begin{pmatrix} z_{(1)} \\ z_{(2)} \end{pmatrix} = S^{-1}x_i , 1 \leqslant i \leqslant N$$

并在式(4.3.3)两端左乘 T 可得

$$\begin{pmatrix} I_r & 0 \\ 0 & 0 \end{pmatrix}\begin{pmatrix} \dot{z}_{i(1)} \\ \dot{z}_{i(2)} \end{pmatrix} = \begin{pmatrix} A_{(1)} & 0 \\ 0 & I_{n-r} \end{pmatrix}\begin{pmatrix} z_{i(1)} \\ z_{i(2)} \end{pmatrix} + T\Delta f_i(x_i) + T\sum_{j=1,j\neq i}^{N}(\Delta H_{ij}(x_j) + H_{ij}(x_j)), 1 \leqslant i \leqslant N$$

$$(4.3.4)$$

式(4.3.4)等价于

$$\dot{z}_{i(1)} = A_{(1)}z_{i(1)} + T_{(1)}\Delta f_i(x_i) + T_{(1)}\sum_{j=1,j\neq i}^{N}(\Delta H_{ij}(x_j) + H_{ij}(x_j)) \qquad (4.3.5)$$

$$0 = z_{i(2)} + T_{(2)}\Delta f_i(x_i) + T_{(2)}\sum_{j=1,j\neq i}^{N}(\Delta H_{ij}(x_j) + H_{ij}(x_j)) \qquad (4.3.6)$$

对系统(4.3.5)构造正定函数

$$V(z_{1(1)},z_{2(1)},\cdots,z_{N(1)}) = \sum_{i=1}^{N} z_{i(1)}^{\mathrm{T}}Pz_{i(1)}$$

把 V 沿系统(4.3.5)的轨迹求导得

$$\dot{V} = \sum_{i=1}^{N} z_{i(1)}^{\mathrm{T}}(A_{(1)}^{\mathrm{T}}P + PA_{(1)})z_{i(1)} + \sum_{i=1}^{N} 2z_{i(1)}^{\mathrm{T}}PT_{(1)}\Delta f_i(x_i) +$$

$$\sum_{i=1}^{N} 2z_{i(1)}^{\mathrm{T}}PT_{(1)}\sum_{j=1,j\neq i}^{N}(\Delta H_{ij}(x_j) + H_{ij}(x_j))$$

由假设 4.3.1

$$\dot{V} \leqslant -\sum_{i=1}^{N}\lambda_{\min}(Q)\|z_{i(1)}\|^2 + + \sum_{i=1}^{N} 2\lambda_{\max}(P)\alpha\|T_{(1)}\|\|z_{i(1)}\|\|Ex_i\| +$$

$$\sum_{i=1}^{N} 2\lambda_{\max}(P)(\beta+a)\|T_{(1)}\|\sum_{j=1,j\neq i}^{N}\|z_{i(1)}\|\|Ex_j\|$$

$$Ex_i = T^{-1}TESS^{-1}x_i = (T_{[1]} \quad T_{[2]})\begin{pmatrix} I_r & 0 \\ 0 & 0 \end{pmatrix}\begin{pmatrix} z_{i(1)} \\ z_{i(2)} \end{pmatrix} = T_{[1]}z_{i(1)}, i = 1,2,\cdots,N \quad (4.3.7)$$

所以

$$\dot{V} \leqslant -\sum_{i=1}^{N}\lambda_{\min}(Q)\|z_{i(1)}\|^2 + \sum_{i=1}^{N} 2\lambda_{\max}\alpha\|T_{(1)}\|\|T_{[1]}\|\|z_{i(1)}\|^2 +$$

$$\sum_{i=1}^{N}\lambda_{\max}(P)\|T_{(1)}\|\|T_{[1]}\|(\beta+a)\sum_{j=1,j\neq i}^{N}(\|z_{i(1)}\|^2 + \|z_{j(1)}\|^2)$$

$$\leqslant -\sum_{i=1}^{N}(\lambda_{\min}(Q) - 2\lambda_{\max}(P)\alpha\|T_{(1)}\|\|T_{[1]}\| - (N-1)\|T_{(1)}\|\|T_{[1]}\|(\beta+a))\|z_{i(1)}\|^2$$

可选取参数 $\delta_1>0,\delta_2>0$,使 $\delta_1+\delta_2=\lambda_{\min}(Q)$。为了方便取 $\delta_1=\delta_2=\dfrac{1}{2}\lambda_{\min}(Q)$,令

$$\frac{1}{2}\lambda_{\min}(Q) - 2\lambda_{\max}(P)\alpha\|T_{(1)}\|\|T_{[1]}\| > 0, \frac{1}{2}\lambda_{\min}(Q) - (N-1)\lambda_{\max}(P)\|T_{(1)}\|\|T_{[1]}\|(\beta+a) > 0$$

取 $\gamma_1 = \dfrac{\lambda_{\min}(Q)}{4\lambda_{\max}(P)\|T_{(1)}\|\|T_{[1]}\|}, \gamma_2 = \dfrac{2\gamma_1}{N-1} - a$,则当 $\alpha<\gamma_1,\beta<\gamma_2$ 时,$\dot{V}$ 负定。因此,$\lim\limits_{t\to+\infty} z_{i(1)} = 0$,

$i=1,2,\cdots,N_{\circ}$

由式(4.3.6)和假设4.3.1得

$$\| z_{i(2)} \| \leq \| T_{(2)} \| \| T_{[1]} \| \left[\alpha \| z_{i(1)} \| + (a+\beta) \sum_{j=1,j\neq i}^{N} \| z_{j(1)} \| \right] \qquad (4.3.8)$$

所以

$$\lim_{t\to+\infty} z_{i(2)}=0, i=1,2,\cdots,N$$

系统(4.3.1)的闭环系统渐近稳定。

对系统(4.3.2)和 u_i 构成的闭环系统,构造 Lyapunov 函数

$$V(z_{i(1)})=z_{i(1)}^{\mathrm{T}} P z_{i(1)}$$

从上面的证明不难知道:当 $\alpha<\gamma_1$, $\dot{V}<0$,即系统(4.3.2)的闭环系统渐近稳定。

由式(4.3.8)知: $\alpha<\gamma_1$, $\beta<\gamma_2$ 时,系统(4.3.5)的每个子系统无脉冲。

分散状态反馈鲁棒控制的不确定量的范数界按如下步骤确定:

步骤1:按假设4.2.1设计出状态反馈 $u_i=Kx_i$。

步骤2:对系统 (E,A,B) 作受限等价变换(4.2.4),求出 $A_{(1)},T,S_{\circ}$

步骤3:求解 Lyapunov 方程(4.2.5),给出 $P,Q_{\circ}$

步骤4:计算 $\gamma_1=\dfrac{\lambda_{\min}(Q)}{4\lambda_{\max}(P) \| T_{(1)} \| \| T_{[1]} \|}$, $\gamma_2=\dfrac{2\gamma_1}{N-1}-a_{\circ}$

4.3.3　数值算例

考虑不确定广义交联大系统:

$$\begin{cases} \begin{pmatrix} 1 & 0 \\ 0 & 0 \end{pmatrix} \dot{x}_1 = \begin{pmatrix} 1 & -1 \\ 2 & 0 \end{pmatrix} x_1 + \begin{pmatrix} 1 \\ 1 \end{pmatrix} u_1 + \Delta f_1(x_1) + \Delta H_{12}(x_2) + \begin{pmatrix} \frac{1}{6} & 0 \\ 0 & 0 \end{pmatrix} x_2 \\[4mm] \begin{pmatrix} 1 & 0 \\ 0 & 0 \end{pmatrix} \dot{x}_2 = \begin{pmatrix} 1 & -1 \\ 2 & 0 \end{pmatrix} x_2 + \begin{pmatrix} 1 \\ 1 \end{pmatrix} u_2 + \Delta f_2(x_2) + \Delta H_{21}(x_1) + \begin{pmatrix} \frac{1}{5} & 0 \\ 0 & 0 \end{pmatrix} x_1 \end{cases} \qquad (4.3.9)$$

其中 $\| \Delta f_i(x_i) \| \leq \alpha \| Ex_i \|$, $\| \Delta H_{ij}(x_j) \| \leq \beta \| Ex_j \|$, $x_i=(x_{i1} \quad x_{i2})^{\mathrm{T}}, i,j=1,2, i\neq j_{\circ}$

(1) 存在 s 使 $\mathrm{rank}(sE-A,B)=2$, $\mathrm{rank}\begin{pmatrix} E & 0 & 0 \\ A & E & B \end{pmatrix}=3=2+\mathrm{rank}E_{\circ}$

所以系统的两个子系统的标称系统是正则、能稳和脉冲能控的。

(2) 取 $K=(-2 \quad 1)$, $A+BK=\begin{pmatrix} -1 & 0 \\ 0 & 1 \end{pmatrix}$, $A_{(1)}=-1$, $T=S=T^{-1}=S^{-1}=I_2_{\circ}$

$T_{(1)}=(1 \quad 0)$, $T_{(2)}=(0 \quad 1)$, $T_{[1]}=S_{(1)}=\begin{pmatrix} 1 \\ 0 \end{pmatrix}$, $T_{[2]}=S_{(2)}=\begin{pmatrix} 0 \\ 1 \end{pmatrix}_{\circ}$

取 $Q=2$ 解 Lyapunov 方程(4.2.5), $P=1_{\circ}$

(3) 经计算得

$$\| H_{ij}(x_j) \| \leq \frac{1}{5} \| Ex_j \|, i,j=1,2_{\circ} \quad a=\frac{1}{5}, \gamma_1=\frac{1}{2}, \gamma_2=\frac{3}{10}_{\circ}$$

当 $\alpha<\gamma_1$, $\beta<\gamma_2$ 时,则在反馈

$$u_1 = (-2 \quad 1) x_1$$
$$u_2 = (-2 \quad 1) x_2$$

的作用下系统(4.3.9)及其孤立子系统的闭环系统均渐近稳定。

4.4　具有输入饱和的不确定广义交联大系统的输出反馈分散镇定

4.4.1　引言

线性广义系统在控制理论界一直受到持续不断的关注,例如电路系统、动力系统和网络系统等[130]。在实际的控制系统中,输入带有饱和是一种常见的现象,例如卫星交流调节系统[131],如果在设置控制器的时候没有考虑输入饱和,就无法确保闭环系统的稳定性,关于带有输入饱和的广义系统的控制问题已经得到了一些研究成果。例如,文献[132]研究了一类带有输入饱和的线性广义系统的 L_2 增益和 L_1 性能指标问题;文献[133]利用非线性有界反馈,研究了一类离散时间线性广义系统的全局镇定问题等。但是,关于带有饱和因子的不确定非线性广义交联大系统的输出反馈分散控制的研究非常有限,这不仅在于输出反馈控制问题本身的复杂性,更在于非线性交联大系统的复杂性,所以研究具有输入饱和的非线性广义大系统的输出反馈分散控制有一定的理论价值和实际价值。

本章对一类具有输入饱和因子的不确定非线性广义交联大系统的静态输出反馈分散控制问题进行了讨论,通过广义 Riccati 方程的方法和矩阵的 Moore-Penrose 广义逆理论给出了一种分散广义鲁棒镇定控制器的设计,设计方法易于工程实践并且使得所研究的系统有好的保守性,并通过数值算例说明了本章提出方法的有效性和合理性。本章的研究进一步推广了具有饱和因子的广义大系统理论。

4.4.2　系统描述与准备

考虑如下形式的由 N 个正则子系统组成的广义交联大系统:

$$\begin{cases} E_i \dot{x}_i(t) = A_i x_i(t) + f_i(E_i x_i(t)) + B_i \sigma_i(u_i(t)) + \Delta g_i(x_i(t),t) + \\ \qquad \sum_{j=1,j\neq i}^{N} (H_{ij}(E_j x_j(t)) + \Delta H_{ij}(x_j(t))) \\ y_i(t) = C_i E_i x_i(t), 1 \leq i \leq N \end{cases} \quad (4.4.1)$$

其中,$x_i(t) \in R^{n_i}, u_i(t) \in R^{m_i}, y_i(t) \in R^{l_i}$ 分别是第 i 个子系统的状态、输入和输出;$E_i, A_i \in R^{n_i \times n_i}, B_i \in R^{n_i \times m_i}$ 和 $\sigma_i : R^{m_i} \to R^{m_i} (i=1,2,\cdots,N)$ 分别是适当维数的矩阵和饱和函数;$\text{rank} E_i < n_i$,$\det(sE_i - A_i) \not\equiv 0 (i=1,2,\cdots,N)$;$\sum_{j=1,j\neq i}^{N} H_{ij}(E_j x_j(t)) \in V_n^w(\Omega)$,$\sum_{j=1,j\neq i}^{N} \Delta H_{ij}(x_j(t))$ 分别表示第 i 个子系统的交联项和不确定交联项;$f_i(E_i x_i(t)) \in V_n^w(\Omega)$ 和 $\Delta g_i(x_i(t),t)$ 分别表示非匹配结构的连续非线性项和不确定项,且满足 $f_i(0) = \Delta g_i(0,t) = H_{ij}(0) = 0$。

定义 4.4.1　称系统

$$E_i \dot{x}_i(t) = A_i x_i(t) + B_i u_i(t) \quad (4.4.2)$$

为系统(4.4.1)的第 i 个子系统的名义系统,记为 (E_i, A_i, B_i),$1 \leq i \leq N$。

引理 4.4.1[120]　若式(4.4.2)中描述的系统是 R-能稳且无脉冲的,则对于任意的正定矩阵 $R_i \in R^{m_i \times m_i}$,$W_i \in R^{n_i \times n_i}$,下述广义 Riccati 方程:

$$E_i^T V_i A_i + A_i^T V_i E_i - E_i^T V_i B_i R_i^{-1} B_i^T V_i E_i = - E_i^T W_i E_i \tag{4.4.3}$$

有唯一的正定解 V_i。

引理 4.4.2[134] 若 σ 为饱和因子,则以下式子成立:

$$\| \frac{1}{2} S - \sigma(S) \| \leqslant \frac{1}{2} \| S \| , \forall S \in \mathbb{R}^m$$

引理 4.4.3[100] 若 $f_i(E_i x_i(t))$ 和 $H_{ij}(E_j x_j(t))$ 是其定义域上的 n 维解析向量场,且满足 $f_i(0) = H_{ij}(0) = 0$,则存在解析函数阵 $L_i(E_i x_i(t))$ 和 $R_{ij}(E_j x_j(t))$,使得以下分解成立:

$$f_i(E_i x_i(t)) = L_i(E_i x_i(t))(E_i x_i(t)), H_{ij}(E_j x_j(t)) = R_{ij}(E_j x_j(t))(E_j x_j(t))$$

本章的目的是设计输出反馈控制器:

$$u_i(t) = k_i y_i(t), i = 1, 2, \cdots, N$$

使得系统(4.4.1)的闭环系统在区域 Ω 上 E-渐近稳定。

4.4.3 鲁棒分散控制器设计

假设 4.4.1

$\| \Delta g_i(x_i(t), t) \| \leqslant \alpha_i \| E_i x_i(t) \| , \| \Delta H_{ij}(x_j(t)) \| \leqslant \beta_{ij} \| E_j x_j(t) \| , i, j = 1, 2, \cdots, N, j \neq i$

其中,α_i 和 β_{ij} 是已知正数。

假设 4.4.2 函数矩阵 $W^T(x) + W(x) (W(x) = [W_{ij}(x_j)]_{N \times N})$ 在区域 Ω 上是正定的,其中

$$W_{ij} = \begin{cases} \lambda_{\min}(W_i) - \| V_i B_i \| \| R_i^{-1} B_i^T V_i \| - 2\lambda_{\max}(V_i)(\| L_i(E_i x_i(t)) \| + \alpha_i), & i = j \\ -2\lambda_{\max}(V_i)(\| R_{ij}(E_j x_j(t)) \| + \beta_{ij}), & i \neq j \end{cases}$$

W_i, R_i 和 V_i 由广义 Riccati 方程式(4.4.3)确定;$L_i(E_i x_i(t))$ 和 $R_{ij}(E_j x_j(t))$ 由引理 4.4.3 确定。

假设 4.4.3 存在非奇异矩阵 F_i,使得:

$$B_i^T V_i = F_i C_i, i = 1, 2, \cdots, N \tag{4.4.4}$$

定理 4.4.1 假设系统 (E_i, A_i, B_i) 是 R-能稳且无脉冲的,$(E_i, A_i, C_i E_i)$ 可检测,若假设 4.4.1~4.4.3 成立,则系统(4.4.1)在输出反馈控制器:

$$u_i(t) = - R_i^{-1} B_i^T V_i C_i^+ y_i(t), i = 1, 2, \cdots, N \tag{4.4.5}$$

作用下,所得的闭环系统是 E-渐近稳定的。

证明 系统(4.4.1)在控制器(4.4.5)的作用下得到如下闭环系统:

$$E_i \dot{x}_i(t) = (A_i - \frac{1}{2} B_i R_i^{-1} B_i^T V_i E_i) x_i(t) + B_i(\sigma(u_i(t)) - \frac{1}{2} u_i(t)) + f_i(E_i x_i(t)) +$$

$$\Delta g_i(x_i(t), t) + \sum_{j=1, j \neq i}^{N} (H_{ij}(E_j x_j(t)) + \Delta H_{ij}(x_j(t))), 1 \leqslant i \leqslant N \tag{4.4.6}$$

对系统(4.4.6)构造如下 Lyapunov-Krasovskii 泛函:

$$V(E_1 x_1, E_2 x_2, \cdots, E_N x_N) = \sum_{i=1}^{N} (E_i x_i(t))^T V_i(E_i x_i(t))$$

把 V 沿着系统(4.4.6)的轨迹求导,并结合式(4.4.3)得到

$$\dot{V}(t) = - \sum_{i=1}^{N} (E_i x_i(t))^T W_i(E_i x_i(t)) + 2 \sum_{i=1}^{N} (E_i x_i(t))^T V_i B_i(\sigma_i(- R_i^{-1} B_i^T V_i C_i^+ y_i(t)) +$$

$$\frac{1}{2} R_i^{-1} B_i^T V_i C_i^+ y_i(t)) + 2 \sum_{i=1}^{N} (E_i x_i(t))^T V_i(f_i(E_i x_i(t)) + \Delta g_i(x_i(t), t)) +$$

$$2\sum_{i=1}^{N}(E_ix_i(t))^{\mathrm{T}}V_i\sum_{j=1,j\neq i}^{N}(H_{ij}(E_jx_j(t))+\Delta H_{ij}(x_j(t)))$$

由引理 4.4.2 和式(4.4.4)得到:

$$\|(E_ix_i(t))^{\mathrm{T}}V_iB_i(\sigma_i(-R_i^{-1}B_i^{\mathrm{T}}V_iC_i^+C_iE_ix_i(t))+\frac{1}{2}R_i^{-1}B_i^{\mathrm{T}}V_iC_i^+C_iE_ix_i(t))\|$$

$$=\|(E_ix_i(t))^{\mathrm{T}}V_iB_i(\sigma_i(-R_i^{-1}F_iC_iC_i^+C_iE_ix_i(t))+\frac{1}{2}R_i^{-1}F_iC_iC_i^+CE_ix_i(t))\|$$

$$=\|(E_ix_i(t))^{\mathrm{T}}V_iB_i(\sigma_i(-R_i^{-1}F_iC_iE_ix_i(t))+\frac{1}{2}R_i^{-1}F_iC_iE_ix_i(t))\|$$

$$=\|(E_ix_i(t))^{\mathrm{T}}V_iB_i(\sigma_i(-R_i^{-1}B_i^{\mathrm{T}}V_iE_ix_i(t))+\frac{1}{2}R_i^{-1}B_i^{\mathrm{T}}VE_ix_i(t))\|$$

$$\leqslant\frac{1}{2}\|V_iB_i\|\|R_i^{-1}B_i^TV_i\|\|E_ix_i(t)\|^2 \tag{4.4.7}$$

由引理 4.4.3 和假设 4.4.1 得到:

$$(E_ix_i(t))^{\mathrm{T}}V_i(f_i(E_ix_i(t))+\Delta g_i(x_i(t),t))\leqslant\lambda_{\max}(V_i)(\|L_i(E_ix_i(t))\|+\alpha_i)\|E_ix_i(t)\|^2 \tag{4.4.8}$$

$$(E_ix_i(t))^{\mathrm{T}}V_i(H_{ij}(E_jx_j(t))+\Delta H_{ij}(x_j(t)))\leqslant\lambda_{\max}(V_i)(\|R_{ij}(E_jx_j(t))\|+\beta_{ij})\times$$
$$\|E_ix_i(t)\|\|E_jx_j(t)\|,i\neq j \tag{4.4.9}$$

由式(4.4.7)~式(4.4.9)可得

$$\dot{V}\leqslant-\sum_{i=1}^{N}[\lambda_{\min}(W_i)-\|V_iB_i\|\|R_i^{-1}B_i^TV_i\|-2\lambda_{\max}(V_i)(\|L_i(E_ix_i(t))\|+\alpha_i)]\|E_ix_i(t)\|^2$$

$$-\sum_{i=1}^{N}\sum_{j=1,j\neq i}^{N}2\lambda_{\max}(V_i)(\|R_{ij}(E_jx_j(t))\|+\beta_{ij})\|E_ix_i(t)\|\|E_jx_j(t)\|$$

$$=-Y^{\mathrm{T}}WY=-\frac{1}{2}Y^{\mathrm{T}}(W^{\mathrm{T}}+W)Y$$

其中

$$Y=[\|E_1x_1(t)\|,\|E_2x_2(t)\|,\cdots,\|E_Nx_N(t)\|]^{\mathrm{T}}$$

由假设 4.4.2 可知,$W^{\mathrm{T}}+W$ 在区域 Ω 上是正定函数阵,所以 $\dot{V}(t)$ 在区域 Ω 上是负定的,即系统(4.4.6)在区域 Ω 上是 E-渐近稳定的。

广义交联大系统的输出反馈分散鲁棒控制器的设计步骤:

(1) 根据需要选取正定阵 R_i 和 W_i,求出广义 Riccati 方程(4.4.3)的正定解 V_i。

(2) 由引理 4.4.3 和假设 4.4.2 确定 $L_i(E_ix_i(t))$ 和 $R_{ij}(E_jx_j(t))$,并由 $W^{\mathrm{T}}(x)+W(x)$ 的正定性,估计稳定域 Ω。

(3) 由引理 4.4.3 确定矩阵 F_i,C_i^+。

(4) 根据式(4.4.5)设计广义分散控制器。

4.4.4 数值算例

考虑如下广义交联大系统:

$$\begin{cases} \begin{pmatrix} 1 & 0 \\ 0 & 0 \end{pmatrix} \dot{x}_1(t) = \begin{pmatrix} -1 & 1 \\ 0 & 8 \end{pmatrix} x_1(t) + \begin{pmatrix} 1 \\ 0 \end{pmatrix} \sigma_1(u_1(t)) + \frac{1}{12} \begin{pmatrix} x_{11}^2 \\ 0 \end{pmatrix} + \Delta g_1(x_1(t)) + \frac{1}{12} \begin{pmatrix} x_{21}^2 \\ 0 \end{pmatrix} + \Delta H_{12}(x_2(t)) \\ y_1(t) = x_{11}(t) \end{cases}$$

$$\begin{cases} \begin{pmatrix} 1 & 0 \\ 0 & 0 \end{pmatrix} \dot{x}_2(t) = \begin{pmatrix} -1 & 1 \\ 0 & 8 \end{pmatrix} x_2(t) + \begin{bmatrix} 1 \\ 0 \end{bmatrix} \sigma_2(u_2(t)) + \frac{1}{12} \begin{pmatrix} x_{21}^2 \\ 0 \end{pmatrix} + \Delta g_2(x_2(t)) + \frac{1}{12} \begin{pmatrix} x_{11}^2 \\ 0 \end{pmatrix} + \Delta H_{12}(x_1(t)) \\ y_2(t) = x_{21}(t) \end{cases}$$

其中

$$\| \Delta g_1(x_1(t)) \| \leqslant \frac{1}{8} \| Ex_1(t) \| , \| \Delta g_2(x_2(t)) \| \leqslant \frac{1}{8} \| Ex_2(t) \|$$

$$\| \Delta H_{12}(x_2(t)) \| \leqslant \frac{1}{8} \| Ex_2(t) \| , \| \Delta H_{21}(x_1(t)) \| \leqslant \frac{1}{8} \| Ex_1(t) \|$$

$$\sigma_1(u_1(t)) = \begin{cases} 1, u_1(t) > 1 \\ u_1(t), -1 \leqslant u_1(t) \leqslant 1 \\ -1, u_1(t) < -1 \end{cases}, \sigma_2(u_2(t)) = \begin{cases} \frac{1}{2}, u_2(t) > \frac{1}{2} \\ u_2(t), -\frac{1}{2} \leqslant u_2(t) \leqslant \frac{1}{2} \\ -\frac{1}{2}, u_2(t) < -\frac{1}{2} \end{cases}$$

按照如下步骤设计输出反馈分散广义控制器:

由于

$$\text{rank}(sE-A, B) = 2, \text{rank} \begin{pmatrix} E & 0 \\ A & E \end{pmatrix} = 2 + \text{rank} E$$

所以系统的两个子系统的名义系统是 R-能稳且无脉冲的,显然是可检测的。

(1) 取 $W = 4I_2, R = \frac{1}{2}I_2$,解广义 Riccati 方程式(4.4.3),取 $V = \begin{pmatrix} 1 & -0.125 \\ -0.125 & 0.4841 \end{pmatrix}$

(2) 由引理 4.4.3 得到:

$$L_1(x_1(t)) = \begin{pmatrix} \dfrac{x_{11}}{12} & 0 \\ 0 & 0 \end{pmatrix} = R_{21}(x_1(t)), L_2(x_2(t)) = \begin{pmatrix} \dfrac{x_{21}}{12} & 0 \\ 0 & 0 \end{pmatrix} = R_{12}(x_2(t))$$

$$W^T(x) + W(x) =$$

$$\begin{pmatrix} 3.375 - 0.375 \| x_{11} \| & -0.5625 - 0.1875 \| x_{11} \| - 0.1875 \| x_{21} \| \\ -0.5625 - 0.1875 \| x_{11} \| - 0.1875 \| x_{21} \| & 3.375 - 0.375 \| x_{21} \| \end{pmatrix}$$

取 $\Omega = \{ x \mid |x_{ij}| < 2, 1 \leqslant i, j \leqslant 2 \}$,则 $W^T(x) + W(x)$ 在 Ω 上正定。

(3)

$$B_i^T V_i = \begin{pmatrix} 1 \\ 0 \end{pmatrix}^T \begin{pmatrix} 1 & -0.125 \\ -0.125 & 0.4841 \end{pmatrix} = \begin{pmatrix} 1 & 0 \end{pmatrix} \begin{pmatrix} 1 & -0.125 \end{pmatrix} = F_i C_i$$

$$F_i = \begin{pmatrix} 1 & 0 \\ 0 & 1 \end{pmatrix}, C_i = \begin{pmatrix} 1 & -0.125 \end{pmatrix}, i = 1, 2$$

(4) 系统(4.4.1)在输出反馈控制器:

$$u_i(t) = -R_i^{-1} B_i^T V_i C_i^+ y_i(t) = -2.1300 y_i(t), 1 \leqslant i \leqslant 2$$

作用下,所得到的闭环系统是 E-渐近稳定的(状态图像如图 4.4.1 所示)。

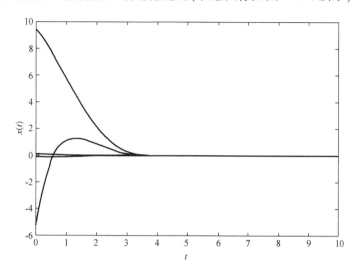

图 4.4.1　闭环系统的状态图

4.5　本章小结

本章考虑了一类不确定广义关联大系统的镇定问题,利用 Lyapunov 方程的方法及矩阵理论给出了该类系统可分散鲁棒镇定的不确定量的范数界;分析了该类系统的脉冲控制问题,给出了其闭环系统无脉冲的不确定量的范数界,获得了使不确定广义关联大系统及其每个孤立子系统的闭环系统同时渐近稳定且无脉冲的不确定量的范数界。针对一类具有输入饱和因子的不确定非线性广义交联大系统的静态输出反馈分散控制问题进行了讨论,通过广义 Riccati 方程的方法和矩阵的 Moore-Penrose 广义逆理论给出了一种分散广义鲁棒镇定控制器的设计,设计方法易于工程实践并且使得系统有好的保守性。最后给出了数值算例说明了本章设计方法的可行性。

第5章 非线性广义相似组合大系统的分散状态观测器的设计

5.1 引言

相似组合系统在电力系统、双机提升系统和人工神经元网络等领域有着广泛应用。近年来,许多作者投身于相似组合大系统的研究,取得了一些成果[35,36]。文献[121]把相似结构引入到广义系统,在文献[121]的基础上,引入了比输出反馈相似结构更一般的观测相似结构,并研究了与观测相似结构有关的 R 能观、可检测、脉冲能观等问题。目前,关于复杂系统的状态观测器设计的研究已取得一些成果,但与镇定相比,所取得的成果还是有限。且一般非线性系统观测器的设计都要求很强的限制条件,已有的结果很大程度上依赖于系统的线性特征[91-94]。近十多年来,关于广义系统状态观测器有了一些研究,文献[135-139]讨论了广义线性系统的观测器设计,文献[140]给出了一类非线性广义系统的观测器设计,文献[154]研究了广义交联系统的观测器问题。但关于非线性广义组合大系统的观测器研究很少见到,所以研究非线性广义组合大系统的观测器问题有一定的理论意义和现实意义。本章考虑了一类具有相似结构的非线性广义组合大系统的状态估计问题,针对这类系统分别设计了分散鲁棒广义状态观测器和分散鲁棒状态观测器。由于设计的观测器的相似性,根据一个观测器和相似参量,即可获得全部分散观测器,利于工程的实现。本章的设计不需要系统的孤立子系统的非线性部分的精确模型。

5.2 定义及性质

考虑如下两个正则线性广义系统:

$$\begin{cases} E\dot{x}=Ax+Bu \\ y=Cx \end{cases} \tag{5.2.1}$$

$$\begin{cases} \bar{E}\dot{\bar{x}}=\bar{A}\bar{x}+\bar{B}\bar{u} \\ \bar{y}=\bar{C}\bar{x} \end{cases} \tag{5.2.2}$$

其中,$x,\bar{x}\in \mathbf{R}^n;u,\bar{u}\in \mathbf{R}^m;y,\bar{y}\in \mathbf{R}^l$ 分别是两个系统的状态、输入和输出。

$E,\bar{E},A,\bar{A}\in \mathbf{R}^{n\times n};B,\bar{B}\in \mathbf{R}^{m\times n};C,\bar{C}\in \mathbf{R}^{l\times n}$ 是常值矩阵。$\mathrm{rank}E<n$。把这两个系统简记为 (E,A,B,C) 和 $(\bar{E},\bar{A},\bar{B},\bar{C})$。

定义 5.2.1[122] 若存在常值矩阵 $K\in \mathbf{R}^{m\times l}$ 和非奇异矩阵 $T,S\in \mathbf{R}^{n\times n}$,使得

$$TES=\bar{E},T(A+BKC)S=\bar{A},TB=\bar{B},CS=\bar{S} \tag{5.2.3}$$

则称系统(5.2.1)和系统(5.2.2)输出反馈相似,简化为 $(E,A,B,C)\overset{o}{\longrightarrow}(\bar{E},\bar{A},\bar{B},\bar{C})$,并称 (T,S,K) 为从系统(5.2.1)到系统(5.2.2)的相似参量。

考虑下面由 N 个正则子系统组成的非线性广义组合大系统：

$$\begin{cases} E_i\dot{x}_i = A_ix_i + G_i(x_i,u_i,\theta) + H_i(x) \\ y_i = C_ix_i, \quad i=1,2,\cdots,N \end{cases} \tag{5.2.4}$$

其中，$x_i \in \mathrm{R}^n$；$y_i \in \mathrm{R}^l$；$u_i \in \mathrm{R}^m$ 分别是第 i 个子系统的状态、输出和输入。$E_i,A_i \in \mathrm{R}^{n\times n}$；$C_i \in \mathrm{R}^{l\times n}$ 是常值矩阵；$G_i(x_i,u_i,\theta)$，$H_i(x)$ 是其定义域上的 n 维光滑向量场；$\theta \in \Omega \subset \mathrm{R}^q$（$\Omega$ 是紧集）是不确定参数，可以是时变的；$G_i(x_i,u_i,\theta)$ 是不确定项，$H_i(x)$ 是互联项；$\mathrm{rank}E_i < n$，$\det(SE_i - A_i) \neq 0$。

系统

$$\begin{cases} E_i\dot{x}_i = A_ix_i \\ y_i = C_ix_i \end{cases} \tag{5.2.5}$$

称为系统(5.2.4)的第 i 个子系统的标称系统。记为 (E_i,A_i,C_i)。

定义 5.2.2 对于系统(5.2.4)的第 i 个子系统和第 j 个子系统的标称系统，若存在常值矩阵 $K \in \mathrm{R}^{n\times l}$ 和非奇异矩阵 $T,S \in \mathrm{R}^{n\times n}$，使得

$$TE_iS = E_j, \quad T(A_i+KC_i)S = A_j, \quad C_iS = C_j$$

则称第 i 个子系统和第 j 个子系统是观测相似的，并简记为 $(E_i,A_i,C_i)\overset{ob}{—}(E_j,A_j,C_j)$，并称 (T,S,K) 为从第 i 个子系统到第 j 个子系统的相似参量。若存在 $j,1\leq j\leq N$，使得 $(E_i,A_i,C_i)\overset{ob}{—}(E_j,A_j,C_j)$，且相似参量为 (T_i,S_i,K_i)，$1\leq i\leq N,i\neq j$，则称系统(5.2.4)具有观测相似结构，并称 $S(i,j)=(T_i,S_i,K_i)$，$1\leq i,j\leq N,i\neq j$ 为相似指标。

一般来说相似参量 (T_i,S_i,K_i) 不唯一。

命题 5.2.1 定义 5.2.2 所描述的相似关系"$\overset{ob}{—}$"是等价关系。

证明 经计算知道：$(E_i,A_i,C_i)\overset{ob}{—}(E_i,A_i,C_i)$，相似参量取为 $(I_n,I_n,0)$；若 $(E_i,A_i,C_i)\overset{ob}{—}(E_j,B_j,C_j)$，且相似参量为 (T,S,K)，则 $(E_j,A_j,C_j)\overset{ob}{—}(E_i,A_i,C_i)$，相似参量取为 $(T^{-1},S^{-1},-TK)$；若 $(E_i,A_i,C_i)\overset{ob}{—}(E_j,A_j,C_j)$，相似参量为 (T,S,K)，同时 $(E_j,A_j,C_j)\overset{ob}{—}(E_k,A_k,C_k)$，相似参量为 $(\hat{T},\hat{S},\hat{K})$，则 $(E_i,A_i,C_i)\overset{ob}{—}(E_k,A_k,C_k)$，且相似参量为 $(\hat{T}T,S\hat{S},K+T^{-1}\hat{K})$。

由定义 5.2.2 及命题 5.2.1 可知：

命题 5.2.2 若系统(5.2.4)具有指标为 $S(i,j)=(T_i,S_i,K_i)$ 的观测相似结构，则系统(5.2.4)也具有指标为 $S(i,k)$ $(1\leq k\leq N,k\neq i)$ 的观测相似结构，且相似指标取为

$$S(i,k)=\begin{cases} (T_k^{-1},S_k^{-1},-T_kK_k) & ,i=j \\ (T_k^{-1}T_i,S_iS_k^{-1},K_i-T_i^{-1}T_kK_k) & ,i\neq j \end{cases} \tag{5.2.6}$$

引理 5.2.1[48] 广义系统(5.2.5)可检测的充要条件是

对任意有限的 $S \in \bar{C}^+$，$\mathrm{rank}\begin{pmatrix} SE-A \\ C \end{pmatrix} = n$。

引理 5.2.2[48] 广义系统(5.2.5)R-能观的充要条件是

对任意有限的 $S \in C$，$\mathrm{rank}\begin{pmatrix} SE-A \\ C \end{pmatrix} = n$。

引理 5.2.3[48] 广义系统(5.2.5)脉冲能观的充要条件是

$$\text{rank}\begin{pmatrix} E & A \\ 0 & E \\ 0 & C \end{pmatrix} = n + \text{rank}E$$

命题 5.2.3 若系统(5.2.4)具有观测相似结构,且可检测的标称子系统、R-能观的标称子系统和脉冲能观的标称子系统都存在,则所有的标称子系统(E_i, A_i, C_i)都是可检测、R-能观和脉冲能观的,$1 \leq i \leq N$。

证明 仅对脉冲能观证明。

假设(E_i, A_i, C_i)脉冲能观,且$(E_i, A_i, C_i) \overset{ob}{\longrightarrow} (E_j, A_j, C_j)$相似参量为$(T_i, S_i, K_i)$。

由定义5.2.2和引理5.2.3有

$$\begin{aligned}
\text{rank}\begin{pmatrix} E_j & A_j \\ 0 & E_j \\ 0 & C_j \end{pmatrix} &= \text{rank}\begin{pmatrix} T_i E_i S_i & T_i(A_i + K_i C_i)S_i \\ 0 & T_i E_i S_i \\ 0 & C_i S_i \end{pmatrix} \\
&= \text{rank}\begin{pmatrix} T_i & 0 & T_i K_i \\ 0 & T_i & 0 \\ 0 & 0 & I_n \end{pmatrix}\begin{pmatrix} E_i & A_i \\ 0 & E_i \\ 0 & C_i \end{pmatrix}\begin{pmatrix} S_i & 0 \\ 0 & S_i \end{pmatrix} \\
&= \text{rank}\begin{pmatrix} E_i & A_i \\ 0 & E_i \\ 0 & C_i \end{pmatrix} \\
&= n + \text{rank}E_i \\
&= n + \text{rank}E_j
\end{aligned}$$

5.3 广义观测器和观测器设计

假设 5.3.1 系统(5.2.4)具有观测相似结构,且$S(i,1) = (T_i, S_i, K_i)$,$2 \leq i \leq N$。

假设 5.3.2 系统(E_1, A_1, C_1)可检测且脉冲能观。

根据假设5.3.2,存在矩阵$K \in \mathrm{R}^{n \times l}$和非奇异矩阵$T, S \in \mathrm{R}^{n \times n}$,使

$$TE_1 S = \begin{pmatrix} I_r & 0 \\ 0 & 0 \end{pmatrix}, \quad T(A_1 + KC_1)S = \begin{pmatrix} A_{(1)} & 0 \\ 0 & I_{n-r} \end{pmatrix} \tag{5.3.1}$$

这里$r = \text{rank}E$,$A_{(1)}$是Hurwitz稳定矩阵,于是对任意r阶正定阵Q,下述Lyapunov方程

$$A_{(1)}^{\mathrm{T}}P + PA_{(1)} = -Q \tag{5.3.2}$$

存在唯一的正定解P。记

$$T = \begin{pmatrix} T_{(1)} \\ T_{(2)} \end{pmatrix}, \quad T^{-1} = (T_{[1]} \quad T_{[2]}), \quad S^{-1} = \begin{pmatrix} S_{(1)} \\ S_{(2)} \end{pmatrix} \tag{5.3.3}$$

其中,$T_{(1)}, S_{(1)} \in \mathrm{R}^{r \times n}$,$T_{(2)}, S_{(2)} \in \mathrm{R}^{(n-r) \times n}$,$T_{[1]} \in \mathrm{R}^{n \times r}$,$T_{[2]} \in \mathrm{R}^{n \times (n-r)}$。 $\tag{5.3.4}$

假设 5.3.3 存在矩阵F,使

$$T_{(1)}^{\mathrm{T}}PS_{(1)} = FC_1$$

假设 5.3.4 $\| G_i(x_i, u_i, \theta) \| \leq \rho_i(y_i, u_i)$,$i = 1, 2, \cdots, N$。

假设 5.3.5 $H_i(x)$满足如下Lipschitz条件

$$\| H_i(\hat{x}) - H_i(x) \| \leq \alpha_i \| E\hat{x} - Ex \| , i = 1, 2, \cdots, N$$

其中,$E = \text{diag}\{E_1, E_2, \cdots, E_N\}$。

假设 5.3.6 矩阵 $W^{\text{T}} + W$ 正定。$W = (W_{ij})_{N \times N}$,其中

$$W_{ij} = \begin{cases} \lambda_{\min}(Q) - 2\alpha_i \lambda_{\max}(P) \| T_{(1)} T_i \| \| T_i^{-1} T_{[1]} \| &, i = j \\ -2\alpha_i \lambda_{\max}(P) \| T_{(1)} T_i \| \| T_j^{-1} T_{[1]} \| &, i \neq j \end{cases}$$

这里 $T_1 = S_1 = I_n$。

构造动态系统

$$\sum_i : E_i \dot{\hat{x}}_i = A_i \hat{x}_i + (K_i + T_i^{-1} K)(C_i \hat{x}_i - y_i) + L_i(\hat{x}_i, y_i, \rho_i(u_i, y_i)) + H_i(\hat{x}_i), 1 \leq i \leq N$$

$$(5.3.5)$$

其中,$L_i(\hat{x}_i, y_i, \rho_i(u_i, y_i)) = \begin{cases} \dfrac{-T_i^{\text{T}} F(C_i \hat{x}_i - y_i)}{\| T_i^{\text{T}} F(C_i \hat{x}_i - y_i) \|} \rho_i(u_i, y_i) &, F(C_i \hat{x}_i - y_i) \neq 0 \\ 0 &, F(C_i \hat{x}_i - y_i) = 0 \end{cases}$

这里 $K_1 = 0, T_1 = S_1 = I_n$。

定理 5.3.1 对于系统(5.2.4),若假设 5.3.1~5.3.6 成立,则系统 $\sum_i, 1 \leq i \leq N$ 是系统(5.2.4)的分散鲁棒广义状态观测器。即

$$\lim_{t \to +\infty} E_i \hat{x}_i(t) = \lim_{t \to +\infty} E_i x_i(t), 1 \leq i \leq N$$

证明 考虑系统(5.2.4)和 $\sum_i, 1 \leq i \leq N$,记

$$e_i = \hat{x}_i - x_i, 1 \leq i \leq N$$

则系统(5.2.4)和 $\sum_i$ 的误差系统是

$$E_i \dot{e}_i = (A_i + K_i C_i + T_i^{-1} K) e_i + [L_i(\hat{x}_i, y_i, \rho_i(u_i, y_i)) - G_i(x_i, u_i, \theta)] + H_i(\hat{x}) - H_i(x) \quad (5.3.6)$$

作误差状态 e_i 的非奇异变换

$$\begin{pmatrix} z_{(1)} \\ z_{(2)} \end{pmatrix} = S^{-1} S_i^{-1} e_i = \begin{pmatrix} S_{(1)} \\ S_{(2)} \end{pmatrix} S_i^{-1} e_i \quad (5.3.7)$$

并在式(5.3.5)两端左乘 TT_i,可得(记:$L_i = L_i(\hat{x}_i, y_i, \rho_i(u_i, y_i)), G_i = G_i(x_i, u_i, \theta)$)

$$\begin{pmatrix} I_r & 0 \\ 0 & 0 \end{pmatrix} \begin{pmatrix} z_{i(1)} \\ z_{i(2)} \end{pmatrix} = \begin{pmatrix} A_{(1)} & 0 \\ 0 & I_{n-r} \end{pmatrix} \begin{pmatrix} z_{i(1)} \\ z_{i(2)} \end{pmatrix} + TT_i[L_i - G_i] + TT_i(H_i(\hat{x}) - H_i(x)) \quad (5.3.8)$$

即

$$\dot{z}_{i(1)} = A_{(1)} z_{i(1)} + T_{(1)} T_i [L_i - G_i] + T_{(1)} T_i [H_i(\hat{x}) - H_i(x)] \quad (5.3.9)$$

$$0 = z_{i(2)} + T_{(2)}[L_i - G_i] + T_{(2)} T_i [H_i(\hat{x}) - H_i(x)] \quad (5.3.10)$$

对系统(5.3.9)构造 Lyapunov 函数

$$V(z_{1(1)}, z_{2(1)}, \cdots, z_{N(1)}) = \sum_{i=1}^{N} z_{i(1)}^{\text{T}} P z_{i(1)}$$

把 V 沿系统(5.3.9)的轨迹求导,则有

$$\dot{V} = \sum_{i=1}^{N} (z_{i(1)}^{\text{T}} (A_{(1)}^{\text{T}} P + P A_{(1)}) z_{i(1)}) + 2 z_{i(1)}^{\text{T}} P T_{(1)} T_i [H_i(\hat{x}) - H_i(x)] + 2 z_{i(1)}^{\text{T}} P T_{(1)} T_i [L_i - G_i]$$

$$(5.3.11)$$

由(5.3.2)式得　$z_{i(1)}^{\mathrm{T}}(A_{(1)}^{\mathrm{T}}P+PA_{(1)})z_{i(1)}=-z_{i(1)}^{\mathrm{T}}Qz_{i(1)}\leqslant-\lambda_{\min}(Q)\parallel z_{i(1)}\parallel^{2}$

由假设 5.3.3 和式(5.3.7)得

$$\begin{aligned}
T_i^{\mathrm{T}}T_{(1)}^{T}Pz_{i(1)} &= T_i^{\mathrm{T}}T_{(1)}^{T}PS_{(1)}S_{(1)}^{-1}e_i \\
&= T_i^{\mathrm{T}}FC_1S_i^{-1}e_i \\
&= T_i^{\mathrm{T}}FC_i(\hat{x}_i-x_i) \\
&= T_i^{\mathrm{T}}F(C_i\hat{x}_i-y_i)
\end{aligned}$$

若 $F(C_i\hat{x}_i-y_i)=0$,则

$$z_{i(1)}^{\mathrm{T}}PT_{(1)}T_i[L_i-G_i]=[F(C_i\hat{x}_i-y_i)]^{\mathrm{T}}T_i[L_i-G_i]=0$$

若 $F(C_i\hat{x}_i-y_i)\neq0$,由假设 5.3.4 得

$$\begin{aligned}
z_{i(1)}^{\mathrm{T}}PT_{(1)}T_i[L_i-G_i] &= (T^{\mathrm{T}}+_iF(C_i\hat{x}_i-y_i))^{\mathrm{T}}\left[\frac{-T_i^{\mathrm{T}}F(C_i\hat{x}_i-y_i)}{\parallel T_i^{\mathrm{T}}F(C_i\hat{x}_i-y_i)\parallel}\rho_i(u_i,y_i)-G_i\right] \\
&= -\parallel T_i^{\mathrm{T}}F(C_i\hat{x}_i-y_i)\parallel\rho_i(u_i,y_i)-(T_i^{\mathrm{T}}F(C_i\hat{x}_i-y_i))^{\mathrm{T}}G_i \\
&\leqslant -\parallel T_i^{\mathrm{T}}F(C_i\hat{x}_i-y_i)\parallel\rho_i(u_i,y_i)+\parallel T_i^{\mathrm{T}}F(C_i\hat{x}_i-y_i)\parallel\rho_i(u_i,y_i)=0
\end{aligned}$$

于是

$$2z_{i(1)}^{\mathrm{T}}PT_{(1)}T_i[L_i-G_i]\leqslant0,1\leqslant i\leqslant N \tag{5.3.12}$$

因为

$$\begin{aligned}
E_ie_i &= T_i^{-1}T^{-1}\cdot TT_iE_iS_iS\cdot S^{-1}S_i^{-1}e_i \\
&= T_i^{-1}(T_{[1]}\quad T_{[2]})\begin{pmatrix}I_r & 0 \\ 0 & 0\end{pmatrix}\begin{pmatrix}z_{i(1)} \\ z_{i(2)}\end{pmatrix} \\
&= T_i^{-1}T_{[1]}z_{i(1)},1\leqslant i\leqslant N \tag{5.3.13}
\end{aligned}$$

由假设 5.3.5

$$z_{i(1)}^{\mathrm{T}}PT_{(1)}T_i[H_i(\hat{x})-H_i(x)]$$

$$\leqslant\alpha_i\lambda_{\max}(P)\parallel T_{(1)}T_i\parallel\parallel E\hat{x}-Ex\parallel\parallel z_{i(1)}\parallel$$

$$\leqslant\alpha_i\lambda_{\max}(P)\parallel T_{(1)}T_i\parallel\sum_{j=1}^{N}\parallel T_j^{-1}T_{[1]}\parallel\parallel z_{j(1)}\parallel\parallel z_{i(1)}\parallel$$

所以

$$\begin{aligned}
\dot{V} &\leqslant -\sum_{i=1}^{N}[\lambda_{\min}(Q)-2\alpha_i\lambda_{\max}(P)\parallel T_{(1)}T_i\parallel\parallel T_i^{-1}T_{[1]}\parallel]\parallel z_{i(1)}\parallel^2+ \\
&\quad \sum_{j=1,i\neq j}^{N}2\alpha_i\lambda_{\max}(P)\parallel T_{(1)}T_i\parallel\parallel T_j^{-1}T_{[1]}\parallel\parallel z_{i(1)}\parallel\parallel z_{j(1)}\parallel \\
&= -Y^{T}WY \\
&= -\frac{1}{2}Y^{T}(W^{T}+W)Y
\end{aligned}$$

这里 $Y=(\parallel z_{1(1)}\parallel,\parallel z_{2(1)}\parallel,\dots,\parallel z_{N(1)}\parallel)^{\mathrm{T}}$。由假设 5.3.6,$\dot{V}$ 负定。

所以

$$\lim_{t\to\infty}z_{i(1)}(t)=0,1\leqslant i\leqslant N$$

于是,对任意容许的初值 $\hat{x}(t_0),x(t_0)$

$$\lim_{t\to+\infty}\left[E_i\hat{x}_i(t)-E_ix_i(t)\right]=\lim_{t\to+\infty}T_i^{-1}T_{[1]}z_{i(1)}(t)=0$$

即

$$\lim_{t\to+\infty}E_i\hat{x}_i(t)=\lim_{t\to+\infty}E_ix_i(t),1\leqslant i\leqslant N$$

下面考虑如下特殊的非线性广义组合大系统

$$\begin{cases}E\dot{x}_i=Ax_i+G_i(x_i,u_i,\theta)+H_i(x)\\ y_i=Cx_i,1\leqslant i\leqslant N\end{cases}\tag{5.3.14}$$

其中，$x_i\in\mathbb{R}^n$；$u_i\in\mathbb{R}^m$；$y_i\in\mathbb{R}^l$；A,E,C 为常值矩阵；$G_i(x_i,u_i,\theta)$，$H_i(x)$ 是其定义域上的 n 维光滑向量场；$\theta\in\Omega\subset\mathbb{R}^q$（$\Omega$ 是紧集）是不确定参数；$G_i(x_i,u_i,\theta)$ 是不确定项，$H_i(x)$ 是互联项；$\mathrm{rank}E<n$，$\det(SE-A)\equiv0$。假设每个子系统正则。

显然系统(5.3.14)具有观测相似结构。

构造动态系统：

$$\Sigma'_i:E\dot{\hat{x}}_i=A\hat{x}_i+K(C\hat{x}_i-y_i)+L_i(\hat{x}_i,y_i,\rho(u_i,y_i))+H_i(\hat{x}_i),1\leqslant i\leqslant N\tag{5.3.15}$$

其中，$L_i(\hat{x}_i,y_i,\rho(u_i,y_i))=\begin{cases}-\dfrac{F(C\hat{x}_i-y_i)}{\|F(C\hat{x}_i-y_i)\|}\rho_i(u_i,y_i),&F(C\hat{x}_i-y_i)\neq0\\ 0,&F(C\hat{x}_i-y_i)=0\end{cases}$

这里 K 满足假设 5.3.2，F 满足假设 5.3.3，$\rho_i(u_i,y_i)$ 满足假设 5.3.4。

定理 5.3.2　如果系统(19)满足假设 5.32～5.3.5，且矩阵 $W^\mathrm{T}+W$（$W=(W_{ij})_{N\times N}$）是正定阵。其中

$$W_{ij}=\begin{cases}\lambda_{\min}(Q)-2\alpha_i\lambda_{\max}(P)\|T_{(1)}\|\|T_{[1]}\|,&i=j\\ -2\alpha_i\lambda_{\max}(P)\|T_{(1)}\|\|T_{[1]}\|,&i\neq j\end{cases}$$

则系统(5.3.15)是系统(5.3.14)的分散鲁棒广义观测器。

证明同定理 5.3.1。

为了考虑非线性广义相似系统(5.2.4)的鲁棒观测器的设计，作如下假设：

假设 5.3.7　$G_i(x_i,u_i,\theta)$ 对 x_i 满足如下 Lipschitz 条件

$$\|G_i(\hat{x}_i,u_i,\theta)-G_i(x_i,u_i,\theta)\|\leqslant\beta_i\|E_i\hat{x}_i-E_ix_i\|,i=1,2,\cdots,N$$

假设 5.3.8　矩阵 $W^\mathrm{T}(x)+W(x)$（$W(x)=(W_{ij})_{N\times N}$）正定，其中

$$W_{ij}=\begin{cases}\lambda_{\min}(Q)-2(\alpha_i+\beta_i)\lambda_{\max}(P)\|T_{(1)}T_i\|\|T_i^{-1}T_{[1]}\|,&i=j\\ -2\alpha_i\lambda_{\max}(P)\|T_{(1)}T_i\|\|T_j^{-1}T_{[1]}\|,&i\neq j\end{cases}$$

构造动态系统：

$$\sum{}_1^*:E_1\dot{\hat{x}}_1=A_1\hat{x}_1+K(C_1\hat{x}_1-y_1)+G_1(\hat{x}_1,u_1,\theta)+H_1(\hat{x})$$

再根据 $\sum_1^*$ 和相似参量 (T_i,S_i,K_i)，$2\leqslant i\leqslant N$，

构造动态系统：

$$\sum{}_i^*:E_i\dot{\hat{x}}_i=A_i\hat{x}_i+(K_i+T_i^{-1}K)(C_i\hat{x}_i-y_i)+G_i(\hat{x}_i,u_i,\theta)+H_i(\hat{x})$$

定理 5.3.3　若假设 5.3.1、假设 5.3.2、假设 5.3.5、假设 5.3.7 和假设 5.3.8 成立，则系统 $\sum_i^*$（$1\leqslant i\leqslant N$）是广义系统(5.2.4)的分散鲁棒状态观测器。

证明 为叙述方便起见,记 $T_1 = S_1 = I_n, K_1 = 0$。

考虑系统(5.2.4)和 $\sum_i^*, 1 \leq i \leq N$,记

$$e_i = \hat{x}_i - x_i, 1 \leq i \leq N$$

则系统(5.2.4)和 $\sum_i^*$ 的误差系统是

$$E_i \dot{e}_i = (A_i + K_i C_i + T_i^{-1} K C_i) e_i + G_i(\hat{x}_i, u_i, \theta) - G_i(x_i, u_i, \theta) + H_i(\hat{x}) - H_i(x) \quad (5.3.16)$$

作误差 e_i 的非奇异变换

$$\begin{pmatrix} z_{i(1)}(t) \\ z_{i(2)}(t) \end{pmatrix} = S^{-1} S_i^{-1} e_i = \begin{pmatrix} S_{(1)} \\ S_{(2)} \end{pmatrix} S_i^{-1} e_i$$

并在式(5.3.16)左边乘 TT_i 可得

$$\begin{pmatrix} I_r & 0 \\ 0 & 0 \end{pmatrix} \begin{pmatrix} \dot{z}_{i(1)} \\ \dot{z}_{i(2)} \end{pmatrix} = \begin{pmatrix} A_{(1)} & 0 \\ 0 & I_{n-r} \end{pmatrix} \begin{pmatrix} z_{i(1)} \\ z_{i(2)} \end{pmatrix} + TT_i [G_i(\hat{x}_i, u_i, \theta) - G_i(x_i, u_i, \theta)] + TT_i [H_i(\hat{x}) - H_i(x)]$$

$$\dot{z}_{i(1)} = A_{(1)} z_{i(1)} + T_{(1)} T_i [G_i(\hat{x}_i, u_i, \theta) - G_i(x_i, u_i, \theta)] + T_{(1)} T_i [H_i(x) - H_i(x)]$$
$$(5.3.17)$$

$$0 = z_{i(2)} + T_{(2)} T_i [G_i(\hat{x}_i, u_i, \theta) - G_i(x_i, u_i, \theta)] + T_{(2)} T_i [H_i(\hat{x}) - H_i(x)] \quad (5.3.18)$$

对系统(5.3.17)构造 Lyapunov 函数

$$V(z_{1(1)}, z_{2(1)}, \cdots, z_{N(1)}) = \sum_{i=1}^N z_{i(1)}^T P z_{i(1)}$$

把 V 沿系统(5.3.17)的轨迹对 t 求导

$$\dot{V} = \sum_{i=1}^N z_{i(1)}^T (A_{(1)}^T P + P A_{(1)}) z_{i(1)} + 2 z_{i(1)}^T P T_{(1)} T_i [G_i(\hat{x}_i, u_i, \theta) - G_i(x_i, u_i, \theta)] + $$
$$2 z_{i(1)}^T P T_{(1)} T_i [H_i(\hat{x}) - H_i(x)]$$

由式(5.3.2)得

$$z_{i(1)}^T (A_{(1)}^T P + P A_{(1)}) z_{i(1)} = -z_{i(1)}^T Q z_{i(1)} \leq -\lambda_{\min}(Q) \| z_{i(1)} \|^2$$

因为

$$E_i \hat{x}_i - E_i x_i = E_i e_i = T_i^{-1} T_{[1]} z_{i(1)}, 1 \leq i \leq N$$

所以由假设5.3.7得

$$z_{i(1)}^T P T_{(1)} T_i [G_i(\hat{x}_i, u_i, \theta) - G_i(x_i, u_i, \theta)]$$

$$\leq \beta_i \lambda_{\max}(P) \| T_{(1)} T_i \| \| E_i \hat{x}_i - E_i x_i \| \| z_{i(1)} \|$$
$$= \beta_i \lambda_{\max}(P) \| T_{(1)} T_i \| \| T_i^{-1} T_{[1]} z_{i(1)} \| \| z_{i(1)} \|$$
$$\leq \beta_i \lambda_{\max}(P) \| T_{(1)} T_i \| \| T_i^{-1} T_{[1]} \| \| z_{i(1)} \|^2$$

同理由假设5.3.5

$$z_{i(1)}^T P T_{(1)} T_i [H_i(\hat{x}) - H_i(x)]$$

$$\leq \alpha_i \lambda_{\max}(P) \| T_{(1)} T_i \| \sum_{j=1}^N \| T_j^{-1} T_{[1]} \| \| z_{i(1)} \| \| z_{j(1)} \|$$

所以

$$\dot{V} \leq - \sum_{i=1}^N \{ [\lambda_{\min}(Q) - 2(\alpha_i + \beta_i) \lambda_{\max}(P) \| T_{(1)} T_i \| \| T_i^{-1} T_{[1]} \|] \| z_{i(1)} \|^2$$

$$- \sum_{j=1, i \neq j}^{N} 2\alpha_i \lambda_{\max}(P) \parallel T_{(1)} T_i \parallel \parallel T_j^{-1} T_{[1]} \parallel \parallel z_{i(1)} \parallel \parallel z_{j(1)} \parallel \}$$

$$= - Y^T W Y = -\frac{1}{2} Y^T (W^T + W) Y$$

其中 $Y = (\parallel z_{1(1)} \parallel, \parallel z_{2(1)} \parallel, \cdots, \parallel z_{N(1)} \parallel)^T$ 由 $W^T + W$ 的正定性, $\dot{V}$ 负定,即

$$\lim_{t \to +\infty} z_{i(1)}(t) = 0, 1 \leqslant i \leqslant N$$

由式(5.3.19)知

$$
\begin{aligned}
\parallel z_{i(2)} \parallel &= \parallel T_{(2)} T_i [G_i(\hat{x}_i, u_i, \theta) - G_i(x_i, u_i, \theta)] + T_{(2)} T_i [H_i(\hat{x}) - H_i(x)] \parallel \\
&\leqslant \parallel T_{(2)} T_i \parallel [\parallel G_i(\hat{x}_i, u_i, \theta) - G_i(x_i, u_i, \theta) \parallel + \parallel H_i(\hat{x}) - H_i(x) \parallel] \\
&\leqslant \parallel T_{(2)} T_i \parallel [\beta_i \parallel E_i \hat{x}_i - E_i x_i \parallel + \alpha_i \parallel E \hat{x} - E x \parallel] \\
&\leqslant \parallel T_{(2)} T_i \parallel [\beta_i \parallel T_i^{-1} T_{[1]} \parallel \parallel z_{i(1)} \parallel + \alpha_i \sum_{j=1}^{N} \parallel T_j^{-1} T_{[1]} \parallel \parallel z_{j(1)} \parallel]
\end{aligned}
$$

所以

$$\lim_{t \to +\infty} \parallel z_{i(2)} \parallel \leqslant \parallel T_{(2)} T_i \parallel (\beta_i \parallel T_i^{-1} T_{[1]} \parallel \parallel \lim_{t \to +\infty} z_{i(1)} \parallel + \alpha_i \sum_{j=1}^{N} \parallel T_j^{-1} T_{[1]} \parallel \parallel \lim_{t \to +\infty} z_{j(1)} \parallel) = 0$$

从而,对任意容许的初值 $\hat{x}_i(t_0), x_i(t_0)$,

$$
\begin{aligned}
\lim_{t \to +\infty} [\hat{x}_i(t) - x_i(t)] &= \lim_{t \to +\infty} e_i(t) \\
&= S_i S \lim_{t \to +\infty} \begin{pmatrix} z_{i(1)}(t) \\ z_{i(2)}(t) \end{pmatrix} \\
&= 0
\end{aligned}
$$

所以

$$\lim_{t \to +\infty} \hat{x}_i(t) = \lim_{t \to +\infty} x_i(t), 1 \leqslant i \leqslant N$$

综上所述,动态系统 $\sum_i^*$ 是系统(5.2.4)的分散鲁棒状态渐近观测器。

考虑特殊的非线性广义组合大系统(5.3.14):

构造动态系统:

$$\bar{\sum}_i : E \dot{\hat{x}}_i = A \hat{x}_i + K(C \hat{x}_i - y_i) + G(\hat{x}_i, u_i, \theta) + H(\hat{x}), 1 \leqslant i \leqslant N$$

定理 5.3.4 若假设 5.3.2、假设 5.3.5 和假设 5.3.7 成立,并且矩阵 $W^T + W$ ($W = (W_{ij})_{N \times N}$)是正定的。这里

$$W_{ij} = \begin{cases} \lambda_{\min}(Q) - 2(\alpha_i + \beta_i) \lambda_{\max}(P) \parallel T_{(1)} \parallel \parallel T_{[1]} \parallel, & i = j \\ -2\alpha_i \lambda_{\max}(P) \parallel T_{(1)} \parallel \parallel T_{[1]} \parallel, & i \neq j \end{cases}$$

则系统 $\bar{\sum}_i (1 \leqslant i \leqslant N)$ 是系统(5.3.14)的分散状态观测器。

证明同定理 5.3.3。

注 5.3.1 本章没有特别指明研究区域,故所得结论可以是全局的,也可以是局部的。

注 5.3.2 本章设计的观测器具有相似结构,所以只需解一个 Lyapunov 方程,从而降低了计算量,使观测器的设计工作得以简化。

注 5.3.3 本章设计的观测器的一个特点在于,它并不需要系统的孤立子系统的非线性

部分的精确模型。文献[7-8]要求非线性部分的精确模型。

注 5.3.4 本章的设计方法也适合一般的广义组合大系统。对于一般的广义组合大系统,利用本章方法得到的观测器,一般不再具备相似结构,并且一般要解 N 个 Lyapunov 方程,因而计算量较大。

注 5.3.5 显然定义 5.2.1 是定义 5.2.2 的特例。

5.4 数值算例

例 5.4.1 考虑不确定非线性广义组合大系统

$$
\begin{cases}
\begin{pmatrix} 1 & 0 \\ 0 & 0 \end{pmatrix} \begin{pmatrix} \dot{x}_1 \\ \dot{x}_2 \end{pmatrix} = \begin{pmatrix} -1 & 0 \\ -0.1 & 1 \end{pmatrix} \begin{pmatrix} x_1 \\ x_2 \end{pmatrix} + \begin{pmatrix} \dfrac{1}{4}\theta_1 e^{\theta_2} x_1 \sin x_1 + \dfrac{1}{2} u_1^2 x_1 \sin x_1^2 \\ 0 \end{pmatrix} + \begin{pmatrix} \dfrac{1}{6} x_3 \\ \dfrac{1}{4}\sin^2 x_1 \end{pmatrix} \\[4mm]
y_1 = (1 \quad 0) \begin{pmatrix} x_1 \\ x_2 \end{pmatrix} \\[3mm]
\begin{pmatrix} 1 & 0 \\ 0 & 0 \end{pmatrix} \begin{pmatrix} \dot{x}_3 \\ \dot{x}_4 \end{pmatrix} = \begin{pmatrix} -1 & 0 \\ -0.1 & 1 \end{pmatrix} \begin{pmatrix} x_3 \\ x_4 \end{pmatrix} + \dfrac{1}{2} \begin{pmatrix} \theta_2 x_3 + u_2^2 x_3 \sin x_3^2 \\ 0 \end{pmatrix} + \dfrac{1}{4} \begin{pmatrix} x_1 \\ 0 \end{pmatrix} \\[4mm]
y_2 = (1 \quad 0) \begin{pmatrix} x_3 \\ x_4 \end{pmatrix}
\end{cases}
$$

其中,$(\theta_1, \theta_2) \in \Omega = \{(\theta_1, \theta_2) \mid |\theta_1| < 2, |\theta_2| < 1\}$。试设计系统的分散鲁棒广义观测器。

取 $K = \begin{pmatrix} 0 \\ 0.1 \end{pmatrix}$,$A + KC = \begin{pmatrix} -1 & 0 \\ 0 & 1 \end{pmatrix}$,$A_{(1)} = -1$,取 $Q = 4$。

解 Lyapunov 方程 $(-1)^{\mathrm{T}} P + P(-1) = -4$,$P = 2$,$T = S = \begin{pmatrix} 1 & 0 \\ 0 & 1 \end{pmatrix}$

$T_{(1)} = (1 \quad 0) = S_{(1)}$,$T_{(2)} = S_{(2)} = (0 \quad 1)$,$T_{[1]} = \begin{pmatrix} 1 \\ 0 \end{pmatrix}$,$T_{[2]} = \begin{pmatrix} 0 \\ 1 \end{pmatrix}$

(1) $\mathrm{rank} \begin{pmatrix} sE - A \\ C \end{pmatrix} = 2$,$\mathrm{rank} \begin{pmatrix} E & A \\ 0 & E \\ 0 & C \end{pmatrix} = 3 = 2 + \mathrm{rank} E$

所以系统 $\left(\begin{pmatrix} 1 & 0 \\ 0 & 0 \end{pmatrix}, \begin{pmatrix} 1 & 0 \\ 1 & 1 \end{pmatrix}, (1 \quad 0) \right)$ 可检测且脉冲能控。

(2) $T_{(1)}^{\mathrm{T}} P S_{(1)} = \begin{pmatrix} 2 \\ 0 \end{pmatrix} (1 \quad 0) = FC$,$F = \begin{pmatrix} 2 \\ 0 \end{pmatrix}$。

(3) $\| G_1(x_1, x_2, u_1, \theta) \| \leqslant \rho_1 = \dfrac{1}{2}(e + u_1^2) |y_1|$

$\| G_2(x_3, x_4, u_2, \theta) \| \leqslant \rho_2 = \dfrac{1}{2}(1 + u_2^2) |y_2|$

(4) 计算得 $H_1(x)$ 和 $H_2(x)$ 的 Lipschitz 常数为 $\dfrac{1}{4}$。

（5）$W = \begin{pmatrix} 3 & -1 \\ -1 & 3 \end{pmatrix}$ 正定。

所以满足定理 5.3.2 的条件，广义渐近观测器为

$$\begin{pmatrix} 1 & 0 \\ 0 & 0 \end{pmatrix} \begin{pmatrix} \dot{\hat{x}}_1 \\ \dot{\hat{x}}_2 \end{pmatrix} = \begin{pmatrix} -1 & 0 \\ 0 & 1 \end{pmatrix} \begin{pmatrix} \hat{x}_1 \\ \hat{x}_2 \end{pmatrix} + L_1(\hat{x}_1, \hat{x}_2, y_1, \rho_1(u_1, y_1) + \begin{pmatrix} \dfrac{1}{6}\hat{x}_3 \\ \dfrac{1}{4}\sin\hat{x}_1^2 \end{pmatrix} - \begin{pmatrix} 0 \\ 0.1 \end{pmatrix} y_1$$

$$\begin{pmatrix} 1 & 0 \\ 0 & 0 \end{pmatrix} \begin{pmatrix} \dot{\hat{x}}_3 \\ \dot{\hat{x}}_4 \end{pmatrix} = \begin{pmatrix} -1 & 0 \\ 0 & 1 \end{pmatrix} \begin{pmatrix} \hat{x}_3 \\ \hat{x}_4 \end{pmatrix} + L_2(\hat{x}_3, \hat{x}_4, y_2, \rho_2(u_2, y_2) + \frac{1}{4} \begin{pmatrix} \hat{x}_1 \\ 0 \end{pmatrix} - \begin{pmatrix} 0 \\ 0.1 \end{pmatrix} y_2$$

其中，$L_1 = -\begin{pmatrix} 1 \\ 0 \end{pmatrix} \rho_1 \mathrm{sgn}(\hat{x}_1 - y_1)$，$L_2 = -\begin{pmatrix} 1 \\ 0 \end{pmatrix} \rho_2 \mathrm{sgn}(\hat{x}_3 - y_2)$，$\rho_1, \rho_2$ 由 3）确定，函数 sgn$x$ 是符号函数。

取 $\theta_1 = \theta_2 = 0.5$，$u_1 = u_2 = 0.5$ 进行仿真。误差系统的广义状态响应曲线见图 5.4.1。仿真结果表明本章方法是有效的。

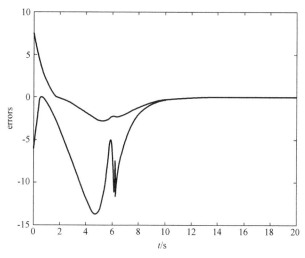

图 5.4.1　误差系统的广义状态响应

例 5.4.2　考虑不确定非线性广义组合大系统

$$\begin{cases} \begin{pmatrix} 1 & 0 \\ 0 & 0 \end{pmatrix} \begin{pmatrix} \dot{x}_1 \\ \dot{x}_2 \end{pmatrix} = \begin{pmatrix} -1 & 0 \\ -0.1 & 1 \end{pmatrix} \begin{pmatrix} x_1 \\ x_2 \end{pmatrix} + \begin{pmatrix} \dfrac{1}{8}x_1\theta_1\sin u_1 \\ 0 \end{pmatrix} + \begin{pmatrix} \dfrac{1}{4}x_3 \\ \dfrac{1}{4}\cos x_1 \end{pmatrix} \\ y_1 = \begin{pmatrix} 1 & 0 \end{pmatrix} \begin{pmatrix} x_1 \\ x_2 \end{pmatrix} \\ \begin{pmatrix} 1 & 0 \\ 0 & 0 \end{pmatrix} \begin{pmatrix} \dot{x}_3 \\ \dot{x}_4 \end{pmatrix} = \begin{pmatrix} -1 & 0 \\ -0.1 & 1 \end{pmatrix} \begin{pmatrix} x_3 \\ x_4 \end{pmatrix} + \begin{pmatrix} \dfrac{1}{4}x_3\theta_2\sin u_2 \\ 0 \end{pmatrix} + \frac{1}{4} \begin{pmatrix} x_1 \\ 0 \end{pmatrix} \\ y_1 = \begin{pmatrix} 1 & 0 \end{pmatrix} \begin{pmatrix} x_3 \\ x_4 \end{pmatrix} \end{cases}$$

其中，$(\theta_1, \theta_2) \in \Omega = \{(\theta_1, \theta_2) \mid |\theta_1| < 2, |\theta_2| < 1\}$。试设计系统的分散状态观测器。

取 $K = \begin{pmatrix} 0 \\ 0.1 \end{pmatrix}, A + KC = \begin{pmatrix} -1 & 0 \\ 0 & 1 \end{pmatrix}, A_{(1)} = -1,$ 取 $Q = 4$

解 Lyapunov 方程 $(-1)^T P + P(-1) = -4, P = 2, T = S = S^{-1} = T^{-1} = \begin{pmatrix} 1 & 0 \\ 0 & 1 \end{pmatrix}$

$T_1 = T_2 = S_1 = S_2 = \begin{pmatrix} 1 & 0 \\ 0 & 1 \end{pmatrix}, T_{(1)} = S_{(1)} = (1 \quad 0), T_{(2)} = S_{(2)} = (0 \quad 1), T_{[1]} = \begin{pmatrix} 1 \\ 0 \end{pmatrix}, T_{[2]} = \begin{pmatrix} 0 \\ 1 \end{pmatrix}$

（1） $\operatorname{rank} \begin{pmatrix} sE - A \\ C \end{pmatrix} = 2, \operatorname{rank} \begin{pmatrix} E & A \\ 0 & E \\ 0 & C \end{pmatrix} = 3 = 2 + \operatorname{rank} E$

所以系统 (E, A, C) 可检测，脉冲能控的。

（2）经计算得 $G_1, G_2, H_1(x), H_2(x)$ 的 Lipschitz 常数均为 $\dfrac{1}{4}$。

（3）$W = \begin{pmatrix} 2 & -1 \\ -1 & 2 \end{pmatrix}$ 正定。

所以满足定理 5.3.4 的条件，从而系统的分散鲁棒状态观测器为

$$\begin{pmatrix} 1 & 0 \\ 0 & 0 \end{pmatrix} \begin{pmatrix} \dot{\hat{x}}_1 \\ \dot{\hat{x}}_2 \end{pmatrix} = \begin{pmatrix} -1 & 0 \\ 0 & 1 \end{pmatrix} \begin{pmatrix} \hat{x}_1 \\ \hat{x}_2 \end{pmatrix} + \frac{1}{8} \begin{pmatrix} \hat{x}_1 \theta_1 \sin u_1 \\ 0 \end{pmatrix} + \frac{1}{4} \begin{pmatrix} \hat{x}_3 \\ \cos \hat{x}_1 \end{pmatrix} - \begin{pmatrix} 0 \\ 0.1 \end{pmatrix} y_1$$

$$\begin{pmatrix} 1 & 0 \\ 0 & 0 \end{pmatrix} \begin{pmatrix} \dot{\hat{x}}_3 \\ \dot{\hat{x}}_4 \end{pmatrix} = \begin{pmatrix} -1 & 0 \\ 0 & 1 \end{pmatrix} \begin{pmatrix} \hat{x}_3 \\ \hat{x}_4 \end{pmatrix} + \frac{1}{4} \begin{pmatrix} \hat{x}_3 \theta_2 \sin u_2 \\ 0 \end{pmatrix} + \frac{1}{4} \begin{pmatrix} \hat{x}_1 \\ 0 \end{pmatrix} - \begin{pmatrix} 0 \\ 0.1 \end{pmatrix} y_2$$

取 $\theta_1 = \theta_2 = 0.5, u_1 = u_2 = \dfrac{\pi}{2}$ 进行仿真，其误差曲线如图 5.4.2 所示，仿真结果表明本章的方法是有效的。

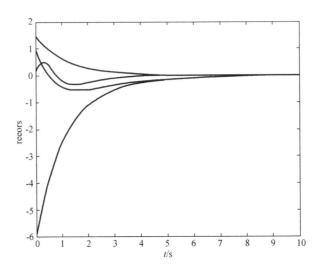

图 5.4.2　误差系统的状态响应

5.5 本章小结

本章针对一类具有相似结构的非线性广义大系统进行状态估计。对这类系统分别设计出分散鲁棒广义状态观测器和分散鲁棒状态观测器。最后进行了数例仿真,结果表明本章的设计是有效的。

第6章 时滞交联系统的分散反馈控制

6.1 引言

近年来,时滞交联系统的控制问题受到人们的普遍关注并且获得了许多显著的成果[141-143]。然而,目前已存在的大多数结果都是基于系统状态可获得,交联系统是线性的或者有线性正常子系统并且时滞并没有被考虑进去。所以,时滞是一个重要的因素,这就使得研究交联系统变得更加复杂[144-145]。另一方面,输出反馈稳定问题最近也得到了广泛的关注并且已经获得许多成果[146-149]。文献[147]中指出分散静态输出反馈稳定化问题在一类神经网络系统的研究中得出。文献[148]针对一类带有非线性扰动的多时变时滞交联系统进行了研究,研究过程中虽然考虑了时滞,但是静态输出反馈是无记忆的。文献[149]针对一类非线性不确定交联系统研究了其分散输出反馈稳定问题,并且该系统中线性状态变量和非线性状态变量均包含时滞。就目前而言,研究的一个很重要的课题是时滞交联系统的记忆静态输出反馈控制的问题。

基于以上内容,本章介绍了一类变时滞的交联大系统的记忆静态输出反馈控制问题。而且分散记忆静态输出导数反馈控制器是通过泰勒展开方法将系统线性化,并且根据交联系统的结构特点、新的积分不等式、Lyapunov 函数和线性矩阵不等式方法给出的。此外,还估计了系统的稳定区域。最后,通过仿真算例来说明本章提出方法是有效和合理的。

6.2 非线性时滞交联系统的分散反馈控制

6.2.1 系统描述与准备

对完全非线性时滞交联系统作以下描述:

$$\begin{cases} \dot{x}_i(t) = f_i(x_i(t)) + f_{d_i}(x_i(t-d_i(t))) + B_i[u_i + \Delta\psi_i(x_i)] + \sum_{j=1,j\neq i}^{N} H_{ij}(x_j) + \Delta H_i(x) \\ y_i = C_i x_i, i=1,2,\cdots,N \end{cases}$$

$$(6.2.1)$$

其中,式中 $x_i \in \Omega_i \subset \mathrm{R}^n, x=(x_1,x_2,\cdots,x_N)^{\mathrm{T}} \in \Omega \equiv \Omega_1\times\Omega_2\times\cdots\times\Omega_N, u_i,y_i \in \mathrm{R}^m$ 分别是系统的状态变量,输入变量和输出变量;矩阵 B_i,C_i 是适当维数的确定矩阵并且 C_i 行满秩;$f_i(x_i(t))$,$f_{d_i}(x_i(t-d_i(t)))$ 是连续非线性函数和带时滞的连续非线性函数且 $f_i(0)=f_{d_i}(0)=0$;$\Delta\psi_i(x_i)$ 是第 i 个子系统的匹配不确定项;$\sum_{j=1,j\neq i}^{N} H_{ij}(x_j) \in V_n^w(\Omega)$ 是已知的互联项且 $H_{ij}(0)=0(j\neq i)$;$\Delta H_i(x)$ 包括所有的非匹配不确定项且均为连续的;$d_i(t)$ 是连续变时滞函数且满足下面条件:

$$0\leqslant d_i(t) \leqslant \bar{d} <+\infty, \dot{d}_i(t) \leqslant \tau \leqslant 1$$

94

将 $f_i(x_i(t))$ 和 $f_{d_i}(x_i(t-d_i(t)))$ 在原点泰勒展开：

$$f_i(x_i(t)) = f_i(0) + \frac{\partial f_i}{\partial x_i}\bigg|_{x_i=0} x_i(t) + o(x_i^2)$$

$$f_{d_i}(x_i(t-d_i(t))) = f_{d_i}(0) + \frac{\partial f_{d_i}}{\partial x_i}\bigg|_{x_i=0} x_i(t-d_i(t)) + o(x_i^2(t-d_i(t))) \quad (6.2.2)$$

令 $A_i = \dfrac{\partial f_i}{\partial x_i}\bigg|_{x_i=0}$，$A_{d_i} = \dfrac{\partial f_{d_i}}{\partial x_i}\bigg|_{x_i=0}$，$g_i(x_i(t)) = o(x_i^2)$，$h_i(x_i(t-d_i(t))) = o(x_i^2(t-d_i(t)))$，因为 $f_i(0)$ $= f_{d_i}(0) = 0$，将等式代入系统，则系统可写成如下形式：

$$\begin{cases} \dot{x}_i(t) = A_i x_i(t) + A_{d_i} x_i(t-d_i(t)) + g_i(x_i(t)) + h_i(x_i(t-d_i(t))) + \\ \qquad B_i[u_i + \Delta\psi(x_i)] + \sum\limits_{j=1,j\neq i}^{N} H_{ij}(x_j) + \Delta H_i(x) \\ y_i = C_i x_i, i = 1,2,\cdots,N \end{cases} \quad (6.2.3)$$

其中，A_i，A_{d_i} 适当维数的确定矩阵，$g_i(x_i(t))$ 和 $h_i(x_i(t-d_i(t)))$ 是连续非线性函数并且 $g_i(0)$ $= h_i(0) = 0$。

定义大系统的第 i 个正常孤立子系统如下

$$\dot{x}_i(t) = A_i x_i(t) + A_{d_i} x_i(t-d_i(t)) + g_i(x_i(t)) + h_i(x_i(t-d_i(t))) + B_i(u_i + \Delta\psi(x_i))$$

$$(6.2.4)$$

假设 6.2.1[150]　存在已知连续函数 $\rho_i(\cdot)$ 和 $\gamma_i(\cdot)$ 且有 $\rho_i(\cdot) = 0$ 使得对任意 $x_i \in \Omega_i$，有：$\|\Delta\psi(x_i)\| \leqslant \rho_i(y_i)$，$\|\Delta H_i(x_i)\| \leqslant \gamma_i(y)\|y\|$。

假设 6.2.2[148]　第 i 个孤立子系统中的非线性函数 $g_i(x_i(t))$ 和 $h_i(x_i(t-d_i(t)))$ 在其定义范围内满足 Lipschitz 条件且有：

$$\|g_i(x_i)\| \leqslant \beta_i(\|y_i\|)，\|h_i(x_i(t-d_i(t)))\| \leqslant \alpha_i(\|y_i(t-d_i(t))\|)$$

其中，$\beta_i(\cdot)$ 和 $\alpha_i(\cdot)$ 都是连续函数且 $i = 1,2,\cdots,N$。

引理 6.2.1[100]　如果对于 $\phi(x) \in V_n^w(R^p)$ 且 $\phi(0) = 0$，存在 $N(x) \in R^{n\times p}$，使得 $\phi(x) = N(x)x$，那么对于 $\sum\limits_{j=1,j\neq i}^{N} H_{ij}(x_j) \in V_n^w(\Omega)$ 且 $H_{ij}(0) = 0$，则存在非线性函数 $H_{ij}(x_j)$ 有下列组合形式：

$$H_{ij}(x_j) = R_{ij}(x_j)x_j \quad (6.2.5)$$

引理 6.2.2[151]　对于一个给定的对称矩阵 $S = \begin{pmatrix} S_{11} & S_{12} \\ S_{12}^T & S_{22} \end{pmatrix}$，其中 S_{11} 是 $r\times r$ 维的且有 $S_{11} = S_{11}^T$，$S_{22} = S_{22}^T$，那么下面的三个条件是等价的

（1）$S < 0$；

（2）$S_{11} < 0$，$S_{22} - S_{12}^T S_{11}^{-1} S_{12} < 0$；

（3）$S_{22} < 0$，$S_{11} - S_{12} S_{22}^{-1} S_{12}^T < 0$。

引理 6.2.3[152]　对任意的正定对称矩阵 $\overline{W} = \begin{pmatrix} W_1 & W_2 \\ W_2^T & W_{22} \end{pmatrix} > 0$，其中 W_1，W_2，$W_3 \in R^{n\times n}$，且

$0 \leqslant d_i(t) \leqslant \overline{d}$，若存在向量函数 $\dot{x}_i(s):[0,\overline{d}] \to R^n$，那么下面积分不等式成立：

$$-d_i(t)\int_{t-d_i(t)}^t \eta_i^{\mathrm{T}}(s)\,\overline{W}\eta_i(s)\,\mathrm{d}s \leq \varsigma_i^{\mathrm{T}}\begin{pmatrix} -W_3 & W_3 & -W_2^{\mathrm{T}} \\ * & -W_3 & W_2^{\mathrm{T}} \\ * & * & -W_1 \end{pmatrix}\varsigma_i$$

其中，$\eta_i^{\mathrm{T}}(s) = [x_i^{\mathrm{T}}(s),\dot{x}_i^{\mathrm{T}}(s)]$，$\varsigma_i^{\mathrm{T}} = \left[x_i^{\mathrm{T}}(t),x_i^{\mathrm{T}}(t-d_i(t)),\int_{t-d_i(t)}^t x_i^{\mathrm{T}}(s)\,\mathrm{d}s\right]$，$i=1,2,\cdots,N$

证明

$$-d_i(t)\int_{t-d_i(t)}^t \eta_i^{\mathrm{T}}(s)\,\overline{W}\eta_i(s)\,\mathrm{d}s \leq -\int_{t-d_i(t)}^t \eta_i^{\mathrm{T}}(s)\,\mathrm{d}s\begin{pmatrix} W_1 & W_2 \\ W_2^{\mathrm{T}} & W_3 \end{pmatrix}\int_{t-d_i(t)}^t \eta_i(s)\,\mathrm{d}s$$

$$= \zeta_i^{\mathrm{T}}(t)\begin{pmatrix} -W_3 & W_3 & -W_2^{\mathrm{T}} \\ * & -W_3 & W_2^{\mathrm{T}} \\ * & * & -W_1 \end{pmatrix}\zeta_i(t)$$

引理 6.2.4[153]　给定标量 $\alpha>0$，对任意的适当维数的常数矩阵 X 和 Y，有下面结论成立：

$$X^{\mathrm{T}}Y+Y^{\mathrm{T}}X \leq \alpha X^{\mathrm{T}}X+\frac{1}{\alpha}Y^{\mathrm{T}}Y$$

引理 6.2.5[154]　对任意适当维数的矩阵 X,Y,Z，另外 Y 是正定的而且是对称矩阵，那么，可以得到下面等式成立：

$$-Z^{\mathrm{T}}YZ \leq X^{\mathrm{T}}Z+Z^{\mathrm{T}}X+X^{\mathrm{T}}Y^{-1}X$$

6.2.2　主要结果

对系统的第 i 个孤立子系统：

$$\begin{cases} \dot{x}_i(t) = A_i x_i(t) + A_{d_i}x_i(t-d_i(t)) + g_i(x_i(t)) + h_i(x_i(t-d_i(t))) + B_i[u_i+\Delta\psi_i(x_i)] \\ y_i = C_i x_i, i=1,2,\cdots,N \end{cases}$$

$$(6.2.6)$$

设计如下形式控制器：

$$\begin{cases} u_i = u_i^1 + u_i^2 + u_i^3 + u_i^4 \\ u_i^1 = K_i y_i(t) + K_{d_i}y_i(t-d_i(t)) \end{cases}$$

$$(6.2.7)$$

问题（1）：如何设计记忆输出反馈控制器，使系统在其作用下是渐近稳定的。

下面就这一问题进行证明：

将控制器代入系统，可得下面闭环系统：

$$\begin{cases} \dot{x}_i(t) = (A_i+B_iK_iC_i)x_i(t) + (A_{d_i}+B_iK_{d_i}C_i)x_i(t-d_i(t)) + g_i(x_i(t)) + \\ \quad h_i(x_i(t-d_i(t))) + B_i[u_i^2+u_i^3+u_i^4+\Delta\psi_i(x_i)] \\ y_i = C_i x_i, i=1,2,\cdots,N \end{cases}$$

$$(6.2.8)$$

定理 6.2.1　对于已知标量 $\alpha>0$，$\bar{d}>0$ 和 $\tau>0$，如果可以得出正定的对称矩阵 $\widetilde{W}_1,W_3$ 和矩阵 $Z_1,Z_2,\widetilde{W}_2$ 使得下面矩阵不等式成立：

$$
\begin{pmatrix}
\Gamma & \gamma & -T_2 & X^{\mathrm{T}}A_i^{\mathrm{T}}+Z_1^{\mathrm{T}}B_i^{\mathrm{T}} & X^{\mathrm{T}}A_i^{\mathrm{T}}+Z_1^{\mathrm{T}}B_i^{\mathrm{T}} & \widetilde{W}_2 \\
* & T_1 & T_2 & X^{\mathrm{T}}A_{d_i}^{\mathrm{T}}+Z_2^{\mathrm{T}}B_i^{\mathrm{T}} & X^{\mathrm{T}}A_{d_i}^{\mathrm{T}}+Z_2^{\mathrm{T}}B_i^{\mathrm{T}} & 0 \\
* & * & T_3 & 0 & 0 & 0 \\
* & * & * & \dfrac{1}{\overline{d}^2}(-2X+W_3) & 0 & 0 \\
* & * & * & * & -\dfrac{\alpha}{\overline{d}^2}X & 0 \\
* & * & * & * & * & -\dfrac{1}{\alpha\overline{d}^2}X
\end{pmatrix} < 0 \tag{6.2.9}
$$

其中

$$
\gamma = A_{d_i}X + B_iZ_2 + (1-\tau)W_3
$$

$$
T_1 = -(1-\tau)(\widetilde{Q}+W)
$$

$$
T_2 = (1-\tau)\widetilde{W}_2^{\mathrm{T}}
$$

$$
T_3 = -(1-\tau)\widetilde{W}_1
$$

$$
\Gamma = X^{\mathrm{T}}A_i^{\mathrm{T}} + A_iX + Z_1^{\mathrm{T}}B_i^{\mathrm{T}} + B_iZ_1 + \widetilde{Q} - (1-\tau)W_3 + \overline{d}^2\widetilde{W}_1
$$

则系统有下面稳定控制器：

$$
u_i = u_i^1 + u_i^2 + u_i^3 + u_i^4
$$

$$
u_i^1 = Z_1X^{-1}C_i^+ y_i(t) + Z_2X^{-1}C_i^+ y_i(t-d_i(t))
$$

$$
u_i^2 = \begin{cases}
-\dfrac{F_1y_i + F_2\dot{y}_i}{\parallel F_1y_i + F_2\dot{y}_i \parallel}\rho_i(y_i), & F_1y_i + F_2\dot{y}_i \neq 0 \\
0, & F_1y_i + F_2\dot{y}_i = 0
\end{cases}
$$

$$
u_i^3 = \begin{cases}
-\dfrac{F_1y_i + F_2\dot{y}_i}{\lambda_{\min}(B_i)\parallel F_1y_i + F_2\dot{y}_i \parallel}\beta_i(\parallel y_i \parallel), & F_1y_i + F_2\dot{y}_i \neq 0 \\
0, & F_1y_i + F_2\dot{y}_i = 0
\end{cases}
$$

$$
u_i^4 = \begin{cases}
-\dfrac{F_1y_i + F_2\dot{y}_i}{\lambda_{\min}(B_i)\parallel F_1y_i + F_2\dot{y}_i \parallel}\alpha_i(\parallel y_i(t-d_i(t)) \parallel), & F_1y_i + F_2\dot{y}_i \neq 0 \\
0, & F_1y_i + F_2\dot{y}_i = 0
\end{cases}
$$

$$
i = 1, 2, \cdots, N \tag{6.2.10}
$$

其中，$B_i^{\mathrm{T}}(P+\overline{d}^2W_2P)^{\mathrm{T}} = F_1C_i$，$B_i^{\mathrm{T}}\overline{d}^2W_3P = F_2C_i$，$\rho_i(y_i)$ 满足假设 6.2.1，$\beta_i(\parallel y_i \parallel)$，$\alpha_i(\parallel y_i(t-d_i(t)) \parallel)$ 满足假设 6.2.2，$P = X^{-1}$，$W_2 = P\widetilde{W}_2$。

证明　对闭环系统，可以构造下面 Lyapunov 函数：

$$
V_i = V_i^1 + V_i^2 + V_i^3
$$

$$
V_i^1 = x_i^{\mathrm{T}}(t)Px_i(t), \quad V_i^2 = \int_{t-d_i(t)}^{t} x_i^{\mathrm{T}}(s)Qx_i(s)\,\mathrm{d}s, \quad V_i^3 = \overline{d}\int_{-d_i(t)}^{0}\int_{t+\theta}^{t} \eta_i^{\mathrm{T}}(s)Y^{\mathrm{T}}\overline{W}Y\eta_i(s)\,\mathrm{d}s\mathrm{d}\theta
$$

η_i 如引理 6.2.3 所示，$Y = \begin{pmatrix} I & 0 \\ 0 & P \end{pmatrix}$

$$\dot{V}_i^1 = \dot{x}_i^{\mathrm{T}}(t)Px_i(t) + x_i^{\mathrm{T}}(t)P\dot{x}_i(t)$$

$$= x_i^{\mathrm{T}}(t)[(A_i + B_iK_iC_i)^{\mathrm{T}}P + P(A_i + B_iK_iC_i)]x_i(t) + 2x_i^{\mathrm{T}}(t)P(A_{d_i} + B_iK_{d_i}C)x_i(t - d_i(t)) +$$

$$2x_i^{\mathrm{T}}(t)Pg_i(x_i(t)) + 2x_i^{\mathrm{T}}(t)Ph_i(x_i(t - d_i(t))) + 2x_i^{\mathrm{T}}(t)PB_i[u_i^2 + u_i^3 + u_i^4 + \Delta\psi_i(x_i)]$$

$$\dot{V}_i^2 \leqslant x_i^{\mathrm{T}}(t)Qx_i(t) - (1 - \tau)x_i^{\mathrm{T}}(t - d_i(t))Qx_i(t - d_i(t))$$

$$\dot{V}_i^3 = \bar{d}\int_{-d_i(t)}^0 \eta_i^{\mathrm{T}}(t)Y^{\mathrm{T}}\overline{W}Y\eta_i^{\mathrm{T}}(t) - \eta_i^{\mathrm{T}}(t + \theta)Y^{\mathrm{T}}\overline{W}Y\eta_i(t + \theta)\mathrm{d}\theta + \bar{d}d(t)\int_{t-d_i(t)}^t \eta_i^{\mathrm{T}}(s)Y^{\mathrm{T}}\overline{W}Y\eta_i(s)\mathrm{d}s$$

$$\leqslant \bar{d}^2\eta_i^{\mathrm{T}}(t)Y^{\mathrm{T}}\overline{W}Y\eta_i(t) - (1 - \tau)d_i(t)\int_{t-d_i(t)}^t \eta_i^{\mathrm{T}}(s)Y^{\mathrm{T}}\overline{W}Y\eta_i(s)\mathrm{d}s$$

由引理 6.2.3 可得

$$- d_i(t)\int_{t-d_i(t)}^t \eta_i^{\mathrm{T}}(s)Y^{\mathrm{T}}\overline{W}Y\eta_i(s)\mathrm{d}s \leqslant \varsigma_i^{\mathrm{T}}\begin{pmatrix} -PW_3P & PW_3P & -PW_2^{\mathrm{T}} \\ * & -PW_3P & PW_2^{\mathrm{T}} \\ * & * & -W_1 \end{pmatrix}\varsigma_i$$

则可以得到

$$\dot{V}_i + \bar{d}^2M_i^{\mathrm{T}}PW_3PM_i \leqslant \varsigma_i^{\mathrm{T}}\Lambda_1\varsigma_i + 2\bar{d}^2\begin{pmatrix} x_i(t) \\ \tilde{A}_ix_i(t) + \tilde{A}_{d_i}x_i(t - d_i(t)) \end{pmatrix}^{\mathrm{T}}Y^{\mathrm{T}}\overline{W}Y\begin{pmatrix} 0 \\ M_i \end{pmatrix} +$$

$$\bar{d}^2\begin{pmatrix} 0 \\ M_i \end{pmatrix}^{\mathrm{T}}Y^{\mathrm{T}}\overline{W}Y\begin{pmatrix} 0 \\ M_i \end{pmatrix} + 2x_i^{\mathrm{T}}(t)PM_i + \bar{d}^2M_i^{\mathrm{T}}PW_3PM_i$$

$$\leqslant \varsigma_i^{\mathrm{T}}\Lambda_1\varsigma_i + [2x_i^{\mathrm{T}}(t)(P + \bar{d}^2W_2P) + 2\dot{x}_i^{\mathrm{T}}(t)\bar{d}^2PW_3P]M_i \tag{6.2.11}$$

其中，$M_i = B_i[u_i^2 + u_i^3 + u_i^4 + \Delta\psi_i(x_i)] + g_i(x_i(t)) + h_i(x_i(t - d_i(t)))$

$$\Lambda_1 = \begin{pmatrix} I & P\tilde{A}_{d_i} + (1-\tau)PW_3P & -(1-\tau)PW_2^{\mathrm{T}} \\ * & -(1-\tau)(Q + PW_3P) & (1-\tau)PW_2^{\mathrm{T}} \\ * & * & -(1-\tau)W_1 \end{pmatrix} + \bar{d}^2\begin{pmatrix} I & \tilde{A}_i^{\mathrm{T}} \\ 0 & \tilde{A}_{d_i}^{\mathrm{T}} \\ 0 & 0 \end{pmatrix}Y^{\mathrm{T}}\overline{W}Y\begin{pmatrix} I & \tilde{A}_i^{\mathrm{T}} \\ 0 & \tilde{A}_{d_i}^{\mathrm{T}} \\ 0 & 0 \end{pmatrix}$$

$$I = \tilde{A}_i^{\mathrm{T}}P + P\tilde{A}_i + Q - (1-\tau)PW_3P, \tilde{A}_i = A_i + B_iK_iC_i, \tilde{A}_{d_i} = A_{d_i} + B_iK_{d_i}C_i$$

应用控制器，假设 6.2.1 和假设 6.2.2，可以得到

$$[2x_i^{\mathrm{T}}(t)(P + \bar{d}^2W_2P) + 2\dot{x}_i^{\mathrm{T}}(t)\bar{d}^2PW_3P]B_i[u_i^2 + \Delta\psi_i(x_i)]$$

$$= [2x_i^{\mathrm{T}}(t)(F_1C_i)^{\mathrm{T}} + 2\dot{x}_i^{\mathrm{T}}(t)(F_1C_i)^{\mathrm{T}}][u_i^2 + \Delta\psi_i(x_i)]$$

$$= [2(F_1y_i)^{\mathrm{T}} + 2(F_2\dot{y}_i)^{\mathrm{T}}][u_i^2 + \Delta\psi_i(x_i)] \tag{6.2.12}$$

$$\leqslant -\frac{[2(F_1y_i)^{\mathrm{T}} + 2(F_2\dot{y}_i)^{\mathrm{T}}](2F_1y_i + 2F_2\dot{y}_i)}{\parallel 2F_1y_i + 2F_2\dot{y}_i \parallel}\rho_i(y_i) +$$

$$\parallel 2(F_1y_i)^{\mathrm{T}} + 2(F_2\dot{y}_i)^{\mathrm{T}} \parallel \Delta\psi_i(x_i) \leqslant 0$$

$$[2x_i^{\mathrm{T}}(t)(P + \bar{d}^2W_2P) + 2\dot{x}_i^{\mathrm{T}}(t)\bar{d}^2PW_3P[B_iu_i^3 + g_i(x_i(t))]$$

$$= [2(F_1y_i)^{\mathrm{T}} + 2(F_2\dot{y}_i^{\mathrm{T}})]u_i^3 + (2x_i^{\mathrm{T}}(t)(P + \bar{d}^2W_2P) + 2\dot{x}_i^{\mathrm{T}}(t)\bar{d}^2PW_3P)g_i(x_i(t))$$

$$\leqslant -\frac{\parallel 2(F_1y_i)^{\mathrm{T}} + 2(F_1\dot{y}_i)^{\mathrm{T}} \parallel}{\lambda_{\min}(B_i)}\beta_i(\parallel y_i \parallel) + \parallel 2x_i^{\mathrm{T}}(t)(P + \bar{d}^2W_2P) + 2\dot{x}_i^{\mathrm{T}}(t)\bar{d}^2PW_3P \parallel$$

$$g_i(x_i(t))$$

$$\leqslant \| 2x_i^{\mathrm{T}}(t)(P + \bar{d}^2 W_2 P) + 2\dot{x}_i^{\mathrm{T}}(t)\bar{d}^2 P W_3 P \| [-\beta_i(\| y_i \|) + g_i(_i(t))]$$

$$\leqslant 0 \tag{6.2.13}$$

接着,由止式可以得出

$$[2x_i^{\mathrm{T}}(t)(P+\bar{d}^2 W_2 P)+2\dot{x}_i^{\mathrm{T}}(t)\bar{d}^2 P W_3 P][B_i u_i^4 + h_i(x_i(t-d_i(t)))]$$

$$= [2(F_1 y_i)^{\mathrm{T}} + 2(F_2 \dot{y}_i)^{\mathrm{T}}] u_i^4 + [2x_i^{\mathrm{T}}(t)(P+\bar{d}^2 W_2 P)+2\dot{x}_i^{\mathrm{T}}(t)\bar{d}^2 P W_3 P] h_i(x_i(t-d_i(t)))$$

$$\leqslant -\frac{\| 2(F_1 y_i)^{\mathrm{T}} + 2(F_1 \dot{y}_i)^{\mathrm{T}} \|}{\lambda_{\min}(B_i)}\alpha_i(\| y_i(t-d_i(t)) \|) +$$

$$\left\| \begin{matrix} 2x_i^{\mathrm{T}}(t)(P+\bar{d}^2 W_2 P) \\ +2\dot{x}_i^{\mathrm{T}}(t)\bar{d}^2 P W_3 P \end{matrix} \right\| h_i(x_i(t-d_i(t)))$$

$$\leqslant \| 2x_i^{\mathrm{T}}(t)(P+\bar{d}^2 W_2 P)2\dot{x}_i^{\mathrm{T}}(t)\bar{d}^2 P W_3 P \| \begin{bmatrix} -\alpha_i(\| y_i(t-d_i(t)) \|) \\ +h_i(x_i(t-d_i(t))) \end{bmatrix} \leqslant 0 \tag{6.2.14}$$

从而,可得

$$\dot{V}+\bar{d}^2 M_i^{\mathrm{T}} P W_3 P M_i \leqslant \varsigma_i^{\mathrm{T}} \Lambda_1 \varsigma_i$$

其中

$$\Lambda_1 = \begin{pmatrix} \Gamma_1 & \Gamma_2 & -(1-\tau)P W_2^{\mathrm{T}} \\ * & \Gamma_3 & (1-\tau)P W_2^{\mathrm{T}} \\ * & * & -(1-\tau)W_1 \end{pmatrix}$$

$$\Gamma_1 = \tilde{A}_i^{\mathrm{T}} P + P\tilde{A}_i + Q - (1-\tau)P W_3 P + P\bar{d}^2(W_1 + \tilde{A}_i^{\mathrm{T}} P W_2^{\mathrm{T}} + W_2 P\tilde{A}_i + \tilde{A}_i^{\mathrm{T}} P W_3 P\tilde{A}_i)$$

$$\Gamma_2 = P\tilde{A}_{d_i} + (1-\tau)P W_3 P + \bar{d}^2(W_2 P\tilde{A}_{d_i} + \tilde{A}_i^{\mathrm{T}} P W_3 P\tilde{A}_{d_i})$$

$$\Gamma_3 = -(1-\tau)(Q + P W_3 P) + \bar{d}^2 \tilde{A}_{d_i}^{\mathrm{T}} P W_3 P\tilde{A}_{d_i}$$

对矩阵 Λ_1 分别左乘右乘 $N = \mathrm{diag}\{ P^{-1}, P^{-1}, P^{-1} \}$ 和 N^{T},则 $\Lambda_1 < 0$ 等价于下面的不等式:

$$\Lambda_1 = \begin{pmatrix} \Gamma_4 & (1-\tau)W_3 + \tilde{A}_{d_i}P^{-1} & -(1-\tau)W_2^{\mathrm{T}} P^{-1} \\ * & -(1-\tau)(P^{-1}QP^{-1}+W_3) & (1-\tau)W_2^{\mathrm{T}} P^{-1} \\ * & * & -(1-\tau)P^{-1}W_1 P^{-1} \end{pmatrix}$$

$$+ \bar{d}^2 \begin{pmatrix} P^{-1}\tilde{A}_i^{\mathrm{T}} \\ P^{-1}\tilde{A}_{d_i}^{\mathrm{T}} \\ 0 \end{pmatrix} P W_3 P \begin{pmatrix} P^{-1}\tilde{A}_i^{\mathrm{T}} \\ P^{-1}\tilde{A}_{d_i}^{\mathrm{T}} \\ 0 \end{pmatrix}^{\mathrm{T}} + \bar{d}^2 \begin{pmatrix} \Gamma_5 & P^{-1}W_2 P\tilde{A}_{d_i} P^{-1} & 0 \\ P^{-1}\tilde{A}_{d_i}^{\mathrm{T}} P W_2^{\mathrm{T}} P^{-1} & 0 & 0 \\ 0 & 0 & 0 \end{pmatrix} < 0$$

$$\Gamma_4 = (A_1 P^{-1} + B_i K_i C_i P^{-1})^{\mathrm{T}} + (A_1 P^{-1} + B_i K_i C_i P^{-1}) + P^{-1}QP^{-1} - (1-\tau)W_3 + \bar{d}^2 P^{-1}W_1 P^{-1}$$

$$\Gamma_5 = P^{-1}\tilde{A}_i^{\mathrm{T}} P W_2^{\mathrm{T}} P^{-1} + P^{-1}W_2 P\tilde{A}_i P^{-1}$$

应用引理 6.2.2 和引理 6.2.4,可得

$$\begin{pmatrix} \Gamma_4 & \widetilde{Y} & -\widetilde{T}_2 & (\widetilde{A}_i P^{-1})^T & (\widetilde{A}_i P^{-1})^T & P^{-1}W_2 \\ * & \widetilde{T}_1 & \widetilde{T}_2 & (\widetilde{A}_{d_i} P^{-1})^T & (\widetilde{A}_{d_i} P^{-1})^T & 0 \\ * & * & \widetilde{T}_3 & 0 & 0 & 0 \\ * & * & * & -\dfrac{1}{\bar{d}^2} P^{-1} W_3^{-1} P^{-1} & 0 & 0 \\ * & * & * & * & -\dfrac{\alpha}{\bar{d}^2} P^{-1} & 0 \\ * & * & * & * & * & -\dfrac{1}{\alpha \bar{d}^2} P^{-1} \end{pmatrix} < 0$$

其中,$\alpha>0$,$\widetilde{Y}=\widetilde{A}_{d_i}P^{-1}+(1-\tau)W_3$,$\widetilde{T}_1=(1-\tau)(P^{-1}QP^{-1}+W_3)$,

$$\widetilde{T}_2=(1-\tau)W_2^T P^{-1},\widetilde{T}_3=-(1-\tau)P^{-1}W_1 P^{-1}$$

由引理 6.2.5 可以得到:$-P^{-1}W_3^{-1}P^{-1}\leqslant -2P^{-1}+W_3$ \hfill (6.2.15)

应用等式并且令

$$P^{-1}=X,K_i C_i P^{-1}=Z_1,K_{d_i} C_i P^{-1}=Z_2,P^{-1}W_2=\widetilde{W}_2,P^{-1}W_1^{-1}P^{-1}=\widetilde{W},P^{-1}QP^{-1}=\widetilde{Q} \quad (6.2.16)$$

则可以得到不等式,所以系统在控制器作用下是渐近稳定的,而且稳定控制器变量 K_i,K_{d_i} 可设计成如下形式:

$$K_i = Z_1 X^{-1} C_i^+, K_{d_i} = Z_2 X^{-1} C_i^+ \hfill (6.2.17)$$

证毕。

在定理 6.2.1 的证明中,由 $\Lambda_1<0$,解得 $\Gamma_1<0$,那么会得到一个正定矩阵 S 使得下面等式成立:

$$\Gamma_1 + S = 0 \hfill (6.2.18)$$

对于大系统,设计如下的控制器:

$$u_i = u_i^1 + u_i^2 + u_i^3 + u_i^4 + u_i^5$$

$$u_i^1 = K_i y_i(t) + K_{d_i} y_i(t-d_i(t))$$

$$u_i^2 = \begin{cases} -\dfrac{F_1 y_i + F_2 \dot{y}_i}{\| F_1 y_i + F_2 \dot{y}_i \|} \rho_i(y_i), & F_1 y_i + F_2 \dot{y}_i \neq 0 \\ 0, & F_1 y_i + F_2 \dot{y}_i = 0 \end{cases}$$

$$u_i^3 = \begin{cases} -\dfrac{F_1 y_i + F_2 \dot{y}_i}{\lambda_{\min}(B_i) \| F_1 y_i + F_2 \dot{y}_i \|} \beta_i(\| y_i \|), & F_1 y_i + F_2 \dot{y}_i \neq 0 \\ 0, & F_1 y_i + F_2 \dot{y}_i = 0 \end{cases}$$

$$u_i^4 = \begin{cases} -\dfrac{F_1 y_i + F_2 \dot{y}_i}{\lambda_{\min}(B_i) \| F_1 y_i + F_2 \dot{y}_i \|} \alpha_i(\| y_i(t-d_i(t)) \|), & F_1 y_i + F_2 \dot{y}_i \neq 0 \\ 0, & F_1 y_i + F_2 \dot{y}_i = 0 \end{cases}$$

$$u_i^5 = \begin{cases} -\dfrac{F_1 y_i + F_2 \dot{y}_i}{\lambda_{\min}(B_i) \parallel F_1 y_i + F_2 \dot{y}_i \parallel} \gamma_i(y) \parallel y \parallel, F_1 y_i + F_2 \dot{y}_i \neq 0 \\ 0, F_1 y_i + F_2 \dot{y}_i = 0 \end{cases}$$

$$i = 1, 2, \cdots, N \tag{6.2.19}$$

其中,P 满足等式,K_i, K_{d_i} 满足等式。

问题(2):第二个问题是要找一个形如等式的分散控制器使得系统渐近稳定,并估计其稳定区域。

下面就这一问题进行证明:

将控制器代入系统,可得下面闭环系统:

$$\begin{cases} \dot{x}(t) = (A_i + B_i K_i C_i) x_i(t) + (A_{d_i} + B_i K_{d_i} C_i) x_i(t - d_i(t)) + g_i(x_i(t)) + \\ \quad h_i(x_i(t - d_i(t))) + B_i [u_i^2 + u_i^3 + u_i^4 + u_i^5 + \Delta \psi_i(x_i)] + \sum_{j=1, j \neq 1}^N H_{ij}(x_j) + \Delta H_i(x) \\ y_i = C_i x_i, i = 1, 2, \cdots, N \end{cases} \tag{6.2.20}$$

定理 6.2.2 若有一个区域 Ω,可以使 W 在 Ω 中有 $W^T + W > 0$ 成立,那么利用控制器,则系统是渐近稳定的。W 定义如下:

$$w_{ij}(x_j) = \begin{cases} 1 - \Gamma_{ii}, 1 \leq i \leq N, i = j; \\ \lambda_{\min}(S^{-\frac{1}{2}}[(1-\tau)(Q + PW_3 P) - \bar{d}^2 \tilde{A}_{d_i}^T PW_3 P \tilde{A}_{d_i}] S^{-\frac{1}{2}}), N+1 \leq i \leq 2N, i = j; \\ \lambda_{\min}((1-\tau) S^{-\frac{1}{2}} W_1 S^{-\frac{1}{2}}), 2N+1 \leq i \leq 3N, i = j; \\ - \parallel S^{-\frac{1}{2}}(P + \bar{d}^2 W_2 + \bar{d}^2 \tilde{A}_i^T PW_3 P) R_{ij} S^{-\frac{1}{2}} \parallel + \Gamma_{ij}, 1 \leq i, j \leq N, i \neq j; \\ 0, N+1 \leq i, j \leq 2N, i \neq j; 0, 2N+1 \leq i, j \leq 3N, i \neq j; \\ - \parallel S^{-\frac{1}{2}}[\tilde{A}_{d_i}^T P + (1-\tau) PW_3 P + \bar{d}^2(W_2 P \tilde{A}_{d_i}^T + \tilde{A}_i^T PW_3 P \tilde{A}_{d_i}^T)] S^{-\frac{1}{2}} \parallel, j = N+i, 1 \leq i \leq N; \\ \lambda_{\min}((1-\tau) S^{-\frac{1}{2}} PW_2^T S^{-\frac{1}{2}}), j = 2N+i, 1 \leq i \leq N; \\ - \parallel (1-\tau) S^{-\frac{1}{2}} PW_2^T S^{-\frac{1}{2}} \parallel, i = N+i, N+1 \leq i \leq 2N; \\ - \parallel \bar{d}^2 S^{-\frac{1}{2}} R_{ij}^T PW_3 P \tilde{A}_{d_i}^T S^{-\frac{1}{2}} \parallel, j \neq N+i, 1 \leq i \leq N, N \leq j \leq 2N; \\ 0, j \neq 2N+i, 1 \leq i \leq N, 2N \leq j \leq 3N; 0, j \neq N+i, N \leq i \leq 2N, 2N \leq j \leq 3N \end{cases}$$

其中,P, Q, W_1, W_2 在等式中给出,K_i, K_{d_i} 在等式中给出,S 满足式,且有:

$$\Gamma_{ii} = \bar{d}^2 \parallel S^{-\frac{1}{2}} \sum_{k=1, k \neq i}^N (R_{ki}^T PW_3 PR_{ki}) S^{-\frac{1}{2}} \parallel, \Gamma_{ij} = \bar{d}^2 \parallel S^{-\frac{1}{2}} \sum_{k=1, k \neq i, k \neq j}^N (R_{ki}^T PW_3 PR_{kj}) S^{-\frac{1}{2}} \parallel$$

证明　对于系统,考虑下面 Lyapunov 函数:

$$V(x_1, x_2, \cdots, x_N) = \sum_{i=1}^N V_i(x_1, x_2, \cdots, x_N), V_i = V_i^1 + V_i^2 + V_i^3$$

$$V_i^1 = x_i^T(t) P x_i(t), V_i^2 = \int_{t - d_i(t)}^t x_i^T(s) Q x_i(s) \, \mathrm{d}s, V_i^3 = \bar{d} - \int_{-d_i(t)}^0 \int_{(t+\theta)}^t \eta_i^T(s) Y^T \overline{W} Y \eta_i(s) \, \mathrm{d}s \mathrm{d}\theta$$

其中,$\eta_i(s) = [x_i^T(s), \dot{x}_i^T(s)]$,则有:

$$\dot{V}_i^1 = \dot{x}_i^T(t)Px_i(t) + x_i^T(t)P\dot{x}_i(t)$$

$$= x_i^T(t)\left[(A_i + B_iK_iC_i)^TP + P(A_i + B_iK_iC_i)\right]x_i(t) + 2x_i^T(t)P(A_{d_i} + B_iK_{d_i}C_i)x_i(t - d_i(t)) +$$

$$2x_i^T(t)Pg_i(x_i(t)) + 2x_i^T(t)Ph_i(x_i(t - d_i(t))) + 2x_i^T(t)PB_i[u_i^2 + u_i^3 + u_i^4 + \Delta\psi_i(x_i)] +$$

$$2x_i^T(t)P\sum_{j=1,j\neq i}^{N} R_{ij}(x_j)x_j + 2x_i^T(t)P\Delta H_i(x)$$

$$\dot{V}_i^2 \leq x_i^T(t)Qx_i(t) - (1-\tau)x_i^T(t - d_i(t))Qx_i(t - d_i(t))$$

$$\dot{V}_i^3 = \overline{d}\int_{t-d_i(t)}^{0}\eta_i^T(t)Y^T\overline{W}Y\eta_i(t) - \eta_i^T(t+\theta)Y^T\overline{W}Y\eta_i(t+\theta)\,\mathrm{d}\theta + \overline{d}d(t)\int_{t-d_i(t)}^{t}\eta_i^T(s)Y^T\overline{W}Y\eta_i(s)\,\mathrm{d}s$$

$$\leq \overline{d}^2\eta_i^T(t)Y^T\overline{W}Y\eta_i(t) - (1-\tau)d_i(t)\int_{t-d_i(t)}^{t}\eta_i^T(s)Y^T\overline{W}Y\eta_i(s)\,\mathrm{d}s$$

由引理 6.2.3 可得

$$-d_i(t)\int_{t-d_i(t)}^{t}\eta_i^T(s)Y^T\overline{W}Y\eta_i(s)\,\mathrm{d}s \leq \varsigma_i^T\begin{pmatrix} -PW_3P & PW_3P & -PW_2^T \\ * & -PW_3P & PW_2^T \\ * & * & -W_1 \end{pmatrix}\varsigma_i$$

那么综上可以得到

$$\dot{V}_i + \overline{d}^2\theta_3^TPW_3P\theta_3 \leq \varsigma_i^T\Lambda_1\varsigma_i + [2x_i^T(t)(P + \overline{d}^2W_2P) + 2\dot{x}_i^T(t)\overline{d}^2PW_3P]\theta_3$$

其中
$$\varsigma_i^T = \left[x_i^T(t), x_i^T(t - d_i(t)), \int_{t-d_i(t)}^{t}x_i^T(s)\,\mathrm{d}s\right], i = 1, 2, \cdots, N$$

$$\theta_1 = B_i[u_i^2 + u_i^3 + u_i^4 + u_i^5 + \Delta\psi_i(x_i)] + g_i(x_i(t)) + h_i(x_i(t - d_i(t))) + \Delta H_i(x)$$

$$\theta_2 = \sum_{j=1,j\neq i}^{N} R_{ij}(x_j)x_j, \theta_3 = \theta_1 + \theta_2$$

由引理 6.2.4 可以得到

$$\dot{V}_i + \overline{d}^2\theta_3^TPW_3P\theta_3 \leq \varsigma_i^T\Lambda_1\varsigma_i + [2x_i^T(t)(P + \overline{d}^2W_2P) + 2\dot{x}_i^T(t)\overline{d}^2PW_3P]\theta_1 +$$

$$[2x_i^T(t)(P + \overline{d}^2W_2P) + 2(\tilde{A}_ix_i(t) + \tilde{A}_{d_i}x_i(t - d_i(t)))^T\overline{d}^2PW_3P]\theta_2$$

$$+ \overline{d}^2\theta_3^TPW_3P\theta_3 + \overline{d}^2\theta_2^TPW_3P\theta_2$$

$$\dot{V}_i \leq \varsigma_i^T\Lambda_1\varsigma_i + [2x_i^T(t)(P + \overline{d}^2W_2P) + 2\dot{x}_i^T(t)\overline{d}^2PW_3P]\theta_1 + [2x_i^T(t)(P + \overline{d}^2W_2P) +$$

$$2(\tilde{A}_ix_i(t) + \tilde{A}_{d_i}x_i(t - d_i(t)))^T\overline{d}^2PW_3P]\theta_2 + \overline{d}^2\theta_2^TPW_3P\theta_2 \qquad (6.2.21)$$

由式(6.2.21),假设 6.2.1 和假设 6.2.2 可以得到

$$[2x_i^T(t)(P + \overline{d}^2W_2P) + 2\dot{x}_i^T(t)\overline{d}^2PW_3P]B_i[u_i^2 + \Delta\Psi_i(x_i)]$$

$$= [2x_i^T(t)(F_1C_i)^T + 2\dot{x}_i^T(t)(F_2C_i)^T][u_i^2 + \Delta\Psi_i(x_i)]$$

$$= [2(F_1y_i)^T + 2(F_2\dot{y}_i)^T][u_i^2 + \Delta\Psi_i(x_i)] \qquad (6.2.22)$$

$$\leq -\frac{[2(F_1y_i)^T + 2(F_2\dot{y})^T](2F_1y_i + 2(F_2\dot{y}_i)}{\|2F_1y_i + 2F_2\dot{y}_i\|}\rho_i(y_i) + \|2(F_1y_i)^T +$$

$$2(F_2\dot{y})^T\|\Delta\Psi_i(x_i) \leq 0$$

$$[2x_i^T(t)(P + \overline{d}^2W_2P)2\dot{x}_i^T(t)\overline{d}^2PW_3P][B_iu_i^3 + g_i(x_i(t))]$$

$$= [2(F_1y_i)^T + 2(F_2\dot{y}_i)^T]u_i^3 + [2x_i^T(t)(P + \overline{d}^2W_2P) + 2\dot{x}_i^T(t)\overline{d}^2PW_P]g_i(x_i(t))$$

$$\leq -\frac{\parallel 2(F_1 y_i)^{\mathrm{T}} + 2(F_1 \dot{y}_i)^{\mathrm{T}} \parallel}{\lambda_{\min}(B_i)} \beta_i(\parallel y_i \parallel) + \parallel 2x_i^{\mathrm{T}}(t)(P+\overline{d}^2 W_2 P) + 2\dot{x}_i^{\mathrm{T}}(t)\overline{d}^2 P W_3 P \parallel g_i(x_i(t))$$

$$\leq \parallel 2x_i^{\mathrm{T}}(t)(P+\overline{d}^2 W_2 P) + 2\dot{x}_t^{\mathrm{T}}(t)\overline{d}^2 P W_3 P \parallel [-\beta_i(\parallel y_i \parallel) + g_i(x_i(t))] \leq 0 \qquad (6.2.23)$$

$$[2x_i^{\mathrm{T}}(t)(P+\overline{d}^2 W_2 P) + 2\dot{x}_i^{\mathrm{T}}(t)\overline{d}^2 P W_3 P][B_i u_i^4 + h_i(x_i(t-d_i(t)))]$$

$$= [2(F_1 y_i)^{\mathrm{T}} + 2(F_2 \dot{y}_i)^{\mathrm{T}}]u_i^4 + [2x_i^{\mathrm{T}}(t)(P+\overline{d}^2 W_2 P) + 2\dot{x}_i^{\mathrm{T}}(t)\overline{d}^2 P W_3 P]h_i(x_i(t-d_i(t)))$$

$$\leq -\frac{\parallel 2(F_1 y_i)^{\mathrm{T}} + 2(F_1 \dot{y}_i)^{\mathrm{T}} \parallel}{\lambda_{\min}(B_i)} \alpha_i(\parallel y_i(t-d_i(t)) \parallel) + \parallel 2x_i^{\mathrm{T}}(t)(P+\overline{d}^2 W_2 P) +$$

$$2\dot{x}_i^{\mathrm{T}}(t)\overline{d}^2 P W_3 P \parallel h_i(x_i(t-d_i(t))) \leq \parallel 2x_i^{\mathrm{T}}(t)(P+\overline{d}^2 W_2 P) + 2\dot{x}_i^{\mathrm{T}}(t)\overline{d}^2 P W_3 P$$

$$\parallel [-\alpha_i(\parallel y_i(t-d_i(t)) \parallel) + h_i(x_i(t-d_i(t)))] \leq 0 \qquad (6.2.24)$$

$$[2x_i^{\mathrm{T}}(t)(P+\overline{d}^2 W_2 P) + 2\dot{x}_t^{\mathrm{T}}(t)\overline{d}^2 P W_3 P][B_i u_i^5 + \Delta H_i(x)]$$

$$= [2(F_1 y_i)^{\mathrm{T}} + 2(F_2 \dot{y}_i)^{\mathrm{T}}]u_i^5 + [2x_i^{\mathrm{T}}(t)(P+\overline{d}^2 W_2 P) + 2\dot{x}_i^{\mathrm{T}}(t)\overline{d}^2 P W_3 P]\Delta H_i(x)$$

$$\leq -\frac{\parallel 2(F_1 y_i)^{\mathrm{T}} + 2(F_1 \dot{y}_i)^{\mathrm{T}} \parallel}{\lambda_{\min}(B_i)} \gamma_i(y) \parallel y \parallel + \parallel 2x_i^{\mathrm{T}}(t)(P+\overline{d}^2 W_2 P) + 2\dot{x}_i^{\mathrm{T}}(t)\overline{d}^2 P W_3 P \parallel \Delta H_i(x)$$

$$\leq \parallel 2x_i^{\mathrm{T}}(t)(P+\overline{d}^2 W_2 P) + 2\dot{x}_i^{\mathrm{T}}(t)\overline{d}^2 P W_3 P \parallel [-\gamma_i(y) \parallel y \parallel) + \Delta H_i(x)] \leq 0 \qquad (6.2.25)$$

则可以得到

$$\dot{V}_i \leq \varsigma_i^{\mathrm{T}} \Lambda_1 \varsigma_i + [2x_i^{\mathrm{T}}(t)(P + \overline{d}^2 W_2 P) + 2(\tilde{A}_i x_i(t) + \tilde{A}_{d_i} x_i(t - d_i(t)))^{\mathrm{T}} \overline{d}^2 P W_3 P]\theta_2 + \overline{d}^2 \theta_2^{\mathrm{T}} P W_3 P \theta_2$$

最后由上述等式可以得到

$$\dot{V} \leq - \sum_{i=1}^{N} \left\{ \left\| S^{-\frac{1}{2}} x_i(t) \right\|^2 - 2 \left\| S^{-\frac{1}{2}} x_i(t) \right\| \left\| S^{-\frac{1}{2}} x_i(t-d_i) \right\| \right.$$

$$\left\| S^{-\frac{1}{2}} [\tilde{A}_{d_i}^{\mathrm{T}} P + (1-\tau) P W_3 P + \overline{d}^2 (W_2 P \tilde{A}_{d_i} + \tilde{A}_i^{\mathrm{T}} P W_3 P \tilde{A}_{d_i})] S^{-\frac{1}{2}} \right\| +$$

$$2 \left\| S^{-\frac{1}{2}} x_i(t) \right\| \left\| S^{-\frac{1}{2}} \int_{t-d_i(t)}^{t} x_i(t) \mathrm{d}s \right\| \lambda_{\min} \left((1-\tau) S^{-\frac{1}{2}} P W_2^{\mathrm{T}} S^{-\frac{1}{2}} \right) +$$

$$\left\| S^{-\frac{1}{2}} x_i(t-d_i) \right\|^2 \lambda_{\min} \left[S^{-\frac{1}{2}} ((1-\tau)(Q + P W_3 P - \overline{d}^2 \tilde{A}_{d_i}^{\mathrm{T}} P W_3 P \tilde{A}_{d_i}) S^{-\frac{1}{2}} \right] -$$

$$2 \left\| S^{-\frac{1}{2}} x_i(t-d_i) \right\| \left\| S^{-\frac{1}{2}} \int_{t-d_i(t)}^{t} x_i(t) \mathrm{d}s \right\|$$

$$\left\| (1-\tau) S^{-\frac{1}{2}} P W_2^{\mathrm{T}} S^{-\frac{1}{2}} \right\| + \left\| S^{-\frac{1}{2}} \int_{t-d_i(t)}^{t} x_i(t) \mathrm{d}s \right\|^2 \lambda_{\min} \left((1-\tau) S^{-\frac{1}{2}} W_1 S^{-\frac{1}{2}} \right) -$$

$$2 \left\| S^{-\frac{1}{2}} x_i(t) \right\| \left\| S^{-\frac{1}{2}} x_j(t) \right\| \left\| S^{-\frac{1}{2}} (P + \overline{d}^2 W_2 P + \overline{d}^2 \tilde{A}_i^{\mathrm{T}} P W_3 P) R_{ij} S^{-\frac{1}{2}} \right\| -$$

$$2 \left\| S^{-\frac{1}{2}} x_i(t-d_i) \right\| \left\| S^{-\frac{1}{2}} x_j(t) \right\| \left\| \overline{d}^2 S^{-\frac{1}{2}} R_{ij}^{\mathrm{T}} P W_3 P \tilde{A}_{d_i}^{\mathrm{T}} S^{-\frac{1}{2}} \right\| - \Gamma_{ij} \Gamma_{ij} \right\} = -\frac{1}{2} U^{\mathrm{T}} (W^{\mathrm{T}} + W) U$$

其中　　$U^{\mathrm{T}} = (U_1, U_2, U_3), U_1 = \left(\left\| S^{-\frac{1}{2}} x_1(t) \right\|, \left\| S^{-\frac{1}{2}} x_2(t) \right\|, \cdots, \left\| S^{-\frac{1}{2}} x_N(t) \right\| \right)$

$$U_2 = \left(\left\| S^{-\frac{1}{2}} x_1(t-d_1(t)) \right\|, \left\| S^{-\frac{1}{2}} x_1(t-d_1(t)) \right\|, \cdots, \left\| S^{-\frac{1}{2}} x_N(t-d_N(t)) \right\| \right)$$

$$U_3 = \left(\left\| S^{-\frac{1}{2}} \int_{t-d_1(t)}^t x_1(t) \,\mathrm{d}s \right\|, \left\| S^{-\frac{1}{2}} \int_{t-d_2(t)}^t x_2(t) \,\mathrm{d}s \right\|, \cdots, \left\| S^{-\frac{1}{2}} \int_{t-d_N(t)}^t x_N(t) \,\mathrm{d}s \right\| \right)$$

因为在 Ω 中 $W^{\mathrm{T}}+W>0$ 且 V 是大系统的 Lyapunov 函数,所以闭环系统是渐近稳定的,因此交联系统是渐近稳定的。

设计分散控制器的步骤:

(1) 求解线性矩阵不等式,得到矩阵 $W_3, X, \widetilde{W}_1, \widetilde{Q}, \widetilde{W}_2, Z_1, Z_2$ 再根据等式解得矩阵 K_i, K_{d_i};

(2) 根据引理 6.2.1,得到 $R_{ij}(x_j)$,并由定理 6.2.2 估算稳定区域 Ω;

(3) 设计形如式(6.2.19)的交联系统的分散控制器。

证毕。

6.2.3 数值算例

例 6.2.1 为了显示定理 6.2.1 中方法的优点,考虑文献[142]中的不确定时滞系统:

$$\dot{x}(t) = (A + \Delta A(t))x(t) + (A_d + \Delta A_d(t))x(t-d(t)) + Bu(t)$$
$$y(t) = Cx(t)$$

其中

$$A = \begin{pmatrix} 0 & 0 \\ 0 & 1 \end{pmatrix}, A_d = \begin{pmatrix} -2 & -0.5 \\ 0 & -1 \end{pmatrix}, B = \begin{pmatrix} 0 \\ 1 \end{pmatrix}, C = (1 \quad 1)$$

且

$$\Delta A(t) = DFE_1, \Delta A_d(t) = DFE_2, FF^{\mathrm{T}} \leqslant I, D = I, E_1 = E_2 = 0.2I,$$

令 $\Delta A(t)x(t) \Delta A_d(t)x(t-d(t))$ 分别作为不确定项 $g(x(t))$,$h(x(t-d(t)))$

对上面不确定时滞系统应用假设 6.2.2,则有:

$$\| g(x) \| \leqslant 0.2 \| y \|, \| h(x(t-d(t))) \| \leqslant 0.2 \| y(t-d(t)) \|$$

并且在表 6.2.1 中分别给出了当 $\tau=0$ 和 $\tau=0.5$ 时时滞的界限。由此可以看出定理 6.2.1 提供了显著改善的效果。并且通过定理 6.2.1 给出了当 $\bar{d}=10$ 时获得的稳定控制器:

$$u(t) = -0.535\,0y(t) + 5.458\,5y(t-d(t)) - \frac{0.2(F_1 y(t) + F_2 \dot{y}(t))}{\| (F_1 y(t) + F_2 \dot{y}(t)) \|}(\| y(t) \| + \| y(t-d(t)) \|)$$

其中,$F_1 = 5.005\,2, F_2 = 1\,562.3$。

由此可见,例 6.2.1 证明了本章中定理 6.2.1 可以用来研究一般时滞大系统的控制问题,且在文献[142]中该系统在状态反馈控制器的作用下稳定且其时滞上界达到 0.586 5,而应用本章定理 6.2.1 则得到了时滞最大上界为 $\bar{d}=10$,且在表 6.2.1 中,和其他的方法作了比较,从表 6.2.1 比较结果中可以看出本章方法比其他方法效果更好,且应用更广泛。

表 6.2.1　在 $\tau=0$ 和 $\tau=0.5$ 时时滞的最大上界取值 $\bar{d}$

Method	$\tau=0$	$\bar{d}$
Fridman[142]	—	0.586 5
Li[155]	—	0.84
Kwon[156]	—	1.459 8
定理 6.2.1	—	10.0
	$\tau=0.5$	
Fridman[142]	—	0.496 0
Kwon[156]	—	1.459 7
定理 6.2.1	—	12.0

例 6.2.2　考虑下面非线性时滞交联系统:

$$
\begin{cases}
\dot{x}_1(t) = \begin{pmatrix} 0.2x_{11} + 0.3x_{12} + 2x_{11}x_{12} \\ 0.1\sin x_{12} \end{pmatrix} + \begin{pmatrix} 0.5x_{11}(t-d_1(t)) + 2x_{12}e^{x_{11}} \\ x_{11}(t-d_1(t)) + 1.5x_{12}(t-d_1(t)) \end{pmatrix} + \\
\qquad \begin{pmatrix} -2 & 1 \\ 3 & -1 \end{pmatrix} [u_1 + \Delta\psi_1(x_1)] + \Delta H_1(x) + \dfrac{1}{8}\begin{pmatrix} 0.05x_{21}^2 \\ 0 \end{pmatrix} \\
y_1(t) = \begin{pmatrix} 1 & 0 \\ 1 & 2 \end{pmatrix} x_1(t)
\end{cases}
$$

$$
\begin{cases}
\dot{x}_2(t) = \begin{pmatrix} -x_{22} \\ x_{22} + x_{21}e^{-x_2^2} \end{pmatrix} + \begin{pmatrix} x_{21}(t-d_2(t)) \\ x_{21}(t-d_2(t))\cos x_{22} + x_{22}(t-d_2(t)) \end{pmatrix} + \\
\qquad \begin{pmatrix} -2 & 1 \\ \dfrac{3}{2} & -\dfrac{1}{2} \end{pmatrix} [u_2 + \Delta\psi_2(x_2)] + \Delta H_2(x) + \dfrac{1}{8}\begin{pmatrix} 0.05x_{11}^2 \\ 0 \end{pmatrix} \\
y_1(t) = \begin{pmatrix} 1 & 0 \\ 1 & 1 \end{pmatrix} x_2(t)
\end{cases}
$$

将上面系统在零点处泰勒展开,则可以得到

$$
\begin{cases}
\dot{x}_1(t) = \begin{pmatrix} 0.2 & 0.3 \\ 0 & 0.1 \end{pmatrix} x_1(t) + \begin{pmatrix} 0.5 & 2 \\ 1 & \dfrac{3}{2} \end{pmatrix} x_1(t-d_1(t)) + g_1(x_1(t)) + h_1(x_1(t-d_1(t))) + \\
\qquad \begin{pmatrix} -2 & 1 \\ 3 & -1 \end{pmatrix} [u_1 + \Delta\psi_1(x_1)] + \Delta H_1(x) + \dfrac{1}{8}\begin{pmatrix} 0.05x_{21}^2 \\ 0 \end{pmatrix} \\
y_1(t) = \begin{pmatrix} 1 & 0 \\ 1 & 2 \end{pmatrix} x_1(t)
\end{cases}
$$

$$
\begin{cases}
\dot{x}_2(t) = \begin{pmatrix} 0 & -1 \\ 1 & 1 \end{pmatrix} x_2(t) + \begin{pmatrix} 1 & 0 \\ 1 & 1 \end{pmatrix} x_2(t-d_2(t)) + g_2(x_2(t)) + h_2(x_2(t-d_2(t))) + \\
\qquad \begin{pmatrix} -2 & 1 \\ \dfrac{3}{2} & -\dfrac{1}{2} \end{pmatrix} [u_2 + \Delta\psi_2(x_2)] + \Delta H_2(x) + \dfrac{1}{8}\begin{pmatrix} 0.05x_{11}^2 \\ 0 \end{pmatrix} \\
y_1(t) = \begin{pmatrix} 1 & 0 \\ 1 & 1 \end{pmatrix} x_2(t)
\end{cases}
$$

其中, $x_i = (x_{i1}, x_{i2})^{\mathrm{T}}$, $i = 1, 2$, $x = (x_1, x_2)^{\mathrm{T}}$ 是状态变量, u_i, y_i 分别是第 i 个子系统的输入和输出。

再由

$$|\Delta\psi_1(x_1)| \leqslant y_1^2\sin^2 y_1, \quad |\Delta\psi_2(x_2)| \leqslant y_2^2\cos^2 y_2, \quad |\Delta H_1(x)| \leqslant 0.1\|y\|, \quad |\Delta H_2(x)| \leqslant 0.1\|y\|$$

则可以得到

$$\rho_1(y_1) = y_1^2\sin^2 y_1, \quad \rho_2(y_2) = y_2^2\cos^2 y_2, \quad \beta_1(\|y_1\|) = \frac{\sqrt{401}+1}{10}\|y_1\|, \quad \beta_2(\|y_2\|) = 2\|y_2\|,$$

$$\alpha_1(\|y_1(t-d_1(t))\|) = 4\|y_1(t-d_1(t))\|, \quad \gamma_1 = \gamma_2 = 0.1,$$

$$\alpha_2(\parallel y_2(t-d_2(t))\parallel)=2\parallel y_2(t-d_2(t))\parallel$$

（1）求解线性矩阵不等式可得矩阵 $W_3,X,\widetilde{W}_1,\widetilde{Q},\widetilde{W}_2,Z_1,Z_2$ 为

$$\widetilde{Q}=\begin{pmatrix}11.134\,4 & 0\\ 0 & 11.134\,4\end{pmatrix},X=\begin{pmatrix}603.627\,5 & 0\\ 0 & 603.627\,5\end{pmatrix},\widetilde{W}_2=\begin{pmatrix}0 & 0\\ 0 & 0\end{pmatrix},$$

$$\widetilde{W}_3=\begin{pmatrix}191.928\,6 & 0\\ 0 & 191.928\,6\end{pmatrix},Z_1=\begin{pmatrix}-134.239\,0 & -254.964\,5\\ -402.716\,9 & -691.017\,2\end{pmatrix},$$

$$Z_2=\begin{pmatrix}-913.0 & -2\,120.2\\ -2\,135.2 & -5\,447.7\end{pmatrix},\widetilde{W}_1=\begin{pmatrix}1.054\,6 & 0\\ 0 & 1.054\,6\end{pmatrix},$$

根据等式得到 K_1,K_{d_1} 为

$$K_1'=Z_1X^{-1}C_1^+=\begin{pmatrix}-0.011\,2 & -0.211\,2\\ -0.094\,8 & -0.572\,4\end{pmatrix},K_{d_1}'=Z_2X^{-1}C_1^+=\begin{pmatrix}0.243\,8 & -1.756\,2\\ 0.975\,1 & -4.512\,4\end{pmatrix}$$

（2）由引理 6.2.1，可以得到

$$R_{12}(x_2)=\begin{pmatrix}\dfrac{1}{160}x_{21} & 0\\ 0 & 0\end{pmatrix},R_{21}(x_1)=\begin{pmatrix}\dfrac{1}{160}x_{11} & 0\\ 0 & 0\end{pmatrix}$$

$$W(x)=\begin{pmatrix}W_1(x) & 0\\ 0 & W_2(x)\end{pmatrix}$$

$$W_1(x)=\begin{pmatrix}1-0.907\,3x_1^2 & -47.479\,2x_2 & -937.737\,8 & -1.807\,1x_2\\ -47.479\,2x_1 & 1-0.907\,3x_2^2 & -1.807\,1x_1 & -937.737\,8\\ -937.737\,8 & -1.807\,1x_2 & 1\,088.6 & 0\\ -1.807\,1x_1 & -937.737\,8 & 0 & 1\,088.6\end{pmatrix}$$

$$W_2(x)=\begin{pmatrix}5.672\,3 & 0\\ 0 & 5.672\,3\end{pmatrix}$$

令 $\Omega=\{x\mid\mid x_{ij}\mid<0.028,1\leqslant i,j\leqslant 2\}$ 则在 Ω 中有 $W^{\mathrm{T}}(x)+W(x)>0$

（3）设计形如式（6.2.19）的分散控制器：

$$u_1=\begin{pmatrix}-0.011\,2 & -0.211\,2\\ -0.094\,8 & -0.572\,4\end{pmatrix}y_1(t)+\begin{pmatrix}0.243\,8 & -1.756\,2\\ 0.975\,1 & -4.512\,4\end{pmatrix}y_1(t-d_1(t))-$$

$$\frac{F_1y_1+F_2\dot{y}_1}{\parallel F_1y_1+F_2\dot{y}_1\parallel}\left[y_1^2\sin^2 y_2-0.3\left(\frac{\sqrt{401}+2}{10}\parallel y_1\parallel+4\parallel y_1(t-d_1(t))\parallel\right)\right]$$

$$u_2=\begin{pmatrix}-0.977\,6 & -1.044\,8\\ -2.977\,6 & -1.089\,5\end{pmatrix}y_2(t)+\begin{pmatrix}-0.987\,6 & -2.024\,9\\ -2.987\,6 & -4.049\,8\end{pmatrix}y_2(t-d_2(t))-$$

$$\frac{F_1y_2+F_2\dot{y}_2}{\parallel F_1y_2+F_2\dot{y}_2\parallel}[y_2^2\cos^2 y_2-0.38(2\parallel y_2\parallel+2\parallel y_2(t-d_2(t))\parallel)]$$

其中，$F_1=\begin{pmatrix}-0.005\,8 & 0.002\,5\\ 0.002\,5 & -0.000\,8\end{pmatrix},F_2=\begin{pmatrix}-0.016\,6 & 0.007\,1\\ 0.007\,1 & -0.002\,4\end{pmatrix}$。

6.3　相似不确定时滞交联大系统的状态反馈分散控制

6.3.1　系统描述与准备

考虑如下不确定时滞交联大系统：

$$\dot{x}_i(t) = A_i x_i(t) + A_{d_i} x_i(t - d_i(t)) + B_i u_i(t) + B_{d_i} u_i(t - d_i(t)) +$$

$$\Delta f_i(x_i(t)) + \Delta g_i(x_i(t - d_i(t))) + \sum_{j=1, j \neq i}^{N} \phi_{ij}(x_j), 1 \leq i \leq N \qquad (6.3.1)$$

式中，$x_i(t) \in \Omega_i \subset \mathbf{R}^n, u_i(t) \in \mathbf{R}^m$ 分别表示第 i 个子系统的状态和输入；$A_1, A_{d_i}, B_i, B_{d_i}$ 分别是适当维数的常数矩阵；$\Delta f_i(x_i(t))$ 和 $\Delta g_i(x_i(t-d_i(t)))$ 分别表示非线性不确定项和时滞非线性不确定项；$\sum_{j=1, j \neq i}^{N} \phi_{ij}(x_j) \in V_n^w(\Omega)$ 表示系统的非线性交联项，且 $\phi_{ij}(0) = 0, i \neq j, i, j = 1, 2, \cdots, N$；$d_i(t)$ 是连续的时变函数，且满足：

$$0 \leq d_i(t) \leq \bar{d} < +\infty, |\dot{d}_i(t)| \leq \tau$$

其中，d 和 τ 分别表示时变时滞及其导数的上界。

定义 6.3.1

$$\dot{x}_i(t) = A_i x_i(t) + A_{d_i} x_i(t - d_i(t)) + B_i u_i(t) + B_{d_i} u_i(t - d_i(t)) \qquad (6.3.2)$$

称系统(6.3.2)为交联大系统(6.3.1)的第 i 个名义子系统。

定义 6.3.2

$$u_i(t) = K_i x_i(t) + v_i \qquad (6.3.3)$$

其中，$\tilde{K}_i$ 表示适当维数的常数矩阵，v_i 是新的控制输入。

在状态反馈控制器(6.3.3)的作用下，系统(6.3.2)写成如下形式：

$$\dot{x}_i(t) = (A_i + B_i K_i) x_i(t) + (A_{d_i} + B_i K_i) x_i(t - d_i(t)) + B_i v_i \qquad (6.3.4)$$

交联大系统(6.3.1)的第 i 个名义子系统相似于第 j 个名义子系统，若存在非奇异矩阵 T_i，使得

$$\begin{cases} T_i^{-1}(A_i + B_i \tilde{K}_i) T_i = A_j \\ T_i^{-1}(A_{d_i} + B_{d_i} \tilde{K}_i) T_i = A_{d_j} \\ T_i^{-1} B_i = B_j \\ T_i^{-1} B_{d_i} = B_{d_j} \end{cases}$$

定义 6.3.3　系统(6.3.1)称为一个具有相似结构的时滞交联大系统，若存在矩阵 $\tilde{K}_i$ 和非奇异矩阵 T_i，使得

$$\begin{cases} T_i^{-1}(A_i + B_i \tilde{K}_i) T_i = A_k \\ T_i^{-1}(A_{d_i} + B_{d_i} \tilde{K}_i) T_i = A_{d_k} \\ T_i^{-1} B_i = B_k \\ T_i^{-1} B_{d_i} = B_{d_k} \\ i = 1, 2, \cdots, N, i \neq k \end{cases} \qquad (6.3.5)$$

称 $(T_i, \tilde{K}_i)$ 为第 i 个子系统的相似转换参量。

假设 6.3.1 假设式(6.3.5)中的 k 等于 1,则系统(6.3.1)具有相似结构,且相似转换参量为 $(T_i, \tilde{K}_i)$, $i = 2, 3, \cdots, N$,且有如下结果成立:

$$\begin{cases} T_i^{-1}(A_i + B_i \tilde{K}_i) T_i = A_1 \\ T_i^{-1}(A_{d_i} + B_{d_i} \tilde{K}_i) T_i = A_{d_1} \\ T_i^{-1} B_i = B_1 \\ T_i^{-1} B_{d_i} = B_{d_1} \\ \quad i = 2, 3, \cdots, N \end{cases} \tag{6.3.6}$$

假设 6.3.2 设存在已知标量 α_i, β_i 满足如下条件:

$$\| \Delta f_i(x_i(t)) \| \leq \alpha_i \| x_i(t) \|$$
$$\| \Delta g_i(x_i(t - d_i(t))) \| \leq \beta_i \| x_i(t - d_i(t)) \|$$

引理 6.3.1[121] 若 $\phi(x) \in V_n^w(R^p)$ 且 $\phi(0) = 0$,则存在 $N(x) \in \mathrm{R}^{n \times p}$,使得

$$\phi(x) = N(x)x$$

因此,对于系统中 $\sum\limits_{j=1, j \neq i}^N \phi_{ij}(x_j) \in V_n^w(\Omega)$,且 $\phi_{ij}(0) = 0$,则 $\phi_{ij}(x_j)$ $(j \neq i)$ 有如下形式的分解:

$$\phi_{ij}(x_j) = \mathrm{R}_{ij}(x_j) x_j \tag{6.3.7}$$

其中

$$R_{ij}(x_j) \in R^{n \times n}, 1 \leq i, j \leq N, i \neq j$$

6.3.2 状态反馈分散控制器设计

对于系统(6.3.1)的第 1 个名义子系统:

$$\dot{x}_1(t) = A_1 x_1(t) + A_{d_1} x_1(t - d_1(t)) + B_1 u_1(t) + B_{d_1} u_1(t - d_1(t)) \tag{6.3.8}$$

设计如下状态反馈控制器:

$$u_1(t) = K_1 x_i(t) \tag{6.3.9}$$

问题(1):如何设计形如式(6.3.9)的状态反馈控制器 u_1,使得系统(6.3.8)在其作用下是渐近稳定的。

把控制器(6.3.9)代入系统(6.3.8),得到如下闭环系统:

$$\dot{x}_1(t) = (A_1 + B_1 K_1) x_i(t) + (A_{d_1} + B_{d_1} K_1) x_1(t - d_1(t)) \tag{6.3.10}$$

定理 6.3.1 给定标量 $\bar{d} > 0, \tau > 0$ 和 $\alpha > 0$,如果存在正定对称矩阵 $\tilde{Q}, X, \tilde{W}_1, W_3$ 和矩阵 $Y, \tilde{W}_2$,使得以下矩阵不等式成立:

$$\begin{pmatrix} \Gamma & A_{d_1}X+B_{d_1}Y+W_3 & -\widetilde{W}_2^{\mathrm{T}} & XA_1^{\mathrm{T}}+Y^{\mathrm{T}}B_1^{\mathrm{T}} & XA_1^{\mathrm{T}}+Y^{\mathrm{T}}B_1^{\mathrm{T}} & \widetilde{W}_2 \\ * & -(1-\tau)\widetilde{Q}-W_3 & \widetilde{W}_2^{\mathrm{T}} & XA_{d_1}^{\mathrm{T}}+Y^{\mathrm{T}}B_{d_1}^{\mathrm{T}} & XA_{d_1}^{\mathrm{T}}+Y^{\mathrm{T}}B_{d_1}^{\mathrm{T}} & 0 \\ * & * & -\widetilde{W}_1 & 0 & 0 & 0 \\ * & * & * & \frac{1}{\overline{d}^2}(-2X+W_3) & 0 & 0 \\ * & * & * & * & -\frac{1}{\overline{d}^2\alpha}X & 0 \\ * & * & * & * & * & -\frac{\alpha}{\overline{d}^2}X \end{pmatrix} < 0$$

$$(6.3.11)$$

其中

$$\Gamma = XA_1^{\mathrm{T}}+A_1X+B_1Y+Y^{\mathrm{T}}B_1^{\mathrm{T}}+\widetilde{Q}-W_3+\overline{d}^2\widetilde{W}_1$$

则系统(6.3.8)在如下控制器的作用下是渐近稳定的：

$$u_1(t)=YX^{-1}x_1(t) \tag{6.3.12}$$

证明　对闭环系统(6.3.10)，构造如下的 Lyapunov-Krasovskii 泛函：

$$V_1(t)=V_1^1(t)+V_1^2(t)+V_1^3(t)$$

$$V_1^1(t)=X_1^{\mathrm{T}}(t)Px_1(t),\ V_1^2(t)=\int_{t-d_1(t)}^t x_1^{\mathrm{T}}(s)Qx_1(s)\,\mathrm{d}s$$

$$V_1^3(t)=\overline{d}\int_{-d_1(t)}^0\int_{t+\theta}^t \eta_1^{\mathrm{T}}(s)Y^{\mathrm{T}}\overline{W}Y\eta_1(s)\,\mathrm{d}s\,\mathrm{d}\theta$$

其中 η_1 如引理 6.2.3 所示，$Y=\begin{pmatrix} I & 0 \\ 0 & P \end{pmatrix}$

$$\dot{V}_1^1(t)=x_1^{\mathrm{T}}(t)\left[P(A_1+B_1K_1)+(A_1+B_1K_1)^{\mathrm{T}}P\right]x_1(t)+2x_1^{\mathrm{T}}(t)P(A_{d_1}+B_{d_1}K_1)x_1(t-d_1(t))$$

$$\dot{V}_1^2(t)\leqslant x_1^{\mathrm{T}}(t)Qx_1(t)-(1-\tau)x_1^{\mathrm{T}}(t-d_1(t))Qx_1(t-d_1(t))$$

$$\dot{V}_1^3(t)=\overline{d}\int_{-d_1(t)}^0 \eta_1^{\mathrm{T}}(t)Y^{\mathrm{T}}\overline{W}Y\eta_1(t)-\eta_1^{\mathrm{T}}(t+\theta)Y^{\mathrm{T}}\overline{W}Y\eta_1(t+\theta)\,\mathrm{d}\theta$$

$$\leqslant \overline{d}^2\eta_1^{\mathrm{T}}(t)Y^{\mathrm{T}}\overline{W}Y\eta_1(t)-d_1(t)\int_{t-d_1(t)}^t \eta_1^{\mathrm{T}}(s)Y^{\mathrm{T}}\overline{W}Y\eta_1(s)\,\mathrm{d}s$$

由引理 6.2.3 可得：

$$-d_1(t)\int_{t-d_1(t)}^t \eta_1^{\mathrm{T}}(s)Y^{\mathrm{T}}\overline{W}Y\eta_1(s)\,\mathrm{d}s\leqslant \zeta_1^{\mathrm{T}}\begin{pmatrix} -PW_3P & PW_3P & -PW_2^{\mathrm{T}} \\ * & -PW_3P & PW_2^{\mathrm{T}} \\ * & * & -W_1 \end{pmatrix}\zeta_1$$

$$\dot{V}_1\leqslant \zeta_1^{\mathrm{T}}\Lambda_1\zeta_1$$

其中

$$\Lambda_1=\begin{pmatrix} \widetilde{A}_1^{\mathrm{T}}P+P\widetilde{A}_1+Q-PW_3P & P\widetilde{A}_{d_1}+PW_3P & -PW_2^{\mathrm{T}} \\ * & -(1-\tau)Q-PW_3P & PW_2^{\mathrm{T}} \\ * & * & -W_1 \end{pmatrix}+\overline{d}^2\begin{pmatrix} I & \widetilde{A}_1^{\mathrm{T}} \\ 0 & \widetilde{A}_{d_1}^{\mathrm{T}} \\ 0 & 0 \end{pmatrix}Y^{\mathrm{T}}\overline{W}Y\begin{pmatrix} I & \widetilde{A}_1^{\mathrm{T}} \\ 0 & \widetilde{A}_{d_1}^{\mathrm{T}} \\ 0 & 0 \end{pmatrix}^{\mathrm{T}}$$

$$= \begin{pmatrix} \Gamma_1 & \Gamma_2 & -PW_2^{\mathrm{T}} \\ * & \Gamma_3 & PW_2^{\mathrm{T}} \\ * & * & -W_1 \end{pmatrix}$$

$$\Gamma_1 = P\tilde{A}_1 + \tilde{A}_1^{\mathrm{T}}P + Q - PW_3P + \bar{d}^2(W_1 + \tilde{A}_1^{\mathrm{T}}PW_2^{\mathrm{T}} + W_2P\tilde{A}_1 + \tilde{A}_1^{\mathrm{T}}PW_3P\tilde{A}_1)$$

$$\Gamma_2 = P\tilde{A}_{d_1} + PW_3P + \bar{d}^2(W_2 + P\tilde{A}_{d_1} + \tilde{A}_1^{\mathrm{T}} + PW_3P\tilde{A}_{d_1})$$

$$\Gamma_3 = -(1-\tau)Q - PW_3P + \bar{d}^2\tilde{A}_{d_1}^{\mathrm{T}}PW_3P\tilde{A}_{d_1}$$

$$\tilde{A}_1 = A_1 + B_1K_1, \tilde{A}_{d_1} = A_{d_1} + B_{d_1}K_1$$

把矩阵 Λ_1 左乘 $N = \mathrm{diag}\{P^{-1}, P^{-1}, P^{-1}\}$，右乘 N^{T}，则 $\Lambda_1 < 0$ 等价于如下矩阵不等式：

$$\Lambda_2 = \begin{pmatrix} \Gamma_4 & W_3 + \tilde{A}_{d_1}P^{-1} & -W_2^{\mathrm{T}}P^{-1} \\ * & -(1-\tau)P^{-1}QP^{-1} - W_3 & W_2^{\mathrm{T}}P^{-1} \\ * & * & -P^{-1}W_1P^{-1} \end{pmatrix} + \bar{d}^2 \begin{pmatrix} P^{-1}\tilde{A}_1^{\mathrm{T}} \\ P^{-1}\tilde{A}_{d_1}^{\mathrm{T}} \\ 0 \end{pmatrix} PW_3P \begin{pmatrix} P^{-1}\tilde{A}_1^{\mathrm{T}} \\ P^{-1}\tilde{A}_{d_1}^{\mathrm{T}} \\ 0 \end{pmatrix}^{\mathrm{T}} +$$

$$\bar{d}^2 \begin{pmatrix} P^{-1}\tilde{A}_1^{\mathrm{T}}PW_2^{\mathrm{T}}P^{-1} + P^{-1}W_2P_1^{\mathrm{T}}P^{-1} & P^{-1}W_2P_{d_1}^{\mathrm{T}}P^{-1} \\ P^{-1}\tilde{A}_{d_1}^{\mathrm{T}}PW_2^{\mathrm{T}}P^{-1} & 0 \end{pmatrix} < 0$$

由引理 6.2.2 和引理 6.2.4 可得：

$$\begin{pmatrix} \Gamma_4 & \tilde{A}_{d_1}P^{-1} + W_3 & -W_2^{\mathrm{T}}P^{-1} & (\tilde{A}_1P^{-1})^{\mathrm{T}} & (\tilde{A}_1P^{-1})^{\mathrm{T}} & P^{-1}W_2 \\ * & -(1-\tau)P^{-1}QP^{-1} - W_3 & W_2^{\mathrm{T}}P^{-1} & (\tilde{A}_{d_1}P^{-1})^{\mathrm{T}} & (\tilde{A}_{d_1}P-1)^{\mathrm{T}} & 0 \\ * & * & -P^{-1}W_1P^{-1} & 0 & 0 & 0 \\ * & * & * & -\frac{1}{\bar{d}^2}P^{-1}W_3^{-1}P^{-1} & 0 & 0 \\ * & * & * & * & -\frac{\alpha}{\bar{d}^2}X & 0 \\ * & * & * & * & * & -\frac{1}{\alpha\bar{d}^2} \end{pmatrix} < 0$$

其中 $\alpha < 0$。

由引理 6.2.5 可得

$$-P^{-1}W_3^{-1}P^{-1} \leqslant -2P^{-1} + W_3 \tag{6.3.13}$$

根据式(6.3.13)并作如下变换：

$$P^{-1} = X, K_1P^{-1} = Y, P^{-1}W_2 = \tilde{W}_2$$

$$P^{-1}W_1P^{-1} = \tilde{W}_1, P^{-1}QP^{-1} = \tilde{Q} \tag{6.3.14}$$

得到式(6.3.11)，因此，在控制器(6.3.12)的作用下，系统(6.3.8)是渐近稳定的，其中矩阵 K_1 设计如下：

$$K_1 = YX^{-1} \tag{6.3.15}$$

在定理 6.3.1 的证明过程中，由 $\psi_1 < 0$ 得到，存在正定矩阵 Q，使得以下等式成立：

$$P\tilde{A}_1 + \tilde{A}_1^{\mathrm{T}}P + Q - PW_3P + \bar{d}^2(W_1 + \tilde{A}_1^{\mathrm{T}}PW_2^{\mathrm{T}} + W_2P\tilde{A}_1 + \tilde{A}_1^{\mathrm{T}}PW_3P\tilde{A}_1) + S = 0 \tag{6.3.16}$$

针对交联大系统(6.3.1)，设计如下状态反馈分散控制器：

$$u_i(t) = K_1 T_i^{-1} x_i(t) + \tilde{K}_i x_i(t), i = 1, 2, \cdots, N \tag{6.3.17}$$

其中,$\tilde{K}_i, T_i$ 满足式(3-6),K_1 满足式(3-15),为了方便,记 $T_1 = I_N, \tilde{K}_1 = 0$。

问题(2):本章研究的第二个问题是在控制器(6.3.17)的作用下,估计使得交联大系统(6.3.1)渐近稳定的稳定区域。

把控制器(6.3.17)作用于系统(6.3.1),得到如下闭环系统:

$$\dot{x}_i(t) = (A_i + B_i K_1 T_i^{-1} + B_i \tilde{K}_i) x_i(t) + (A_{d_i} + B_{d_i} K_1 T_i^{-1} + B_{d_i} \tilde{K}_i) x_i(t - d_i(t)) +$$

$$\Delta f_i(x_i(t)) + \Delta g_i(x_i(t - d_i(t))) + \sum_{\substack{j=1 \\ j \neq i}}^{N} \phi_{ij}(x_j), i = 1, 2, \cdots, N$$

应用式(6.3.6)和引理 6.3.1,并且作非奇异坐标变化 $z_i = T_i^{-1} x_i$ 可得

$$\dot{z}_i(t) = (A_1 + B_1 K_1) z_i(t) + (A_{d_i} + B_{d_i} K_1) z_i(t - d_i(t)) + T_i^{-1} [\Delta f_i(x_i(t)) +$$

$$\Delta g_i(x_i(t - d_i(t)))] + T_i^{-1} \sum_{\substack{j=1 \\ j \neq i}}^{N} R_{ij}(T_j z_j) T_j z_j, i = 1, 2, \cdots, N \tag{6.3.18}$$

定理 6.3.2　系统(6.3.1)在分散控制器(6.3.17)的作用下是渐近稳定的,若存在区域 Ω,使得 $W^T + W > 0$ 在区域 Ω 内成立。其中 $W = [w_{ij}]_{3N \times 3N}$,定义如下:

$$w_{ij}(x_j) = \begin{cases}
\left\| S^{\frac{1}{2}}(I - 2\bar{d}^2 \alpha_i(W_2 P + \tilde{A}_1^T P W_3 P) T_i^{-1} - \bar{d}^2 \alpha_i^2 T_i^{-1} P W_3 P) S^{\frac{1}{2}} \right\| - \Gamma_{ii}, 1 \leq i \leq N, i = j; \\
\lambda_{\min}\left[S^{\frac{1}{2}}((1-\tau)Q + PW_3 P - \bar{d}^2 \tilde{A}_{d_i}^T PW_3 P\tilde{A}_{d_1}) S^{\frac{1}{2}} \right] - \left\| S^{\frac{1}{2}}(2\bar{d}^2 \beta_i \tilde{A}_{d_i}^T PW_3 PT_i^{-1} \right. \\
\qquad \left. + \bar{d}^2 \beta_i^2 (T_i^{-1})^T PW_3 P) S^{\frac{1}{2}} \right\|, N+1 \leq i \leq 2N, i = j; \\
\lambda_{\min}\left(S^{\frac{1}{2}} W_1 S^{\frac{1}{2}} \right), 2N+1 \leq i \leq 3N, i = j; \\
-\left\| S^{\frac{1}{2}}(\bar{d}^2(W_2 P + \tilde{A}_1^T PW_3 P) T_i^{-1} + \bar{d}^2 \alpha_i(T_i^{-1})^T PW_3 P) R_{ij} T_j S^{\frac{1}{2}} \right\| - \Gamma_{ii}, 1 \leq i, j \leq N, i \neq j; \\
0, N+1 \leq i, j \leq 2N, i \neq j; \\
0, 2N+1 \leq i, j \leq 3N, i \neq j; \\
-\left\| S^{\frac{1}{2}}[\tilde{A}_{d_1}^T P + PW_3 P + \bar{d}^2(W_2 P\tilde{A}_{d_1} + \tilde{A}_1^T PW_3 P\tilde{A}_{d_1}) + \bar{d}^2 \beta_i(W_2 P + \tilde{A}_1^T PW_3 P) T_i^{-1} \right. \\
\left. + \bar{d}^2 \alpha_i \tilde{A}_{d_1}^T PW_3 PT_i^{-1} + \bar{d}^2 \alpha_i \beta_i(T_i^{-1})^T PW_3 P] S^{\frac{1}{2}} \right\|, j = N+i, 1 \leq i \leq N; \\
\lambda_{\min}\left(S^{\frac{1}{2}} PW_2^T S^{\frac{1}{2}} \right), j = 2N+i, 1 \leq i \leq N; \\
-\left\| S^{\frac{1}{2}} PW_2^T S^{\frac{1}{2}} \right\|, j = N+i, N+1 \leq i \leq 2N; \\
-2\bar{d}^2 \left\| S^{\frac{1}{2}}(\tilde{A}_{d_1} PW_3 PT_i^{-1} + \beta_i(T_i^{-1})^T PW_3 P) R_{ij} T_j S^{\frac{1}{2}} \right\|, j \neq N+i, 1 \leq i \leq N, N+1 \leq j \leq 2N; \\
0, j \neq 2N+i, 1 \leq i \leq N, 2N+1 \leq j \leq 3N; \\
0, j \neq N+i, N+1 \leq i \leq 2N, 2N \leq j \leq 3N;
\end{cases}$$

$$\tag{6.3.19}$$

其中

$$\Gamma_{ii} = \overline{d}^2 \left\| S^{-\frac{1}{2}} T_i^{\mathrm{T}} \sum_{k=1, k \neq i}^{N} R_{ki}^{\mathrm{T}} (T_k^{-1})^{\mathrm{T}} P W_3 P R_{ki} T_i S^{-\frac{1}{2}} \right\|$$

$$\Gamma_{ij} = \overline{d}^2 \left\| S^{-\frac{1}{2}} T_i^{\mathrm{T}} \sum_{k=1, k \neq i, k \neq j}^{N} (R_{ki}^{\mathrm{T}} (T_k^{-1})^{\mathrm{T}} P W_3 P R_{ki}) T_j S^{-\frac{1}{2}} \right\|$$

P, Q, W_1, W_2 满足式(6.3.14)，S 满足式(6.3.16)，α_i, β_i 满足假设6.3.2，R_{ij} 满足引理6.3.1。

证明　对系统(6.3.18)，构造如下的 Lyapunov-Krasovskii 泛函：

$$V(z_1, z_2, \cdots, z_N) = \sum_{i=1}^{N} V_i(z_1, z_2, \cdots, z_N), \quad V_i(t) = V_i^1(t) + V_i^2(t) + V_i^3(t)$$

$$V_i^1(t) = z_i^{\mathrm{T}}(t) P z_i(t), \quad V_i^2(t) = \int_{t-d_i(t)}^{t} z_i^{\mathrm{T}}(s) Q z_i(s) \, ds, \quad V_i^3(t) = \overline{d} \int_{-d_i(t)}^{0} \int_{t+\theta}^{t} \overline{\eta}_i^{\mathrm{T}}(s) Y^{\mathrm{T}} \overline{W} Y \overline{\eta}_i(s) \, ds d\theta$$

其中

$$\overline{\eta}_i^{\mathrm{T}}(s) = [z_i^{\mathrm{T}}(s), \dot{z}_i^{\mathrm{T}}(s)]$$

$$\dot{V}_i^1(t) = z_i^{\mathrm{T}}(t) [P(A_1 + B_1 K_1) + (A_1 + B_1 K_1)^{\mathrm{T}} P] z_i(t) + 2 z_i^{\mathrm{T}}(t) P(A_{d_i} + B_{d_i} K_1) z_i(t - d_i(t))$$

$$+ 2 z_i^{\mathrm{T}}(t) P T_i^{-1} [\Delta f_i(x_i(t)) + \Delta g_i(x_i(t - d_i(t)))] + 2 z_i^{\mathrm{T}}(t) P T_i^{-1} \sum_{\substack{j=1 \\ j \neq i}}^{N} R_{ij}(T_j z_j) T_j z_j$$

$$\dot{V}_i^2(t) \leqslant z_i^{\mathrm{T}}(t) Q z_i(t) - (1 - \tau) z_i^{\mathrm{T}}(t - d_i(t)) Q z_i(t - d_i(t))$$

$$\dot{V}_i^3(t) \leqslant \overline{d}^2 \overline{\eta}_i^{\mathrm{T}}(t) Y^{\mathrm{T}} \overline{W} Y \overline{\eta}_i(t) - d_i(t) \int_{t-d_i(t)}^{t} \overline{\eta}_i^{\mathrm{T}}(s) Y^{\mathrm{T}} \overline{W} Y \overline{\eta}_i(s) \, ds$$

根据引理6.2.3可得：

$$- d_i(t) \int_{t-d_i(t)}^{t} \overline{\eta}_i^{\mathrm{T}}(s) Y^{\mathrm{T}} \overline{W} Y \overline{\eta}_i(s) \, ds \leqslant \zeta^{\mathrm{T}} \begin{pmatrix} -P W_3 P & P W_3 P & -P W_2^{\mathrm{T}} \\ * & -P W_3 P & P W_2^{\mathrm{T}} \\ * & * & -W_1 \end{pmatrix} \zeta$$

其中

$$\zeta^{\mathrm{T}} = \left[z_i^{\mathrm{T}}(t) \quad z_i^{\mathrm{T}}(t - d_i(t)) \quad \int_{t-d_i(t)}^{t} z_i^{\mathrm{T}}(s) \, ds \right]$$

经计算可得：

$$\dot{V}_i(t) \leqslant \zeta^{\mathrm{T}} \Lambda_1 \zeta + [2 z_i^{\mathrm{T}}(t)(P + \overline{d}^2 W_2 P) + 2(\tilde{A}_1 z_i(t) + \tilde{A}_{d_i} z_i(t - d_i(t)))^{\mathrm{T}} \overline{d}^2 P W_3 P] \theta + \overline{d}^2 \theta^{\mathrm{T}} P W_3 P \theta$$

其中，Λ_1 在定理6.3.1的证明中已给出，且有：

$$\theta = T_i^{-1} [\Delta f_i(x_i(t)) + \Delta g_i(x_i(t - d_i(t))) + \sum_{j=1, j \neq i}^{N} R_{ij}(T_j z_j) T_j z_j]$$

应用式(6.3.16)可得：

$$\dot{V}(t) \leqslant - \sum_{i=1}^{N} \left\{ \left\| S^{\frac{1}{2}} z_i(t) \right\|^2 \left[\left\| S^{\frac{1}{2}} (I - 2 \overline{d}^2 \alpha_i (W_2 P + \tilde{A}_1^{\mathrm{T}} P W_3 P) T_i^{-1} - \overline{d}^2 \alpha_i^2 T_i^{-1} P W_3 P) S^{\frac{1}{2}} \right\| - \Gamma_{ii} \right] - \right.$$

$$2 \left\| S^{\frac{1}{2}} z_i(t) \right\| \left\| S^{\frac{1}{2}} z_i(t - d_i(t)) \right\| \left\| S^{-\frac{1}{2}} [\tilde{A}_{d_1}^{\mathrm{T}} P + P W_3 P + \overline{d}^2 (W_2 P \tilde{A}_{d_1} + \tilde{A}_1^{\mathrm{T}} P W_3 P \tilde{A}_{d_1}) + \right.$$

$$2 \overline{d}^2 \beta_i (W_2 P + \tilde{A}_1^{\mathrm{T}} P W_3 P) T_i^{-1} + 2 \overline{d}^2 \alpha_i \tilde{A}_{d_1}^{\mathrm{T}} P W_3 P T^{-1 i} + 2 \overline{d}^2 \alpha_i \beta_i (T_i^{-1})^{\mathrm{T}} P W_3 P] S^{-\frac{1}{2}} \right\| +$$

$$2 \left\| S^{\frac{1}{2}} z_i(t) \right\| \left\| S^{\frac{1}{2}} \int_{t-d_i(t)}^{t} z_i(s) \, ds \right\| \lambda_{\min} \left(S^{-\frac{1}{2}} P W_2^{\mathrm{T}} S^{-\frac{1}{2}} \right) +$$

$$\left\| S^{\frac{1}{2}} z_i(t - d_i(t)) \right\|^2 \left\{ \lambda_{\min} \left[S^{\frac{1}{2}}(1 - \tau) Q + PW_3 P - \overline{d}^2 \widetilde{A}_{d_1}^{\mathrm{T}} PW_3 P \widetilde{A}_{d_1}) S^{-\frac{1}{2}} \right] - \right.$$

$$\left. \left\| S^{\frac{1}{2}}(2\overline{d}^2 \beta_i \widetilde{A}_{d_1}^{\mathrm{T}} PW_3 PT_i^{-1} + \overline{d}^2 \beta_i^2 (T_i^{-1})^{\mathrm{T}} PW_3 P) S^{-\frac{1}{2}} \right\| \right\} -$$

$$2 \left\| S^{\frac{1}{2}} z_i(t - d_i(t)) \right\| \left\| S^{\frac{1}{2}} \int_{t-d_i(t)}^{t} z_i(s) \, \mathrm{d}s \right\| \left\| S^{-\frac{1}{2}} PW_2^{\mathrm{T}} S^{-\frac{1}{2}} \right\| +$$

$$\left\| S^{\frac{1}{2}} \int_{t-d_i(t)}^{t} z_i(s) \, \mathrm{d}s \right\|^2 \lambda_{\min} \left(S^{-\frac{1}{2}} W_1 S^{\frac{1}{2}} \right) - 2 \sum_{j=1, j \neq i}^{N} \left\| S^{\frac{1}{2}} z_i(t) \right\| \left\| S^{\frac{1}{2}} z_j(t) \right\| \left[S^{-\frac{1}{2}} (2\overline{d}^2 (W_2 P) \right.$$

$$\widetilde{A}_1^{\mathrm{T}} PW_3 P) T_i^{-1} + 2\overline{d}^2 \alpha_i (T_i^{-1})^{\mathrm{T}} PW_3 P) R_{ij} T_j S^{-\frac{1}{2}} \right\| + \Gamma_{ij} \right] - 2 \sum_{j=1, j \neq i}^{N} \left\| S^{\frac{1}{2}} z_i(t - d_i(t)) \right\|$$

$$\left\| S^{\frac{1}{2}} z_j(t) \right\| 2\overline{d}^2 \left\| S^{-\frac{1}{2}} (\widetilde{A}_{d_1} PW_3 PT_i^{-1} + \beta_i (T_i^{-1}) PW_3 P) R_{ij} T_j S^{-\frac{1}{2}} \right\| \right\}$$

$$= -\frac{1}{2} U^{\mathrm{T}} (W^{\mathrm{T}} + W) U$$

其中

$$U^{\mathrm{T}} = \left[\left\| S^{\frac{1}{2}} z_1(t) \right\|, \left\| S^{\frac{1}{2}} z_2(t) \right\|, \cdots, \left\| S^{\frac{1}{2}} z_N(t) \right\|, \left\| S^{\frac{1}{2}} z_1(t - d_1(t)) \right\|, \left\| S^{\frac{1}{2}} z_2(t - d_2(t)) \right\|, \cdots, \right.$$

$$\left. \left\| S^{\frac{1}{2}} z_N(t - d_N(t)) \right\|, \left\| S^{\frac{1}{2}} \int_{t-d_1(t)}^{t} z_2(s) \, \mathrm{d}s \right\|, \left\| S^{\frac{1}{2}} \int_{t-d_2(t)}^{t} z_2(s) \, \mathrm{d}s \right\|, \cdots, \left\| S^{\frac{1}{2}} \int_{t-d_N(t)}^{t} z_2(s) \, \mathrm{d}s \right\| \right]$$

由于在区域 Ω 内，$W^{\mathrm{T}} + W > 0$，则 V 是系统(3-18)的 Lyapunov-Krasovskii 函数，即系统(6.3.1)在区域 Ω 内是渐近稳定的。

状态反馈分散控制器的设计方法如下：

（1）解线性矩阵不等式(6.3.11)，得到矩阵 $\widetilde{Q}, X, \widetilde{W}_1, \widetilde{W}_2, W_3, Y$，根据式(6.3.15)得到矩阵 K_1；

（2）根据引理 6.3.1 得到 $R_{ij}(x_j)$，进一步估计稳定域 Ω；

（3）根据式(6.3.17)设计系统的状态反馈分散控制器。

6.3.3 数值算例

$$\begin{cases} \dot{x}_1(t) = \begin{pmatrix} -5 & 1 \\ 4 & 1 \end{pmatrix} x_1(t) + \begin{pmatrix} 2 & 0 \\ 1 & 1 \end{pmatrix} x_1(t - d_1(t)) + \Delta f_1(x_1(t)) + \Delta g_1(x_1(t - d_1(t))) \\ \quad + \begin{pmatrix} -2 & 4 \\ 3 & -1 \end{pmatrix} u_1(t) + \begin{pmatrix} -1 & 1 \\ 2 & -2 \end{pmatrix} u_1(t - d_1(t)) + \frac{1}{12} \begin{pmatrix} x_{21}^2 \\ 0 \end{pmatrix} \\ \dot{x}_2(t) = \begin{pmatrix} -9 & 4 \\ 5 & 1 \end{pmatrix} x_2(t) + \begin{pmatrix} 0 & 2 \\ \dfrac{5}{2} & -1 \end{pmatrix} x_2(t - d_2(t)) + \Delta f_2(x_2(t)) + \Delta g_2(x_2(t - d_2(t))) \\ \quad + \begin{pmatrix} -2 & 1 \\ \dfrac{3}{2} & -\dfrac{1}{2} \end{pmatrix} u_2(t) + \begin{pmatrix} -1 & 1 \\ 1 & -1 \end{pmatrix} u_2(t - d_2(t)) + \frac{1}{12} \begin{pmatrix} x_{11}^2 \\ 0 \end{pmatrix} \end{cases}$$

其中，$x_i = col(x_{i1}, x_{i2})$，$i = 1, 2$ 是系统的状态变量，$u_i(t)$ 是控制输入，且满足：

$$\| \Delta f_1(x_1(t)) \| \leqslant 0.1 \| x_1(t) \|, \quad \| \Delta f_2(x_2(t)) \| \leqslant 0.1 \| x_2(t) \|$$

$$\| \Delta g_1 (x_1 (t - d_1 (t))) \| \leqslant 0.1 \| x_1 (t - d_1 (t)) \| , \| \Delta g_2 (x_2 (t - d_1 (t))) \| \leqslant 0.1 \| x_2 (t - d_1 (t)) \|$$

选择 $\bar{d} = 0.6, \tau = 0.5$，则系统(6.3.1)的第 2 个名义子系统相似于第 1 个名义子系统，且相似转换参量为：

$$(T_2 , \widetilde{K}_2) = \left(\begin{pmatrix} 1 & 0 \\ 0 & \frac{1}{2} \end{pmatrix}, \begin{pmatrix} -2 & 0 \\ 0 & -2 \end{pmatrix} \right)$$

(1) 解线性矩阵不等式(6.3.11)，得到矩阵 $\hat{Q}, X, \widetilde{W}_1, \widetilde{W}_2, W_3, Y$ 如下：

$$\widetilde{Q} = \begin{pmatrix} 3\ 278.2 & -1\ 707.3 \\ -1\ 707.3 & 912.1 \end{pmatrix}, X = \begin{pmatrix} 750.242\ 2 & -395.149\ 6 \\ -395.149\ 6 & 248.699\ 8 \end{pmatrix}$$

$$\widetilde{W}_1 = \begin{pmatrix} 204.934\ 3 & -176.697\ 7 \\ -176.697\ 7 & 204.219\ 3 \end{pmatrix}, \widetilde{W}_2 = \begin{pmatrix} 0 & 0 \\ 0 & 0 \end{pmatrix}$$

$$W_3 = \begin{pmatrix} 78.056\ 2 & -32.248\ 2 \\ -32.248\ 2 & 29.675\ 4 \end{pmatrix}, Y = \begin{pmatrix} -72.534\ 4 & -163.978\ 3 \\ 605.782\ 4 & -521.272\ 3 \end{pmatrix}$$

根据式(6.3.15)得到矩阵 K_1：

$$K_1 = YX^{-1} = \begin{pmatrix} -2.721\ 1 & -4.982\ 8 \\ -1.817\ 3 & -4.982\ 5 \end{pmatrix}$$

(2) 根据引理 6.3.1 得到 $R_{ij}(x_j)$：

$$R_{12}(x)_2 = \begin{pmatrix} \dfrac{x_{21}}{12} & 0 \\ 0 & 0 \end{pmatrix}, R_{21}(x)_1 = \begin{pmatrix} \dfrac{x_{11}}{12} & 0 \\ 0 & 0 \end{pmatrix}$$

$$W(x) = \begin{pmatrix} 261.740\ 3 - 0.001\ 8x_{11}{}^2 & -0.042\ 3x_{21} & -0.744\ 2 & -0.108\ 2x_{21} & 0 & 0 \\ -0.042\ 3x_{21} & 261.708\ 9 - 0.001\ 8x_{11}{}^2 & -0.104\ 8x_{11} & -0.744\ 2 & 0 & 0 \\ -0.744\ 2 & -0.014\ 8_{11} & -0.079\ 1 & 0 & 0 & 0 \\ -0.108\ 2x_{21} & -0.744\ 2 & 0 & 0.066\ 3 & 0 & 0 \\ 0 & 0 & 0 & 0 & 0.053\ 7 & 0 \\ 0 & 0 & 0 & 0 & 0 & 0.053\ 7 \end{pmatrix}$$

令 $\Omega = \{ x \mid |x_{ij}| < 1 ; 1 \leqslant i, j \leqslant 2 \}$，则在 Ω 内 $W^{\mathrm{T}} + W$ 是正定的。

(3) 根据式(6.3.17)设计状态反馈分散控制器：

$$u_1(t) = K_1 x_1(t) = \begin{pmatrix} -2.721\ 1 & -4982\ 8 \\ -1.817\ 3 & -4.983\ 5 \end{pmatrix} x_1(t)$$

$$u_2(t) = K_1 T_2^{-1} x_2(t) + K_2 x_2(t) = \begin{pmatrix} -4.721\ 1 & -9.965\ 6 \\ -1.817\ 3 & -11.966\ 9 \end{pmatrix} x_2(t)$$

仿真结果的状态图如图 6.3.1 所示，可见本章的方法是有效的。

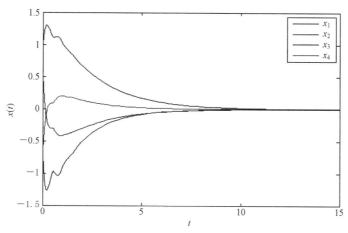

图 6.3.1　闭环系统的状态图

6.4　相似多时滞交联大系统的记忆状态反馈分散控制

6.4.1　系统描述与准备

考虑如下非线性多时滞交联大系统：

$$\dot{x}_i(t) = A_i x_i(t) + A_{d_i} x_i(t - d_i(t)) + B_i[u_i(t) + H_i(x) + \Delta H_i(x)] + f_i(x_i(t)) +$$

$$g_i(x_i(t - d_i(t))) + \sum_{j=1, j \neq i}^{N} H_{ij}(x_j) + \sum_{j=1, j \neq i}^{N} C_{ij}(x_j(t - d_{ij}(t))), 1 \leq i \leq N \tag{6.4.1}$$

其中，$x_i \in \Omega_i \subset \mathbf{R}^n$，$x = col(x_1, x_2, \cdots, x_N) \in \Omega \equiv \Omega_1 \times \Omega_2 \times \cdots \times \Omega_N$，$u_i \in \mathbf{R}^m$ 分别是第 i 个子系统的状态和输入；A_i, A_{d_i}, B_i 分别是适当维数的常数矩阵；$f_i(x_i), g_i(x_i(t - d_i(t)))$ 表示连续的非线性函数，且满足 $f_i(0) = g_i(0) = 0$；$H_i(x) \in V_m^w(\Omega)$，$\Delta H_i(x) \sum_{j=1, j \neq i}^{N} H_{ij}(x_j) \in V_n^w(\Omega)$ 和 $\sum_{j=1, j \neq i}^{N} C_{ij}(x_j(t - d_{ij}(t))) \in V_n^w(\Omega)$ 分别是系统的匹配交联项、匹配不确定交联项、非匹配交联项和非匹配时滞交联项，且 $H_{ij}(0) = C_{ij}(0) = H_i(0) = 0$，$i \neq j$，$d_i(t)$ 表示连续的时变函数且满足如下条件：

$$0 \leq d_i(t) \leq \bar{d} < +\infty, \ |\dot{d}_i(t)| \leq \tau$$

假设 6.4.1　假设系统（6.4.1）是具有相似结构的时滞交联大系统，且相似转换参量为 (T_i, K_{1i}, K_{2i})，$i = 2, 3, \cdots N$，则存在矩阵 K_{1i}, K_{2i} 和非奇异矩阵 T_i，使得如下结果成立：

$$\begin{cases} T_i^{-1}(A_i + B_i K_{1i} T_i) = A_1 \\ T_i^{-1}(A_{d_i} + B_i K_{2i} T_i) = A_{d_1} \\ T_i^{-1} B_i = B_1 \\ i = 2, 3, \cdots, N \end{cases} \tag{6.4.2}$$

假设 6.4.2　存在已知的连续函数 $\rho_i(\cdot), \gamma_i(\cdot)$，且 $\rho_i(0) = 0$，使得对于 $x_i \in \Omega_i$，有：

$$\| H_i(x) \| \leq \rho_i(x)$$

$$\| \Delta H_i(x) \| \leq \gamma_i(x)$$

假设 6.4.3　假设系统的非线性项 $f_i(x_i), g_i(x_i(t - d_i(t)))$ 在其定义域内满足以下条件：

$$\| f_i(x_i) \| \leq \beta_i(x_i)$$

$$\| g_i(x_i(t-d_i(t))) \| \leqslant \alpha_i(x_i(t-d_i(t)))$$

其中,$\beta_i(\cdot)$,$\alpha_i(\cdot)$是连续的函数。

6.4.2 记忆状态反馈分散控制器设计

考虑交联大系统(6.4.1)的第1个孤立子系统:

$$\dot{x}_1(t) = A_1 x_1(t) + A_{d_1} x_1(t-d_1(t)) + f_1(x_1) + g_1(x_1(t-d_1(t))) +$$
$$B_1[u_1(t)+H(x)+\Delta H(x)] \tag{6.4.3}$$

设计如下记忆状态反馈控制器:

$$u_1(t) = u_1^1(t)+u_1^2(t)+u_1^3(t)+u_1^4(t)+u_1^5(t)$$
$$u_1^1(t) = K_1 x_1(t)+K_{d_1} x_1(t-d_1(t)) \tag{6.4.4}$$

问题(1):本章研究的第一个问题是设计形如式(6.4.4)的鲁棒控制器,使得系统(6.4.3)在其作用下是渐近稳定的。

把控制器(6.4.4)应用于系统(6.4.3),得到如下闭环系统:

$$\dot{x}_1(t) = (A_1+B_1 K_1) x_1(t)+(A_{d_1}+B_1 K_{d_1}) x_1(t-d_1(t))+f_1(x_1)+$$
$$g_1(x_1(t-d_1(t)))+B_1[u_1^2(t)+u_1^3(t)+u_1^4(t)+u_1^5(t)+H_1(x)+\Delta H_1(x)] \tag{6.4.5}$$

定理 6.4.1 给定标量 $\alpha>0$,若存在正定对称矩阵 $\tilde{Q},X,\tilde{W}_1,W_3$ 和矩阵 $Z_1,Z_2,\tilde{W}_2$ 使得如下线性矩阵不等式成立:

$$\begin{pmatrix} \Gamma & A_{d_i}X+B_1 Z_2+W_3 & -\tilde{W}_2^T & X^T A_1^T+Z_1^T B_1^T & X^T A_1^T+Z_1^T B_1^T & \tilde{W}_2 \\ * & -(1-\tau)\tilde{Q}-W_3 & \tilde{W}_2^T & X^T A_{d_1}^T+Z_2^T B_1^T & X^T A_{d_1}^T+Z_2^T B_1^T & 0 \\ * & * & -\tilde{W}_1 & 0 & 0 & 0 \\ * & * & * & \frac{1}{\bar{d}^2}(-2X+W_3) & 0 & 0 \\ * & * & * & * & -\frac{\alpha}{\bar{d}^2}X & 0 \\ * & * & * & * & * & \frac{1}{\alpha\bar{d}^2}X \end{pmatrix}<0 \tag{6.4.6}$$

其中

$$\Gamma = X^T A_1^T+A_1 X+Z_1^T B_1^T+B_1 Z_1+\tilde{Q}-W_3+\bar{d}^2\tilde{W}_1$$

则系统(6.4.3)在如下控制器的作用下是渐近稳定的:

$$u_1(t) = u_1^1(t)+u_1^2(t)+u_1^3(t)+u_1^4(t)+u_1^5(t)$$
$$u_1^1(t) = Z_1 X^{-1} x_1(t)+Z_2 X^{-1} x_1(t-d_1(t)) \tag{6.4.7}$$

$$u_1^2(t) = \begin{cases} -\dfrac{F_1 x_1(t)+F_2 \dot{x}_1(t)}{\| F_1 x_1(t)+F_2 \dot{x}_1(t) \|}\rho_1(x), & F_1 x_1(t)+F_2 \dot{x}_1(t) \neq 0 \\ 0, & F_1 x_1(t)+F_2 \dot{x}_1(t) = 0 \end{cases}$$

$$u_1^3(t) = \begin{cases} -\dfrac{F_1 x_1(t) + F_2 \dot{x}_1(t)}{\parallel F_1 x_1(t) + F_2 \dot{x}_1(t) \parallel} \gamma_1(x), & F_1 x_1(t) + F_2 \dot{x}_1(t) \neq 0 \\[4mm] 0, & F_1 x_1(t) + F_2 \dot{x}_1(t) = 0 \end{cases}$$

$$u_1^4(t) = \begin{cases} -\dfrac{F_1 x_1(t) + F_2 \dot{x}_1(t)}{\lambda_{\min}(B_1) \parallel F_1 x_1(t) + F_2 \dot{x}_1(t) \parallel} \beta_1(x_1(t)), & F_1 x_1(t) + F_2 \dot{x}_1(t) \neq 0 \\[4mm] 0, & F_1 x_1(t) + F_2 \dot{x}_1(t) = 0 \end{cases}$$

$$u_1^5(t) = \begin{cases} -\dfrac{F_1 x_1(t) + F_2 \dot{x}_1(t)}{\lambda_{\min}(B_1) \parallel F_1 x_1(t) + F_2 \dot{x}_1(t) \parallel} \alpha_1(x_1(t-d_1(t))), & F_1 x_1(t) + F_2 \dot{x}_1(t) \neq 0 \\[4mm] 0, & F_1 x_1(t) + F_2 \dot{x}_1(t) = 0 \end{cases}$$

其中

$$(P + \bar{d}^2 W_2 P) B_1 = F_1^{\mathrm{T}}, \quad \bar{d}^2 P W_3 P B_1 = F_2^{\mathrm{T}}$$

$\rho_1(x), \gamma_1(x)$ 满足假设 6.4.2，$\beta_1(x_1), \alpha_1(x_1(t-d_1(t)))$ 满足假设 6.4.3，且 $P = X^{-1}, W_2 = P \widetilde{W}_2$。

证明　针对闭环系统（6.4.5），构造如下的 Lyapunov-Krasovskii 泛函：

$$V_1(t) = V_1^1(t) + V_1^2(t) + V_1^3(t)$$

$$V_1^1(t) = x_1^{\mathrm{T}}(t) P x_1(t)$$

$$V_1^2(t) = \int_{t-d_1(t)}^{t} x_1^{\mathrm{T}}(s) Q x_1(s) \, \mathrm{d}s$$

$$V_1^3(t) = \bar{d} \int_{-d_1(t)}^{0} \int_{t+\theta}^{t} \eta_1^{\mathrm{T}}(s) Y^{\mathrm{T}} \bar{W} Y \eta_1(s) \, \mathrm{d}s \mathrm{d}\theta$$

其中，η_1 在引理 6.2.3 中给出，且 $Y = \begin{pmatrix} I & 0 \\ 0 & P \end{pmatrix}$。

令 $V_1(t)$ 对时间求导数得到：

$$\begin{aligned} \dot{V}_1^1(t) &= \dot{x}_1^{\mathrm{T}}(t) P x_1(t) + x_1^{\mathrm{T}}(t) P \dot{x}_1(t) \\ &= x_1^{\mathrm{T}}(t) [(A_1 + B_1 K_1)^{\mathrm{T}} P + P(A_1 + B_1 K_1)] x_1(t) + 2 x_1^{\mathrm{T}}(T) P(A_{d_1} + B_1 K_{d_1}) x_1(t-d_1(t)) + \\ &\quad 2 x_1^{\mathrm{T}}(t) P \{ B_1 [u_1^2 + u_1^3 + u_1^4 + u_1^5 + H_1(x) + \Delta H_1(x)] + f_1(x_1) + g_1(x_1(t-d_1(t))) \} \end{aligned}$$

$$\dot{V}_1^2(t) \leqslant x_1^{\mathrm{T}}(t) Q x_1(t) - (1-\tau) x_1^{\mathrm{T}}(t-d_1(t)) Q x_1(t-d_1(t))$$

$$\begin{aligned} \dot{V}_1^3(t) &= \bar{d} \int_{-d_1(t)}^{0} [\eta_1^{\mathrm{T}}(t) Y^{\mathrm{T}} \bar{W} Y \eta_1(t) - \eta_1^{\mathrm{T}}(t+\theta) Y^{\mathrm{T}} \bar{W} Y \eta_1(t+\theta)] \mathrm{d}\theta \\ &\leqslant \bar{d}^2 \eta_1^{\mathrm{T}}(t) Y^{\mathrm{T}} \bar{W} Y \eta_1(t) - d_1(t) \int_{t-d_1(t)}^{0} \eta_1^{\mathrm{T}}(s) Y^{\mathrm{T}} W Y \eta_1(s) \, \mathrm{d}s \end{aligned}$$

根据引理 6.2.3，可得

$$\dot{V}_1(t) + \bar{d}^2 M_1^{\mathrm{T}} P W_3 P M_1$$

$$\leq \zeta_1^{\mathrm{T}} \Lambda_1 \zeta_1 + 2\bar{d}^2 \begin{pmatrix} x_1(t) \\ \tilde{A}_1 x_1(t) + \tilde{A}_{d_1} x_1(t) \end{pmatrix}^{\mathrm{T}} Y^{\mathrm{T}} \bar{W} Y \begin{pmatrix} 0 \\ M_1 \end{pmatrix} + \bar{d}^2 \begin{pmatrix} 0 \\ M_1 \end{pmatrix}^{\mathrm{T}} Y^{\mathrm{T}} \bar{W} Y \begin{pmatrix} 0 \\ M_1 \end{pmatrix} + \tag{6.4.8}$$

$$2x_1^{\mathrm{T}}(t) P M_1 + \bar{d}^2 M_1 P W_3 P M_1$$

$$\leq \zeta^{\mathrm{T}} \Lambda_1 \zeta + \left[2x_1^{\mathrm{T}}(t)(P + \bar{d}^2 W_2 P) + 2\dot{x}_1^{\mathrm{T}}(t)\bar{d}^2 P W_3 P \right] M_1$$

其中

$$M_1 = B_1 \left[u_1^2 + u_1^3 + u_1^4 + u_1^5 + H_1(x) + \Delta H_1(x) \right] + f_1(x_1) + g_1(x_1(t - d_1(t)))$$

$$\Lambda_1 = \begin{pmatrix} \tilde{A}_1^{\mathrm{T}} P + P\tilde{A}_1 + Q - P W_3 P & P\tilde{A}_{d_1} + P W_3 P & -P W_2^{\mathrm{T}} \\ * & -(1-\tau)Q - P W_3 P & P W_2^{\mathrm{T}} \\ * & * & -W_1 \end{pmatrix} +$$

$$\bar{d}^2 \begin{pmatrix} I & \tilde{A}_1^{\mathrm{T}} \\ 0 & \tilde{A}_{d_1}^{\mathrm{T}} \\ 0 & 0 \end{pmatrix} Y^{\mathrm{T}} \bar{W} Y \begin{pmatrix} I & \tilde{A}_1^{\mathrm{T}} \\ 0 & \tilde{A}_{d_1}^{\mathrm{T}} \\ 0 & 0 \end{pmatrix}^{T}$$

$$\tilde{A}_1 = A_1 + B_1 K_1 ; \tilde{A}_{d_1} = A_1 + B_1 K_1$$

根据式(6.4.7),假设 6.4.2 和假设 6.4.3 可得

$$\left[2x_1^{\mathrm{T}}(t)(P + \bar{d}^2 W_2 P) + 2\dot{x}_1^{\mathrm{T}}(t)\bar{d}^2 P W_3 P \right] B_1 \left[u_1^2(t) + H_1(x) \right]$$

$$\leq -\frac{\left[2(F_1 x_1(t))^{\mathrm{T}} + 2(F_2 \dot{x}_1(t))^{\mathrm{T}} \right] \left[2(F_1 x_1(t)) + 2(F_2 \dot{x}_1(t)) \right]}{\| 2F_1 x_1(t) + 2F_2 \dot{x}_1(t) \|} \rho_1(x) +$$

$$\| 2(F_1 x_1(t))^{\mathrm{T}} + 2(F_2 \dot{x}_1(t))^{\mathrm{T}} \| H_1(x)$$

$$\leq 0 \tag{6.4.9}$$

$$\left[2x_1^{\mathrm{T}}(t)(P + \bar{d}^2 W_2 P) + 2\dot{x}_1^{\mathrm{T}}(t)\bar{d}^2 P W_3 P \right] B_1 \left[u_1^3(t) + \Delta H_1(x) \right]$$

$$= \left[2x_1^{\mathrm{T}}(t) F_1^{\mathrm{T}} + 2\dot{x}_1^{\mathrm{T}}(t) F_2^{\mathrm{T}} \right] \left[u_1^3 + \Delta H_1(x) \right]$$

$$\leq -\frac{\left[2(F_1 x_1(t))^{\mathrm{T}} + 2(F_2 \dot{x}_1(t))^{\mathrm{T}} \right] \left[2(F_1 x_1(t)) + 2(F_2 \dot{x}_1(t)) \right]}{\| 2F_1 x_1(t) + 2F_2 \dot{x}_1(t) \|} \gamma_1(x) +$$

$$\| 2(F_1 x_1(t))^{\mathrm{T}} + 2(F_2 \dot{x}_1(t))^{\mathrm{T}} \| \Delta H_1(x)$$

$$\leq 0 \tag{6.4.10}$$

$$\left[2x_1^{\mathrm{T}}(t)(P + \bar{d}^2 W_2 P) + 2\dot{x}_1^{\mathrm{T}}(t)\bar{d}^2 P W_3 P \right] \left[B_1 u_1^4(t) + f_1(x_1) \right]$$

$$= \left[2(F_1 x_1(t))^{\mathrm{T}} + 2(F_2 \dot{x}_1(t))^{\mathrm{T}} \right] u_1^4 + \left[2x_1^{\mathrm{T}}(t)(P + \bar{d}^2 W_2 P) + 2\dot{x}_1^{\mathrm{T}}(t)\bar{d}^2 P W_3 P \right] f_1(x_1)$$

$$\leq -\frac{\| 2(F_1 x_1(t))^{\mathrm{T}} + 2(F_2 \dot{x}_1(t))^{\mathrm{T}} \|}{\lambda_{\min}(B_1)} \beta_1(x_1) + \| 2x_1^{\mathrm{T}}(t)(P + \bar{d}^2 W_2 P) + 2\dot{x}_1^{\mathrm{T}}(t)\bar{d}^2 P W_3 P \| f_1(x_1)$$

$$\leq 0 \tag{6.4.11}$$

$$\left[2x_1^{\mathrm{T}}(t)(P + \bar{d}^2 W_2 P) + 2\dot{x}_1^{\mathrm{T}}(t)\bar{d}^2 P W_3 P \right] \left[B_1 u_1^5(t) + g_1(x_1(t - d_1(t))) \right]$$

$$= \left[2(F_1 x_1(t))^{\mathrm{T}} + 2(F_2 \dot{x}_1(t))^{\mathrm{T}} \right] u_1^5 + \left[2x_1^{\mathrm{T}}(t)(P + \bar{d}^2 W_2 P) + \right.$$

$$\left. 2\dot{x}_1^{\mathrm{T}}(t)\bar{d}^2 P W_3 P \right] g_1(x_1(t-d_1(t)))$$

$$\leq - \frac{\| 2(F_1 x_1(t))^{\mathrm{T}} + 2(F_2 \dot{x}_1(t))^{\mathrm{T}} \|}{\lambda_{\min}(B_1)} \alpha_1(x_1(T - d_1(t))) +$$

$$\| 2x_1^{\mathrm{T}}(t)(P + \bar{d}^2 W_2 P) + 2\dot{x}_1^{\mathrm{T}}(t)\bar{d}^2 P W_3 P \| g_1(x_1(t - d_1(t)))$$

$$\leq 0 \tag{6.4.12}$$

把式(6.4.9)～式(6.4.12)应用于式(6.4.8)得到

$$\dot{V}_1(t) + \bar{d}^2 M_1^{\mathrm{T}} P W_3 P M_1 \leq \zeta_1^{\mathrm{T}} \Lambda_1 \zeta_1$$

其中

$$\Lambda_1 = \begin{pmatrix} \Gamma_1 & \Gamma_2 & -P W_2^{\mathrm{T}} \\ * & \Gamma_3 & P W_2^{\mathrm{T}} \\ * & * & -W_1 \end{pmatrix}$$

$$\Gamma_1 = \tilde{A}_1^{\mathrm{T}} P + P \tilde{A}_1 + Q - P W_3 P + \bar{d}^2(W_1 + \tilde{A}_1^{\mathrm{T}} P W_2^{\mathrm{T}} + W_2 P \tilde{A}_1 + \tilde{A}_1^{\mathrm{T}} P W_3 P \tilde{A}_1)$$

$$\Gamma_2 = P \tilde{A}_{d_1} + P W_3 P + \bar{d}^2(W_2 P \tilde{A}_{d_1} + \tilde{A}_1^{\mathrm{T}} P W_3 P \tilde{A}_{d_1}) \tag{6.4.13}$$

$$\Gamma_3 = -(1-\tau)Q - P W_3 P + \bar{d}^2 \tilde{A}_{d_1}^{\mathrm{T}} P W_3 P \tilde{A}_{d_1}$$

把矩阵 Λ_1 左乘 $N = \mathrm{diag}\{P^{-1}, P^{-1}, P^{-1}\}$，右乘 N^{T}，则不等式 $\Lambda_1 < 0$ 等价于：

$$\Lambda_2 = \begin{pmatrix} \Gamma_4 & W_3 + A_{d_1} P^{-1} + B_1 K_{d_1} P^{-1} & -W_2^{\mathrm{T}} P^{-1} \\ * & -(1-\tau)P^{-1} Q P^{-1} - W_3 & W_2^{\mathrm{T}} P^{-1} \\ * & * & -P^{-1} W_1 P^{-1} \end{pmatrix} + \bar{d}^2 \begin{pmatrix} P^{-1}\tilde{A}_1^{\mathrm{T}} \\ P^{-1}\tilde{A}_{d_1}^{\mathrm{T}} \\ 0 \end{pmatrix} P W_3 P \begin{pmatrix} P^{-1}\tilde{A}_1^{\mathrm{T}} \\ P^{-1}\tilde{A}_{d_1}^{\mathrm{T}} \\ 0 \end{pmatrix}^{\mathrm{T}} +$$

$$\bar{d}^2 \begin{pmatrix} P^{-1}\tilde{A}_1^{\mathrm{T}} P W_2^{\mathrm{T}} P^{-1} + P^{-1} W_2 P \tilde{A}_1 P^{-1} & P^{-1} W_2 P \tilde{A}_{d_1} P^{-1} \\ P^{-1}\tilde{A}_{d_1}^{\mathrm{T}} P W_2^{\mathrm{T}} P^{-1} & 0 \end{pmatrix}$$

$$< 0$$

其中

$$\Gamma_4 = (A_1 P^{-1} + B_1 K_1 P^{-1})^{\mathrm{T}} + (A_1 P^{-1} + B_1 K_1 P^{-1}) + P^{-1} Q P^{-1} - W_3 + \bar{d}^2 P^{-1} W_1 P^{-1}$$

根据引理 6.2.2 和引理 6.2.3 得：

$$\begin{pmatrix} \Gamma_4 & (\tilde{A}_{d_1}P^{-1})^{\mathrm{T}}+W_3 & -W_2^{\mathrm{T}}P^{-1} & (\tilde{A}_1P^{-1})^{\mathrm{T}} & (\tilde{A}_1P^{-1})^{\mathrm{T}} & P^{-1}W_2 \\ * & -(1-\tau)P^{-1}QP^{-1}-W_3 & W_2^{\mathrm{T}}P^{-1} & (\tilde{A}_{d_1}P^{-1})^{\mathrm{T}} & (\tilde{A}_{d_1}P^{-1})^{\mathrm{T}} & 0 \\ * & * & -P^{-1}W_1P^{-1} & 0 & 0 & 0 \\ * & * & * & -\dfrac{1}{\bar{d}^2}P^{-1}W_3^{-1}P^{-1} & 0 & 0 \\ * & * & * & * & -\dfrac{\alpha}{\bar{d}^2}P^{-1} & 0 \\ * & * & * & * & * & -\dfrac{1}{\alpha\bar{d}^2}P^{-1} \end{pmatrix}<0$$

其中标量 $\alpha>0$。

根据引理 6.2.5 得到

$$-P^{-1}W_3^{-1}P^{-1}\leqslant-2P^{-1}+W_3 \qquad (6.4.14)$$

应用式(6.4.14),令:

$$P^{-1}=X,K_1P^{-1}=Z_1,K_{d_1}P^{-1}=Z_2,P^{-1}W_2=\tilde{W}_2,P^{-1}W_1P^{-1}=\tilde{W}_1,P^{-1}QP^{-1}=\tilde{Q} \qquad (6.4.15)$$

则得到式(6.4.6),即系统(6.4.3)在控制器(6.4.7)的作用下是渐近稳定的,且 K_1,K_{d_1} 设计如下:

$$K_1=Z_1X^{-1},K_{d_1}=Z_2X^{-1} \qquad (6.4.16)$$

在定理 6.4.1 的证明过程中,由 $\Lambda_1<0$ 得到 $\Gamma_1<0$,则存在正定矩阵 S 使得

$$\Lambda_1+S=0 \qquad (6.4.17)$$

对于交联大系统(6.4.1),考虑如下记忆状态反馈分散控制器:

$$u_i(t)=u_i^1(t)+u_i^2(t)+u_i^3(t)+u_i^4(t)+u_i^5(t) \qquad (6.4.18)$$

$$u_i^1(t)=K_1T_i^{-1}x_i(t)+K_{d_1}T_i^{-1}x_i(t-d_i(t))+K_{1i}x_i(t)+K_{2i}x_i(t-d_i(t))$$

$$u_i^2(t)=\begin{cases} -\dfrac{F_1T_i^{-1}x_i(t)+F_2T_i^{-1}\dot{x}_i(t)}{\|F_1T_i^{-1}x_i(t)+F_2T_i^{-1}\dot{x}_i(t)\|}\rho_i(x), & F_1T_i^{-1}x_i(t)+F_2T_i^{-1}\dot{x}_i(t)\neq0 \\ 0, & F_1T_i^{-1}x_i(t)+F_2T_i^{-1}\dot{x}_i(t)=0 \end{cases}$$

$$u_i^3(t)=\begin{cases} -\dfrac{F_1T_i^{-1}x_i(t)+F_2T_i^{-1}\dot{x}_i(t)}{\|F_1T_i^{-1}x_i(t)+F_2T_i^{-1}\dot{x}_i(t)\|}\gamma_i(x), & F_1T_i^{-1}x_i(t)+F_2T_i^{-1}\dot{x}_i(t)\neq0 \\ 0, & F_1T_i^{-1}x_i(t)+F_2T_i^{-1}\dot{x}_i(t)=0 \end{cases}$$

$$u_i^4(t)=\begin{cases} -\dfrac{F_1T_i^{-1}x_i(t)+F_2T_i^{-1}\dot{x}_i(t)}{\lambda_{\min}(B_1)\|F_1T_i^{-1}x_i(t)+F_2T_i^{-1}\dot{x}_i(t)\|}\beta_i(x_i(t)), & F_1T_i^{-1}x_i(t)+F_2T_i^{-1}\dot{x}_i(t)\neq0 \\ 0, & F_1T_i^{-1}x_i(t)+F_2T_i^{-1}\dot{x}_i(t)=0 \end{cases}$$

$$u_i^5(t)=\begin{cases} -\dfrac{F_1T_i^{-1}x_i(t)+F_2T_i^{-1}\dot{x}_i(t)}{\lambda_{\min}(B_1)\|F_1T_i^{-1}x_i(t)+F_2T_i^{-1}\dot{x}_i(t)\|}\alpha_i(x_i(t-d_i(t))), & F_1T_i^{-1}x_i(t)+F_2T_i^{-1}\dot{x}_i(t)\neq0 \\ 0, & F_1T_i^{-1}x_i(t)+F_2T_i^{-1}\dot{x}_i(t)=0 \end{cases}$$

其中,K_{1i},K_{2i},T_i 满足式(6.4.2),P 满足式(6.4.15),K_1,K_{d_i} 满足式(6.4.16),为了方便,记 $K_{11}=K_{21}=0,T_1=I_N$。

问题(2):本小节研究的第二个问题是在控制器(6.4.18)的作用下,估计使得交联大系统

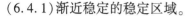

(6.4.1)渐近稳定的稳定区域。

把分散控制器(6.4.18)作用于系统(6.4.1),得到如下闭环系统:

$$\dot{x}_i(t) = (A_i + B_iK_1T^{-1} + B_iK_{1i})x_i(t) + (A_{d_i} + B_iK_{d_1}T^{-1} + B_iK_{2i})x_i(t-d_i(t)) +$$
$$f_i(x) + g_i(x_i(t-d_t(t))) + B_i[u_1^2 + u_1^3 + u_1^4 + u_1^5 + H_i(x) + \Delta H_i(x)] +$$
$$\sum_{j=1,j\neq i}^{N} H_{ij}(x_j(t)) + \sum_{j=1,j\neq i}^{N} C_{ij}(x_j(t-d_{ij}(t)))$$

根据引理 6.3.1,由 $\sum_{j=1,j\neq i}^{N} H_{ij}(x_j)$, $\sum_{j=1,j\neq i}^{N} C_{ij}(x_j(t-d_j(t))) \in V_n^w(\Omega)$ 且 $H_{ij}(0)=C_{ij}(0)=0$,
则非线性项 $H_{ij}(x_j)$, $C_{ij}(x_j(t-d_j(t)))$ 有如下分解:

$$H_{ij}(x_j) = R_{ij}(x_j)x_j, C_{ij}(x_j(t-d_j(t))) = L_{ij}(x_j(t-d_j(t)))x_j(t-d_j(t))$$

其中,$R_{ij}(x_j)$, $L_{ij}(x_j(t-d_j(t))) \in \mathrm{R}^{n\times m}$, $1\leq i,j\leq N, i\neq j$

根据式(6.4.2),并且令

$$z_i = T_i^{-1}x_i, z=col(z_1,z_2,\cdots,z_n), z=T^{-1}x, T=\mathrm{diag}\{T_1,T_2,\cdots,T_N\}$$

可得

$$\dot{z}_i(t) = (A_1+B_1K_1)z_i(t) + (A_{d_1}+B_1K_{d_1})z_i(t-d_i(t)) + T_i^{-1}(f_i(x_i)+g_i(x_i(t-d_i(t))) +$$
$$B_1[u_1^2(t)+u_1^3(t)+u_1^4(t)+u_1^5(t)+H_i(Tz)+\Delta H_i(Tz)] + \sum_{\substack{j=1\\j\neq i}}^{N} R_{ij}(T_jz_j)T_jz_j +$$
$$\sum_{\substack{j=1\\j\neq i}}^{N} L_{ij}(T_jz_j(t-d_{ij}(t)))T_jz_j(t-d_{ij}(t))\} \tag{6.4.19}$$

定理 6.4.2 系统(6.4.1)在分散控制器(6.4.18)的作用下是渐近稳定的,若存在区域 Ω,使得 $W^T+W>0$ 在区域 Ω 内成立。其中 $W=[w_{ij}]_{3N\times 3N}$ 定义如下:

$$w_{ij}=\begin{cases}
1-\Gamma_{1ii}, 1\leq i\leq N, i=j;\\[4pt]
\lambda_{\min}(S^{-\frac{1}{2}}[(1-\tau)Q+PW_3P-\bar{d}^2\tilde{A}_{d_1}^T PW_3P\tilde{A}_{d_1}^T]S^{-\frac{1}{2}})-\Gamma_{3ii}, N+1\leq i\leq 2N, i=j;\\[4pt]
\lambda_{\min}(S^{-\frac{1}{2}}W_1S^{-\frac{1}{2}}), 2N+1\leq i\leq 3N, i=j;\\[4pt]
-\|S^{-\frac{1}{2}}(P+\bar{d}^2W_2P+\bar{d}^2\tilde{A}_1^T PW_3P)T_i^{-1}R_{ij}T_jS^{-\frac{1}{2}}\|-\Gamma_{1ij}, 1\leq i,j\leq N, i\neq j;\\[4pt]
-\|S^{-\frac{1}{2}}\tilde{A}_{d_1}^T\bar{d}^2PW_3PT_i^{-1}L_{ij}T_jS^{-\frac{1}{2}}\|-\Gamma_{3ij}, N+1\leq i\leq 2N, i\neq j;\\[4pt]
0, 2N+1\leq i,j\leq 3N, i\neq j;\\[4pt]
-\|S^{-\frac{1}{2}}[P\tilde{A}_{d_1}^T+PW_3P+\bar{d}^2(W_2P\tilde{A}_{d_1}+\tilde{A}_1^T PW_3P\tilde{A}_{d_1})]S^{-\frac{1}{2}}\|-\Gamma_{2ii}, j\leq N+i, 1\leq i\leq N;\\[4pt]
\lambda_{\min}(S^{-\frac{1}{2}}PW_2^T S^{-\frac{1}{2}}), j=2N+i, 1\leq i\leq N;\\[4pt]
-\|S^{-\frac{1}{2}}PW_2^T S^{-\frac{1}{2}}\|, j\leq N+i, N+1\leq i\leq 2N;\\[4pt]
-\|\bar{d}^2S^{-\frac{1}{2}}\tilde{A}_{d_1}^T PW_3PT_i^{-1}R_{ij}T_jS^{-\frac{1}{2}}\|-\|S^{-\frac{1}{2}}(P+\bar{d}^2W_2P+\bar{d}^2\tilde{A}_{d_1}^T PW_3P)T_i^{-1}L_{ij}T_jS^{-\frac{1}{2}}\|-\\
\Gamma_{2ij}, j\neq N+i, 1\leq i\leq N, N+1\leq j\leq 2N;\\[4pt]
0, j\neq 2N+i, 1\leq i\leq N, 2N\leq j\leq 3N;\\[4pt]
0, j\neq N+i, N\leq i\leq 2N, 2N\leq j\leq 3N;
\end{cases}$$

其中,$\tilde{A}_1 = A_1 + B_1 K_1$,$\tilde{A}_{d_1} = A_{d_1} + B_1 K_{d_1}$,$P,Q,W_1,W_2$ 满足式(6.4.15),K_1,K_{d_1} 满足式(6.4.16),S 满足式(6.4.17),且

$$\Gamma_{1ii} = \bar{d}^2 \left\| S^{-\frac{1}{2}} T_i^{\mathrm{T}} \sum_{k=1,k\neq i}^{N} (R_{ki}^{\mathrm{T}}(T_k^{-1})^{\mathrm{T}} PW_3 PT_k^{-1} R_{ki}) T_i S^{-\frac{1}{2}} \right\|$$

$$\Gamma_{1ij} = \left\| \bar{d}^2 S^{-\frac{1}{2}} T_i^{\mathrm{T}} \sum_{k=1,k\neq i,k\neq j}^{N} (R_{ki}^{\mathrm{T}}(T_k^{-1})^{\mathrm{T}} PW_3 PT_k^{-1} R_{kj}) T_i S^{-\frac{1}{2}} \right\|$$

$$\Gamma_{2ii} = \bar{d}^2 \left\| S^{-\frac{1}{2}} T_i^{\mathrm{T}} \sum_{k=1,k\neq i}^{N} (R_{ki}^{\mathrm{T}}(T_k^{-1})^{\mathrm{T}} PW_3 PT_k^{-1} L_{ki}) T_i S^{-\frac{1}{2}} \right\|$$

$$\Gamma_{2ij} = \left\| \bar{d}^2 S^{-\frac{1}{2}} T_i^{\mathrm{T}} \sum_{k=1,k\neq i,k\neq j}^{N} (R_{ki}^{\mathrm{T}}(T_k^{-1})^{\mathrm{T}} PW_3 PT_k^{-1} L_{kj}) T_i S^{-\frac{1}{2}} \right\|$$

$$\Gamma_{3ii} = \bar{d}^2 \left\| S^{-\frac{1}{2}} T_i^{\mathrm{T}} \sum_{k=1,k\neq i}^{N} (L_{ki}^{\mathrm{T}}(T_k^{-1})^{\mathrm{T}} PW_3 PT_k^{-1} L_{ki}) T_i S^{-\frac{1}{2}} \right\|$$

$$\Gamma_{3ij} = \left\| \bar{d}^2 S^{-\frac{1}{2}} T_i^{\mathrm{T}} \sum_{k=1,k\neq i,k\neq j}^{N} (L_{ki}^{\mathrm{T}}(T_k^{-1})^{\mathrm{T}} PW_3 PT_k^{-1} L_{kj}) T_i S^{-\frac{1}{2}} \right\|$$

证明 对系统(6.4.19),构造如下的 Lyapunov-Krasovskii 泛函:

$$V(z_1,z_1,\cdots,z_N) = \sum_{i=1}^{N} V_i(z_1,z_1,\cdots,z_N) = \sum_{i=1}^{N} (V_i^1(t) + V_i^2(t) + V_i^3(t))$$

$$V_i^1(t) = z_i^{\mathrm{T}}(t) Pz_i(t); V_i^2(t) = \int_{t-d_i(t)}^{t} z_i^{\mathrm{T}}(s) Qz_i(s) \mathrm{d}s$$

$$V_i^3(t) = \bar{d} \int_{-d_i(t)}^{0} \int_{t+\theta}^{t} \bar{\eta}_i^{\mathrm{T}}(s) Y^{\mathrm{T}} \bar{W} Y \bar{\eta}_i(s) \mathrm{d}s \mathrm{d}\theta$$

其中

$$\bar{\eta}_i^{\mathrm{T}}(t) = [z_i^{\mathrm{T}}(t),\dot{z}_i^{\mathrm{T}}(t)]$$

$$\dot{V}_i^1(t) = z_i^{\mathrm{T}}(t)[(A_1+B_1K_1)^{\mathrm{T}}P + P(A_1+B_1K_1)]z_i(t) + 2z_i^{\mathrm{T}}(t)P(A_{d_1} + $$
$$B_1K_{d_1})z_i(t-d_i(t)) + 2z_i^{\mathrm{T}}(t)PB_1[u_i^2(t)+u_i^3(t)+u_i^4(t)+u_i^5(t)+H_i(x)+\Delta H_i(x)] + $$
$$2z_i^{\mathrm{T}}(t)PT_i^{-1}[f_i(T_iz_i) + g_i(T_iz_i(t-d_i(t))) + \sum_{\substack{j=1\\j\neq i}}^{N} R_{ij}(T_jz_j)T_jz_j + $$
$$\sum_{\substack{j=1\\j\neq i}}^{N} L_{ij}(T_jz_j(t-d_{ij}(t)))T_jz_j(t-d_{ij}(t))]$$

$$\dot{V}_i^2(t) \leqslant z_i^{\mathrm{T}}(t)Qz_i(t) - (1-\tau)z_i^{\mathrm{T}}(t-d_i(t))Qz_i(t-d_i(t))$$

$$\dot{V}_i^3(t) \leqslant= \bar{d}^2 \bar{\eta}_i^{\mathrm{T}}(t) Y^{\mathrm{T}} \bar{W} Y \bar{\eta}_i(t) - d_i(t) \int_{t-d_i(t)}^{t} \bar{\eta}_i^{\mathrm{T}}(s) Y^{\mathrm{T}} \bar{W} Y \bar{\eta}_i(s) \mathrm{d}s$$

应用引理 6.2.3 得到

$$\dot{V}_i(t) + \bar{d}^2 \theta_3^{\mathrm{T}} PW_3 P\theta_3 \leqslant \zeta^{\mathrm{T}} \Lambda_1 \zeta + [2z_i^{\mathrm{T}}(t)(P+\bar{d}^2 W_2 P) + 2\dot{z}_i^{\mathrm{T}}(t)\bar{d}^2 PW_3 P]\theta_1 + $$
$$[2z_i^{\mathrm{T}}(t)(P+\bar{d}^2 W_2 P) + 2\dot{z}_i^{\mathrm{T}}(t)\bar{d}^2 PW_3 P]\theta_2$$

其中,Λ_1 满足式(6.4.13),

$$\zeta^{\mathrm{T}}(t) = [z_i^{\mathrm{T}}(t) \, z_i^{\mathrm{T}}(t-d_i(t)) \int_{t-d_i(t)}^{t} z_i^{\mathrm{T}}(s) \mathrm{d}s]$$

$$\theta_1 = B_1\big[u_i^2(t) + u_i^3(t) + u_i^4(t) + u_i^5(t) + H_i(x) + \Delta H_i(x)\big] + T_i^{-1}f_i(x_i) + T_i^{-1}g_i\big(x_i(t - d_i(t))\big)$$

$$\theta_2 = T_i^{-1}\Big[\sum_{\substack{j=1\\j\neq i}}^{N} R_{ij}(T_jz_j)T_jz_j + \sum_{\substack{j=1\\j\neq i}}^{N} L_{ij}\big(T_jz_j(t - d_{ij}(t))\big)T_jz_j(t - d_{ij}(t))\Big]$$

$$\theta_3 = \theta_1 + \theta_2$$

根据引理 6.2.2 得到

$$\dot{V}(t) + \bar{d}^2\theta_3 PW_3 P\theta_3$$

$$\leqslant \zeta^{\mathrm{T}}\Lambda_1\zeta + \big[2z_i^{\mathrm{T}}(t)(P + \bar{d}^2W_2P) + 2\dot{z}_i^{\mathrm{T}}(t)\bar{d}^2PW_3P\big]\theta_1 + \big[2z_i^{\mathrm{T}}(t)(P + \bar{d}^2W_2P) +$$

$$2(A_1z_i(t) + \tilde{A}_{d_i}z_i(t - d_i))^{\mathrm{T}}\bar{d}^2PW_3P\big]\theta_2 + \bar{d}^2\theta_2^{\mathrm{T}}PW_3P\theta_2 + \bar{d}^2\theta_2^{\mathrm{T}}PW_3P\theta_2$$

$$\dot{V} \leqslant \zeta^{\mathrm{T}}\Lambda_1\zeta + \big[2z_i^{\mathrm{T}}(t)(P + \bar{d}^2W_2P) + 2\dot{z}_i^{\mathrm{T}}(t)\bar{d}^2PW_3P\big]\theta_1 + \big[2z_i^{\mathrm{T}}(t)(P + \bar{d}^2W_2P) +$$

$$2(A_1z_i(t) + \tilde{A}_{d_i}z_i(t - d_i))^{\mathrm{T}}\bar{d}^2PW_3P\big]\theta_2 + \bar{d}^2\theta_2^{\mathrm{T}}PW_3P\theta_2$$

根据式(6.3.18)，假设 6.4.2 和假设 6.4.3 可得

$$\big[2z_i^{\mathrm{T}}(t)(P + \bar{d}^2W_2P) + 2\dot{z}_i^{\mathrm{T}}(t)\bar{d}^2PW_3P\big]B_1\big[u_i^2(t) + H_i(Tz)\big] \leqslant 0$$

$$\big[2z_i^{\mathrm{T}}(t)(P + \bar{d}^2W_2P) + 2\dot{z}_i^{\mathrm{T}}(t)\bar{d}^2PW_3P\big]B_1\big[u_i^3(t) + \Delta H_i(Tz)\big] \leqslant 0$$

$$\big[2z_i^{\mathrm{T}}(t)(P + \bar{d}^2W_2P) + 2\dot{z}_i^{\mathrm{T}}(t)\bar{d}^2PW_3P\big]\big[B_1u_i^4(t) + f_i(z_i)\big] \leqslant 0$$

$$\big[2z_i^{\mathrm{T}}(t)(P + \bar{d}^2W_2P) + 2\dot{z}_i^{\mathrm{T}}(t)\bar{d}^2PW_3P\big]\big[B_1u_i^5(t) + g_i(T_iz_i(t - d_i(t)))\big] \leqslant 0$$

因此可以得到

$$\dot{V}_i \leqslant \zeta^{\mathrm{T}}\Lambda_1\zeta + \big[2z_i^{\mathrm{T}}(t)(P + \bar{d}^2W_2P) + 2(\tilde{A}_1z_i(t) + \tilde{A}_{d_1}z_i(t - d_i))^{\mathrm{T}}\bar{d}^2PW_3P\big]\theta_2 + \bar{d}^2\theta_2^{\mathrm{T}}PW_3P\theta_2$$

应用式(6.4.17)可得

$$\dot{V} \leqslant -\sum_{i=1}^{N}\Big\{\|S^{\frac{1}{2}}z_i(t)\|^2(1 - \Gamma_{1ii}) - 2\|S^{\frac{1}{2}}z_i(t)\|\|S^{\frac{1}{2}}z_i(t - d_i(t))\|$$

$$(\|S^{-\frac{1}{2}}[P\tilde{A}_{d_1} + PW_3P + \bar{d}^2(W_2P\tilde{A}_{d_1} + \tilde{A}_1^{\mathrm{T}}PW_3P\tilde{A}_{d_1})]S^{-\frac{1}{2}}\| + \Gamma_{2ii}) + 2\|S^{-\frac{1}{2}}z_i(t)\|$$

$$\Big\|S^{\frac{1}{2}}\int_{t-d_i(t)}^{\mathrm{T}}z_i(s)\,\mathrm{d}s\Big\|\lambda_{\min}(S^{-\frac{1}{2}}PW_2^{\mathrm{T}}S^{-\frac{1}{2}}) + \|S^{\frac{1}{2}}z_i(t - d_i(t))\|^2\{\lambda_{\min}(S^{-\frac{1}{2}}[(1 - \tau)Q +$$

$$PW_3P - \bar{d}^2\tilde{A}_1^{\mathrm{T}}PW_3P\tilde{A}_{d_1}]S^{-\frac{1}{2}}) - \Gamma_{3ii}\} - 2\|S^{\frac{1}{2}}z_i(t - d_i(t))\|\Big\|S^{\frac{1}{2}}\int_{t-d_i(t)}^{t}z_i(s)\,\mathrm{d}s\Big\|$$

$$\|S^{-\frac{1}{2}}PW_2^{\mathrm{T}}S^{-\frac{1}{2}}\| + \Big\|S^{\frac{1}{2}}\int_{t-d_i(t)}^{t}z_i(s)\,\mathrm{d}s\Big\|^2\lambda_{\min}(S^{-\frac{1}{2}}W_1S^{-\frac{1}{2}}) - 2\|S^{\frac{1}{2}}z_i(t)\|\|S^{\frac{1}{2}}z_j(t)\|$$

$$(\|S^{-\frac{1}{2}}(P + \bar{d}^2W_2P + \bar{d}^2\tilde{A}_1^{\mathrm{T}}PW_3P)T_i^{-1}R_{ij}T_jS^{-\frac{1}{2}}\| + \Gamma_{1ij}) - 2\|S^{\frac{1}{2}}z_i(t - d_i(t))\|\|S^{\frac{1}{2}}z_j(t)\|$$

$$(\|\bar{d}^2S^{-\frac{1}{2}}\tilde{A}_{d_1}^{\mathrm{T}}PW_3PT_i^{-1}R_{ij}T_jS^{-\frac{1}{2}}\| + \|S^{-\frac{1}{2}}(P + \bar{d}^2W_2P + \bar{d}^2\tilde{A}_1^{\mathrm{T}}PW_3P)T_i^{-1}L_{ij}T_jS^{-\frac{1}{2}}\| + \Gamma_{2ij}) -$$

$$2\|S^{\frac{1}{2}}z_i(t - d_i(t))\|\|S^{\frac{1}{2}}z_j(t - d_i(t))\|(\|S^{-\frac{1}{2}}\tilde{A}_1^{\mathrm{T}}\bar{d}^2PW_3PT_i^{-1}L_{ij}T_jS^{-\frac{1}{2}}\| + \Gamma_{3ij})\Big\}$$

$$= -\frac{1}{2}U^{\mathrm{T}}(W^{\mathrm{T}} + W)U$$

其中

$$U^{\mathrm{T}} = \big[\,\|S^{\frac{1}{2}}z_1(t)\|,\|S^{\frac{1}{2}}z_2(t)\|,\cdots,\|S^{\frac{1}{2}}z_N(t)\|,\|S^{\frac{1}{2}}z_1(t-d_1(t))\|,\|S^{\frac{1}{2}}z_2(t-d_1(t))\|,\cdots,$$

$$\|S^{\frac{1}{2}}z_N(t-d_N(t))\|,\Big\|S^{\frac{1}{2}}\!\!\int_{t-d_1(t)}^{t}\!\!z_1(s)\,\mathrm{d}s\Big\|,\Big\|S^{\frac{1}{2}}\!\!\int_{t-d_2(t)}^{t}\!\!z_2(s)\,\mathrm{d}s\Big\|,\cdots,\Big\|S^{\frac{1}{2}}\!\!\int_{t-d_N(t)}^{t}\!\!z_N(s)\,\mathrm{d}s\Big\|\,\big]$$

由于在 Ω 区域内，$W^{\mathrm{T}}+W>0$，则 V 是系统(6.4.19)的 Lyapunov-Krasovskii 函数，即系统(6.4.1)在区域 Ω 内是渐近稳定的。

记忆状态反馈分散控制器的设计方法如下：

（1）解线性矩阵不等式(6.4.6)，得到矩阵 $\hat{Q},X,\widetilde{W}_1,\widetilde{W}_2,W_3,Z_1,Z_2$，根据式(6.4.16)得到矩阵 K_1,K_{d_1}；

（2）根据引理 6.3.1 得到 $R_{ij}(x_j)$，进一步根据定理 6.4.2 估计稳定域 Ω；

（3）根据式(6.4.18)设计系统的鲁棒分散控制器。

6.4.3 数值算例

例 6.4.1 为了说明定理 6.4.1 中方法的有效性，考虑如下时滞系统[156]：

$$\dot{x}(t) = (A+\Delta A(t))x(t)+(A_d+\Delta A_d(t))x(t-d(t))+Bu(t)$$

其中系数矩阵如下：

$$A=\begin{pmatrix} 0 & 0 \\ 0 & 1 \end{pmatrix},\ A_d=\begin{pmatrix} -2 & -0.5 \\ 0 & -1 \end{pmatrix},\ B=\begin{pmatrix} 0 \\ 1 \end{pmatrix}$$

并且不确定项满足：

$$\Delta A(t)=DFE_1,\ \Delta A_d(t)=DFE_2,\ FF^{\mathrm{T}}\leqslant I,D=I,E_1=E_2=0.2I$$

把 $\Delta A(t)x(t),\Delta A_d(t)x(t-d(t))$ 看作不确定项 $f(x(t)),g(x(t-d(t)))$，针对上述系统，根据引理 6.3.1 得到

$$\|f(x(t))\|\leqslant 0.2\|x(t)\|$$
$$\|g(x(t-d(t)))\|\leqslant 0.2\|x(t-d(t))\|$$

当 $\tau=0$ 和 $\tau=0.5$ 两种情况下，求得的时滞上界如表 6.4.1 所示。

表 6.4.1 时滞上界对比表

Methods	τ	$\bar{d}$
Parlakli[145]	0	0.690 0
Kwon[156]	0	1.459 8
定理 6.4.1	0	2.100 0
Parlakli[145]	0.5	0.600 0
Kwon[156]	0.5	1.459 7
定理 6.4.1	0.5	2.400 0

可见，定理 6.4.1 可以使正常系统有更小的保守性。当 $\bar{d}=2.1$ 时，可以设计如下控制器，使得系统在其作用下是渐近稳定的：

$$u(t) = (-0.290\ 1\quad -1.076\ 0)x(t)+(7.604\ 0\quad 2.900\ 6)x(t-d(t))-$$
$$\frac{0.2(F_1x(t)+F_2\dot{x}(t))}{\|F_1x(t)+F_2\dot{x}(t)\|}[\,\|x(t)\|+\|x(t-d(t))\|\,]$$

其中

$$F_1 = (1.567\ 2 \quad 0.411\ 0)$$
$$F_2 = (5.240\ 0 \quad 1.376\ 5)$$

例 6.4.2 考虑如下具有相似结构的时滞交联大系统：

$$
\begin{cases}
\dot{x}_1(t) = \begin{pmatrix} 0 & 1 \\ -1 & -2 \end{pmatrix} x_1(t) + \begin{pmatrix} 2 & 0 \\ 1 & 1 \end{pmatrix} x_1(t-d_1(t)) + \begin{pmatrix} -2 & 1 \\ 3 & -1 \end{pmatrix} [u_1 + H_1(x) + \Delta H_1(x)] + \\
\begin{pmatrix} 0.2x_{11} \\ 0.1x_{11}\sin x_{12} \end{pmatrix} + \begin{pmatrix} x_{11}(t-d_1(t)) \\ x_{11}(t-d_1(t))\sin x_{12} \end{pmatrix} + \dfrac{1}{8}\begin{pmatrix} 0.5x_{21}{}^2 \\ 0 \end{pmatrix} + \dfrac{1}{8}\begin{pmatrix} 0.5x_{21}{}^2(t-d_2(t)) \\ 0 \end{pmatrix} \\
\dot{x}_2(t) = \begin{pmatrix} 2 & 5 \\ -2 & -\dfrac{9}{2} \end{pmatrix} x_2(t) + \begin{pmatrix} 6 & -1 \\ -\dfrac{5}{2} & -\dfrac{3}{2} \end{pmatrix} x_2(t-d_2(t)) + \begin{pmatrix} -2 & 1 \\ \dfrac{3}{2} & -\dfrac{1}{2} \end{pmatrix} [u_2 + H_2(x) + \Delta H_2(x)] + \\
\begin{pmatrix} 0.1x_{21} \\ 0.1x_{21}\sin x_{22} \end{pmatrix} + \begin{pmatrix} x_{21}(t-d_2(t)) \\ x_{21}(t-d_2(t))\cos x_{22} \end{pmatrix} + \dfrac{1}{8}\begin{pmatrix} 0.5x_{11}{}^2 \\ 0 \end{pmatrix} + \dfrac{1}{8}\begin{pmatrix} 0.5x_{11}{}^2(t-d_1(t)) \\ 0 \end{pmatrix}
\end{cases}
$$

其中，$x_i = col(x_{i1}, x_{i2})$，$i=1,2$ 和 u_i 分别是系统第 i 个子系统的状态向量和控制输入。

设系统的匹配交联项和匹配时滞交联项满足如下条件：

$$\|H_1(x)\| \leqslant 0.1\sin x, \quad \|H_2(x)\| \leqslant 0.1\sin x$$
$$\|\Delta H_1(x)\| \leqslant 0.1x, \quad \|\Delta H_2(x)\| \leqslant 0.1x$$

则得到

$$\rho_1(x) = \rho_2(x) = 0.1\sin x, \quad \gamma_1(x) = \gamma_2(x) = 0.1\|x\|$$

$$\beta_1(x_1) = \frac{\sqrt{5}}{10}\|x_1\|, \quad \beta_2(x_2) = \frac{\sqrt{2}}{10}\|x_2\|$$

$$\alpha_1(x_1(t-d_1(t))) = \sqrt{2}\|x_1(t-d_1(t))\|, \quad \alpha_2(x_2(t-d_2(t))) = \sqrt{2}\|x_2(t-d_2(t))\|$$

系统的第 2 个名义子系统相似于第 1 个名义子系统，且相似转换参量为

$$(T_2, K_{12}, K_{22}) = \left(\begin{pmatrix} 0 & 1 \\ 0 & \dfrac{1}{2} \end{pmatrix}, \begin{pmatrix} 1 & 2 \\ 0 & 1 \end{pmatrix}, \begin{pmatrix} 2 & 0 \\ 0 & 1 \end{pmatrix} \right)$$

（1）解线性矩阵不等式（6.4.6），得到矩阵 $\widetilde{Q}, X, \widetilde{W}_1, \widetilde{W}_2, W_3, Z_1, Z_2$ 如下：

$$\widetilde{Q} = \begin{pmatrix} 968.259\ 3 & 0 \\ 0 & 968.259\ 3 \end{pmatrix}, \quad X = \begin{pmatrix} 127\ 050 & 0 \\ 0 & 127\ 050 \end{pmatrix}$$

$$\widetilde{W}_1 = \begin{pmatrix} 3.152\ 8 & 0 \\ 0 & 3.152\ 8 \end{pmatrix}, \quad \widetilde{W}_2 = \begin{pmatrix} 0 & 0 \\ 0 & 0 \end{pmatrix}, \quad W_3 = \begin{pmatrix} 14\ 484 & 0 \\ 0 & 14\ 484 \end{pmatrix}$$

$$Z_1 = \begin{pmatrix} 126\ 840 & 126\ 840 \\ 253\ 470 & 126\ 630 \end{pmatrix}, \quad Z_2 = \begin{pmatrix} -381\ 500 & -127\ 300 \\ -1\ 017\ 300 & -25\ 470 \end{pmatrix}$$

由式（6.4.16）可得

$$K_1 = Z_1 X^{-1} = \begin{pmatrix} 0.998\ 3 & 0.998\ 3 \\ 1.995\ 0 & 0.996\ 6 \end{pmatrix}$$

$$K_{d_1} = Z_2 X^{-1} = \begin{pmatrix} -3.002\ 3 & -1.002\ 3 \\ -8.007 & -2.004\ 6 \end{pmatrix}$$

（2）根据引理6.3.1，得到

$$R_{12}(x_2) = \begin{pmatrix} \dfrac{x_{21}}{16} & 0 \\ 0 & 0 \end{pmatrix}, R_{21}(x_1) = \begin{pmatrix} \dfrac{x_{11}}{16} & 0 \\ 0 & 0 \end{pmatrix}$$

$$L_{12}(x_2(t-d_2(t))) = \begin{pmatrix} \dfrac{1}{16}x_{21}(t-d_2(t)) & 0 \\ 0 & 0 \end{pmatrix}$$

$$L_{21}(x_1(t-d_1(t))) = \begin{pmatrix} \dfrac{1}{16}x_{11}(t-d_1(t)) & 0 \\ 0 & 0 \end{pmatrix}$$

$$W(x) = \begin{pmatrix} 1-0.42x_{11}^2 & -0.571\,8x_{21} & a_1 & a_5 & 0 & 0 \\ -0.571\,8x_{21} & 1-0.42x_{21}^2 & a_2 & a_6 & 0 & 0 \\ -1.545\,5 & -0.958\,7x_{21} & a_3 & a_7 & 0 & 0 \\ -0.958\,7x_{11} & -1.545\,5 & a_4 & a_8 & 0 & 0 \\ 0 & 0 & 0 & 0 & 0.234\,1\times10^{-3} & 0 \\ 0 & 0 & 0 & 0 & 0 & 0.234\,1\times10^{-3} \end{pmatrix}$$

其中

$a_1 = 1.133\,7 - 0.42x_{21}(t-d_2(t))^2, a_2 = 1.133\,7 - 0.42x_{21}(t-d_2(t))^2$

$a_3 = 1.133\,7 - 0.42x_{11}(t-d_1(t))^2, a_4 = -0.020\,6x_{21}(t-d_2(t))$

$a_5 = -0.015\,4x_{21} - 0.762\,4x_{21}(t-d_2(t))$

$a_6 = -1.042 - 0.42x_{21}(t)x_{21}(t-d_2(t))$

$a_7 = -0.020\,6x_{21}(t-d_2(t))$

$a_8 = 1.133\,7 - 0.42x_{21}(t-d_2(t))^2$

令 $\Omega = \{x \mid |x_{ij}| < 0.6, 1 \leqslant i, j \leqslant 2\}$，则在 Ω 内 $W^\mathrm{T}+W$ 是正定的。

（3）根据式（6.4.18），设计记忆反馈分散控制器：

$$u_1 = \begin{pmatrix} 0.998\,3 & 0.998\,3 \\ 1.995\,0 & 0.996\,6 \end{pmatrix} x_1(t) + \begin{pmatrix} -3.002\,3 & -1.002\,3 \\ -8.007 & -2.004\,6 \end{pmatrix} x_1(t-d_1(t)) -$$

$$\frac{F_1 x_1(t) + F_2 \dot{x}_1(t)}{\| F_1 x_1(t) + F_2 \dot{x}_1(t) \|} \times$$

$$\left[0.1\sin x + 0.1\|x\| - 0.302\,8 \times \left(\frac{\sqrt{5}}{10} \|x_1\| + \sqrt{2} \|x_1(t-d_1(t))\| \right) \right]$$

$$u_2 = \begin{pmatrix} 1.998\,3 & 3.996\,6 \\ 1.995\,0 & 2.993\,3 \end{pmatrix} x_2(t) + \begin{pmatrix} -1.023 & -2.004\,6 \\ -8.007 & -3.009\,3 \end{pmatrix} x_2(t-d_2(T)) -$$

$$\frac{F_1 x_2(t) + F_2 \dot{x}_2(t)}{\| F_1 x_1(t) + F_2 \dot{x}_1(t) \|} \times$$

$$\left[0.1\sin x + 0.1\|x\| - 0.302\,8 \times \left(\frac{\sqrt{2}}{10} \|x_2\| + \sqrt{2} \|x_2(t-d_1(t))\| \right) \right]$$

其中

$$F_1 = 10^4 \times \begin{pmatrix} -0.157\,4 & 0.236\,1 \\ 0.078\,7 & -0.078\,7 \end{pmatrix}$$

$$F_2 = 10^{-3} \times \begin{pmatrix} -0.179\,4 & 0.089\,7 \\ 0.269\,2 & -0.089\,7 \end{pmatrix}$$

仿真结果如图 6.4.1 所示,可见本章提出的方法是有效的。

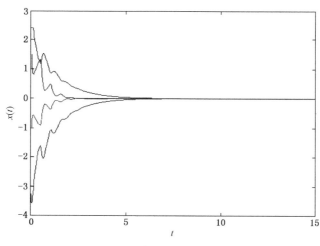

图 6.4.1　闭环系统的状态图

6.5　相似时滞交联大系统的记忆静态输出反馈分散控制

　　关于非线性交联大系统的状态反馈分散控制的研究已经取得了许多成果,但状态反馈的进行需要借助系统的全部状态信息才能实现。对于维数高、状态向量多、输入多的非线性交联大系统而言,状态反馈在实际工程中是非常不容易实现的,相比较而言,输出反馈控制只利用系统的部分信息就能够得以实现,这使得系统的控制过程在工程实践中更加便捷,关于非线性交联大系统的输出反馈控制已经取得了一些成果[157-160],文献[157]研究了一类含有传感器噪声的非线性交联大系统的输出反馈分散控制问题;文献[158]针对一类含有非线性扰动项的多时变时滞交联大系统,尽管在研究过程中考虑了时滞,但是静态输出反馈控制是无记忆的。至今为止,具有相似结构的非线性时滞交联大系统的记忆静态输出反馈控制的研究仍然是一个重要的研究课题。

　　本章研究了一类具有相似结构的非线性时滞交联系统的记忆静态输出反馈分散控制问题。通过记忆静态输出反馈建立了相似结构,并且应用交联大系统的结构特点、构造 Lya-punov-Krasovskii 泛函、矩阵范数理论和线性矩阵不等式的方法,设计了系统的记忆静态输出导数反馈分散控制器并估计了系统的稳定域。最后用数值仿真说明了本章方法的可行性和有效性。本章的研究结果进一步发展了相似交联大系统的输出反馈分散控制理论,为今后有关非线性交联大系统的进一步研究奠定了基础。

6.5.1　系统描述与准备

　　考虑如下非线性时滞交联大系统:

$$\begin{cases} \dot{x}_i(t) = A_i x_i(t) + A_{di} x_i(t - d_i(t)) + f_i(x_i(t)) + g_i(x_i(t - d_i(t))) + \\ \qquad B_i[u_i(t) + \Delta\Psi_i(x_i(t))] + \sum_{j=1,j\neq i}^{N} H_{ij}(x_i(t)) + \Delta H_i(x(t)) \\ y_i(t) = C_i x_i(t), i = 1,2,\cdots,N \end{cases} \tag{6.5.1}$$

其中, $x_i(t) \in \Omega_i \subset \mathrm{R}^n, x = col(x_1, x_2, \cdots, x_N) \in \Omega \equiv \Omega_1 \times \Omega_2 \cdots \times \Omega_N, u_i(t), y_i(t) \in \mathrm{R}^m$ 分别表示第 i 个子系统的状态,输入和输出; A_i, A_{di}, B_i, C_i 表示适当维数的矩阵且 C_i 是行满秩的; $f_i(x_i(t)), g_i(x_i(t-d_i(t)))$ 是连续的非线性函数且满足 $f_i(0) = g_i(0) = 0$; $\Delta\phi_i(x_i(t))$ 表示第 i 个子系统的匹配不确定项; $\sum_{j=1,j\neq i}^{N} H_{ij}(x_j(t)) \in V_n^u(\Omega)$ 且 $H_{ij}(0) = 0 (j \neq i)$ 表示已知的交联项; $\Delta H_i(x(t))$ 表示非匹配不确定项的总和并且在其定义域上是连续的; $d_i(t)$ 表示时变的连续函数且满足:

$$0 \leqslant d_i(t) \leqslant \bar{d} < +\infty, |\dot{d}_i(t)| \leqslant \tau$$

定义 6.5.1

$$u_i(t) = K_{1i} y_i(t) + K_{2i} y_i(t - d_i(t)) + v_i \tag{6.5.2}$$

其中, K_{1i}, K_{2i} 表示适当维数的矩阵, v_i 表示新的输入,在记忆静态输出反馈控制器(6.5.2)的作用下,系统(6.5.1)的第 i 个名义子系统可以写成如下形式:

$$\dot{x}_i(t) = (A_i + B_i K_{1i} C_i) x_i(t) + (A_{d_i} + B_i K_{2i} C_i) x_i(t - d_i(t)) + B_i v_i$$

在记忆静态输出反馈下,称大系统(6.5.1)的第 i 个名义子系统相似于第 j 个名义子系统,若存在非奇异矩阵 T_i,使得

$$\begin{cases} T_i^{-1}(A_i + B_i K_{1i} C_i) T_i = A_j \\ T_i^{-1}(A_{d_i} + B_i K_{2i} C_i) T_i = A_{d_j} \\ T_i^{-1} B_i = B_j \\ C_i T_i = C_j \end{cases}$$

定义 6.5.2 大系统(6.5.1)是一个具有相似结构的时滞交联大系统,若存在矩阵 K_{1i}, K_{2i} 和非奇异矩阵 T_i,使得

$$\begin{cases} T_i^{-1}(A_i + B_i K_{1i} C_i) T_i = A_k \\ T_i^{-1}(A_{d_i} + B_i K_{2i} C_i) T_i = A_{d_k} \\ T_i^{-1} B_i = B_k \\ C_i T_i = C_k \end{cases} \tag{6.5.3}$$

且 (T_i, K_{1i}, K_{2i}) 称为第 i 个子系统的相似转换参量。

假设 6.5.1 假设式(6.5.3)中 $k = 1$,则大系统(6.5.1)是具有相似结构的时滞交联大系统。

6.5.2 静态输出反馈分散控制器设计

对系统(6.5.1)的第一个孤立子系统:

$$\begin{cases} \dot{x}_1(t) = A_1 x_1(t) + A_{d_1} x_1(t - d_1(t)) + f_1(x_1(t)) + g_1(x_1(t - d_1(t))) + B_1[u_1(t) + \Delta\Psi_1(x_1)] \\ y_1(t) = C_1 x_1(t) \end{cases}$$

$$\tag{6.5.4}$$

设计如下形式的静态输出反馈控制器：

$$u_1(t) = u_1^1(t) + u_1^2(t) + u_1^3(t) + u_1^4(t)$$
$$u_1^1(t) = K_1 y_1(t) + K_{d_1} y_1(t - d_1(t)) \tag{6.5.5}$$

问题（1）：本章考虑的第一个问题是设计形如式（6.5.5）的记忆静态输出反馈控制律 u_1，使得在其作用下系统（6.5.4）是渐近稳定的。

把控制器（6.5.5）应用于系统（6.5.4）得到如下闭环系统：

$$\begin{cases} \dot{x}_1(t) = (A_1 + B_1 K_1 C_1) x_1(t) + (A_{d_1} + B_1 K_{d_1} C_1) x_1(t - d_1(t)) + f_1(x_1(t)) + \\ \quad\quad g_1(x_1(t - d_1(t))) + B_1[u_1^2(t) + u_1^3(t) + u_1^4(t) + \Delta\Psi_1(x_1(t))] \\ y_1(t) = C_1 x_1(t) \end{cases} \tag{6.5.6}$$

定理 6.5.1　给定 $\bar{d} > 0, \alpha > 0$，如果存在正定对称矩阵 $\tilde{Q}, X, \tilde{W}_1, W_3$ 和矩阵 $Z_1, Z_2, \tilde{W}_2$，使得如下矩阵不等式成立：

$$\begin{pmatrix} \Gamma & A_{d_i} X + B_1 Z_2 + W_3 - \tilde{W}_2^T & X^T A_1^T + Z_1^T B_1^T & X^T A_1^T + Z_1^T B_1^T & \tilde{W}_2 \\ * & -(1-\tau)\tilde{Q} - W_3 & \tilde{W}_2^T & X^T A_{d_1}^T + Z_2^T B_1^T & X^T A_{d_1}^T + Z_2^T B_1^T & 0 \\ * & * & -\tilde{W}_1 & 0 & 0 & 0 \\ * & * & * & \frac{1}{\bar{d}^2}(-2X + W_3) & 0 & 0 \\ * & * & * & * & -\frac{a}{\bar{d}^2}X & 0 \\ * & * & * & * & * & -\frac{1}{a\bar{d}^2}X \end{pmatrix} < 0 \tag{6.5.7}$$

其中，$\Gamma = X^T A_1^T + A_1 X + Z_1^T B_1^T + B_1 Z_1 + \tilde{Q} - W_3 + \bar{d}^2 \tilde{W}_1$

则系统（6.5.6）在如下形式控制器的作用下是鲁棒渐近稳定的：

$$u_1(t) = u_1^1(t) + u_1^2(t) + u_1^3(t) + u_1^4(t)$$
$$u_1^1(t) = Z_1 X^{-1} C_1^+ y_1(t) + Z_2 X^{-1} C_1^+ y_1(t - d_1(t)) \tag{6.5.8}$$

$$u_1^2(t) = \begin{cases} -\dfrac{F_1 y_1(t) + F_2 \dot{y}_1(t)}{\| F_1 y_1(t) + F_2 \dot{y}_1(t) \|} \rho_1(y_1(t)), & F_1 y_1(t) + F_2 \dot{y}_1(t) \neq 0 \\ 0, & F_1 y_1(t) + F_2 \dot{y}_1(t) = 0 \end{cases}$$

$$u_1^3(t) = \begin{cases} -\dfrac{F_1 y_1(t) + F_2 \dot{y}_1(t)}{\lambda_{\min}(B_1) \| F_1 y_1(t) + F_2 \dot{y}_1(t) \|} \beta_1(\| y_1(t) \|), & F_1 y_1(t) + F_2 \dot{y}_1(t) \neq 0 \\ 0, & F_1 y_1(t) + F_2 \dot{y}_1(t) = 0 \end{cases}$$

$$u_1^4(t) = \begin{cases} -\dfrac{F_1 y_1(t) + F_2 \dot{y}_1(t)}{\lambda_{\min}(B_1) \| F_1 y_1(t) + F_2 \dot{y}_1(t) \|} \alpha_1(\| y_1(t - d_1(t)) \|), & F_1 y_1(t) + F_2 \dot{y}_1(t) \neq 0 \\ 0, & F_1 y_1(t) + F_2 \dot{y}_1(t) = 0 \end{cases}$$

其中，F_1, F_2 满足 $B_1^T(P + \bar{d}^2 W_2 P)^T = F_1 C_1$，$B_1^T \bar{d}^2 P W_3 P = F_2 C_1$，$\rho_1(y_1(t))$ 满足假设 6.2.1，$\beta_1(\| y_1(t) \|)$，$\alpha_1(\| y_1(t - d_1(t)) \|)$ 满足假设 6.2.2，且 $P = X^{-1}$，$W_2 = P\tilde{W}_2$

证明 针对系统(6.5.6),构造如下的 Lyapunov-Krasovskii 泛函:

$$V_1(t) = V_1^1(t) + V_1^2(t) + V_1^3(t)$$

$$V_1^1(t) = x_1^T(t)Px_1(t)$$

$$V_1^2(t) = \int_{t-d_1(t)}^{t} x_1^T(s)Qx_1(s)\,ds$$

$$V_1^3(t) = \bar{d}\int_{-d_1(t)}^{0}\int_{t+\theta}^{t} \eta_1^T(s)Y^T\bar{W}Y\eta_1(s)\,ds\,d\theta$$

其中,η_1 在引理 6.2.3 中给出,且 $Y = \begin{pmatrix} I & 0 \\ 0 & P \end{pmatrix}$。

$$\dot{V}_1^1(t) = x_1^T(t)\left[(A_1+B_1K_1C_1)^TP + P(A_1+B_1K_1C_1)\right]x_1(t) +$$

$$2x_1^T(t)P(A_{d_1}+B_1K_{d_1}C_1)x_1(t-d_1(t)) + 2x_1^T(t)PB_1\left[u_1^2(t)+u_1^3(t)+u_1^4(t)+\Delta\Psi(x_1(t))\right] +$$

$$2x_1^T(t)Pf_1(x_1(t)) + 2x_1^T(t)Pg_1(x_1(t-d_1(t)))$$

$$\dot{V}_1^2(t) \leqslant x_1^T(t)Qx_1(t) - (1-\tau)x_1^T(t-d_1(t))Qx_1(t-d_1(t))$$

$$\dot{V}_1^3(t) = \bar{d}\int_{-d_1(t)}^{0}\left[\eta_1^T(t)Y^T\bar{W}Y\eta_1(t) - \eta^T(t+\theta)Y^T\bar{W}Y\eta_1(t+\theta)\right]d\theta$$

$$\leqslant \bar{d}^2\eta_1^T(t)Y^T\bar{W}Y\eta_1(t) - d_1(t)\int_{t-d_1(t)}^{t}\eta_1^T(s)Y^T\bar{W}Y\eta_1(s)\,ds$$

根据引理 6.2.3,进一步计算可得

$$\dot{V}_1(t) + \bar{d}^2M_1^TPW_3PM_1$$

$$\leqslant \zeta^T\Lambda_1\zeta + 2\bar{d}^2\begin{pmatrix} x_1(t) \\ \tilde{A}_1x_1(t)+\tilde{A}_{d_1}x_1(t) \end{pmatrix}^T Y^T\bar{W}Y\begin{pmatrix} 0 \\ M_1 \end{pmatrix} + \bar{d}^2\begin{pmatrix} 0 \\ M_1 \end{pmatrix}^T Y^T\bar{W}Y\begin{pmatrix} 0 \\ M_1 \end{pmatrix} +$$

$$2x_1^T(t)PM_1 + \bar{d}^2M_1^TPW_3PM_1 \tag{6.5.9}$$

$$\leqslant \zeta_1^t\Lambda_1\zeta_1 + \left[2x_1^T(t)(P+\bar{d}^2W_2P) + 2\dot{x}_1^T(t)\bar{d}^2PW_3P\right]M_1$$

其中

$$M_1 = B_1\left[u_1^2(t)+u_1^3(t)+u_1^4(t)+\Delta\Psi_1(x_1(t))\right] + f_1(x_1(t)) + g_1(x_1(t-d_1(t)))$$

$$\Lambda_1 = \begin{pmatrix} \tilde{A}_1^T P + P\tilde{A}_1 + Q - PW_3P & P\tilde{A}_{d_1} + PW_3P & -PW_2^T \\ * & -(1-\tau)Q - PW_3P & PW_2^T \\ * & * & -W_1 \end{pmatrix}$$

$$\tilde{A}_1 = A_1 + B_1K_1C_1; \tilde{A}_{d_1} = A_1 + B_1K_1C_1$$

根据式(6.5.8),假设 6.2.1 和假设 6.2.2 可得

$$\left[2x_1^T(t)(P+\bar{d}^2W_2P) + 2\dot{x}_1^T(t)\bar{d}^2PW_3P\right]B_1\left[u_1^2(t)+\Delta\Psi_1(x_1(t))\right] \leqslant 0$$

$$\left[2x_1^T(t)(P+\bar{d}^2W_2P) + 2\dot{x}_1^T(t)\bar{d}^2PW_3P\right]\left[B_1u_1^3(t)+f_1(x_1(t))\right] \leqslant 0$$

$$\left[2x_1^T(t)(P+\bar{d}^2W_2P) + 2\dot{x}_1^T(t)\bar{d}^2PW_3P\right]\left[B_1u_1^4(t)+g_1(x_1(t-d_1(t)))\right] \leqslant 0$$

因此

$$\dot{V}_1 + M_1^TPW_3PM_1 \leqslant \zeta_1^T\Lambda_1\zeta_1$$

其中

$$\Lambda_1 = \begin{pmatrix} \Gamma_1 & \Gamma_2 & -PW_2^{\mathrm{T}} \\ * & \Gamma_3 & PW_2^{\mathrm{T}} \\ * & * & -W_1 \end{pmatrix}$$

$$\Gamma_1 = \tilde{A}_1^{\mathrm{T}}P + P\tilde{A}_1 + Q - PW_3P + \bar{d}^2(W_1 + \tilde{A}_1^{\mathrm{T}}PW_2^{\mathrm{T}} + W_2P\tilde{A}_1 + \tilde{A}_1^{\mathrm{T}}PW_3P\tilde{A}_1)$$

$$\Gamma_2 = P\tilde{A}_{d_1} + PW_3P + \bar{d}^2(W_2P\tilde{A}_{d_1} + \tilde{A}^{\mathrm{T}}PW_3P\tilde{A}_{d_1})$$

$$\Gamma_3 = -(1-\tau)Q - PW_3P + \bar{d}^2\tilde{A}_{d_1}^{\mathrm{T}}PW_3P\tilde{A}_{d_1}$$

把矩阵 Λ_1 左乘 $N = \mathrm{diag}\{P^{-1}, P^{-1}, P^{-1}\}$，右乘其转置，则 $\Lambda_1 < 0$ 等价于如下不等式：

$$\Lambda_2 = \begin{pmatrix} \Gamma_4 & W_3 + \tilde{A}_{d_i}P^{-1} & -W_2^{\mathrm{T}}P^{-1} \\ * & -(1-\tau)P^{-1}QP^{-1} - W_3 & W_2^{\mathrm{T}}P^{-1} \\ * & * & -P^{-1}W_1P^{-1} \end{pmatrix} + \bar{d}^2 \begin{pmatrix} P^{-1}\tilde{A}_1^{\mathrm{T}} \\ P^{-1}\tilde{A}_{d_1}^{\mathrm{T}} \\ 0 \end{pmatrix} PW_3P \begin{pmatrix} P^{-1}\tilde{A}_1^{\mathrm{T}} \\ P^{-1}\tilde{A}_{d_1}^{\mathrm{T}} \\ 0 \end{pmatrix}^{\mathrm{T}} +$$

$$\bar{d}^2 \begin{pmatrix} P^{-1}\tilde{A}_1^{\mathrm{T}}PW_2^{\mathrm{T}}P^{-1} + P + W_2P\tilde{A}_1P^{-1} & P^{-1}W_2P\tilde{A}_{d_1}P^{-1} \\ P^{-1}\tilde{A}_{d_1}^{\mathrm{T}}PW_2^{\mathrm{T}}P^{-1} & 0 \end{pmatrix} < 0$$

其中

$$\Gamma_4 = (A_1P^{-1} + B_1K_1C_1P^{-1})^{\mathrm{T}} + (A_1P^{-1} + B_1K_1C_1P^{-1}) + P^{-1}QP^{-1} - W_3 + \bar{d}^2P^{-1}W_1P^{-1}$$

由引理 6.2.2 和引理 6.2.4 得

$$\begin{pmatrix} \Gamma_4 & \tilde{A}_{d_1}P^{-1} + W_3 & -W_2^{\mathrm{T}}P^{-1} & (\tilde{A}_1P^{-1})^{\mathrm{T}} & (\tilde{A}_1P^{-1})^{\mathrm{T}} & P^{-1}W_2 \\ * & -(1-\tau)P^{-1}QP^{-1} - W_3 & W_2^{\mathrm{T}}P^{-1} & (\tilde{A}_{d_1}P^{-1})^{\mathrm{T}} & (\tilde{A}_{d_1}P^{-1})^{\mathrm{T}} & 0 \\ * & * & -P^{-1}W_1P^{-1} & 0 & 0 & 0 \\ * & * & * & -\dfrac{1}{\bar{d}^2}P^{-1}W_3^{-1}P^{-1} & 0 & 0 \\ * & * & * & * & -\dfrac{\alpha}{\bar{d}^2}P^{-1} & 0 \\ * & * & * & * & * & -\dfrac{1}{\alpha\bar{d}^2}P^{-1} \end{pmatrix} < 0$$

根据引理 6.2.5 可得

$$-P^{-1}W_3^{-1}P^{-1} \leqslant -2P^{-1} + W_3 \tag{6.5.10}$$

作如下变换：

$$P^{-1} = X, K_1C_1P^{-1} = Z_1, K_{d_1}C_1P^{-1} = Z_2, P^{-1}W_2 = \tilde{W}_2, P^{-1}W_1P^{-1} = \tilde{W}_1, P^{-1}QP^{-1} = \tilde{Q} \tag{6.5.11}$$

可以得到式 (6.5.7)，因此，在控制器 (6.5.8) 的作用下，系统 (6.5.6) 是渐近稳定的，且 K_1, K_{d_1} 设计如下：

$$K_1 = Z_1X^{-1}C_1^+, K_{d_1} = Z_2X^{-1}C_1^+ \tag{6.5.12}$$

在定理 6.5.1 的证明过程中，由 $\Lambda_1 < 0$ 可得 $\Gamma_1 < 0$，则存在正定矩阵 S 使得

$$\Gamma_1 + S = 0 \tag{6.5.13}$$

考虑时滞交联大系统 (6.5.1)，设计如下记忆静态输出反馈分散控制器：

$$u_1(t) = u_i^1(t) + u_i^2(t) + u_i^3(t) + u_i^4(t) + u_i^5(t)$$

$$u_i^1(t) = (K_1 + K_{1i})y_i(t) + (K_{d_1} + K_{2i})y_i(t - d_i(t)) \qquad (6.5.14)$$

$$u_i^2(t) = \begin{cases} -\dfrac{F_1 y_i(t) + F_2 \dot{y}_i(t)}{\parallel F_1 y_i(t) + F_2 y_i(t) \parallel}\rho_i(y_i(t)), & F_1 y_i(t) + F_2 \dot{y}_i(t) \neq 0 \\ 0, & F_1 y_i(t) + F_2 \dot{y}_i(t) = 0 \end{cases}$$

$$u_i^3(t) = \begin{cases} -\dfrac{F_1 y_i(t) + F_2 \dot{y}_i(t)}{\lambda_{\min}(B_1)\parallel F_1 y_i(t) + F_2 y_i(t) \parallel}\beta_i(\parallel y_i(t) \parallel), & F_1 y_i(t) + F_2 \dot{y}_i(t) \neq 0 \\ 0, & F_1 y_i(t) + F_2 \dot{y}_i(t) = 0 \end{cases}$$

$$u_i^4 = \begin{cases} -\dfrac{F_1 y_i(t) + F_2 \dot{y}_i(t)}{\lambda_{\min}(B_1)\parallel F_1 y_i(t) + F_2 \dot{y}_i(t) \parallel}\alpha_i(\parallel y_i(t - d_i(t)) \parallel), & F_1 y_i(t) + F_2 \dot{y}_i(t) \neq 0 \\ 0, & F_1 y_i(t) + F_2 \dot{y}_i(t) = 0 \end{cases}$$

$$u_i^5 = \begin{cases} -\dfrac{F_1 y_i(t) + F_2 \dot{y}_i(t)}{\lambda_{\min}(B_1)\parallel F_1 y_i(t) + F_2 \dot{y}_i(t) \parallel}\gamma_i(y(t)\parallel y(t) \parallel), & F_1 y_i(t) + F_2 \dot{y}_i(t) \neq 0 \\ 0, & F_1 y_i(t) + F_2 \dot{y}_i(t) = 0 \end{cases}$$

其中,K_{1i}, K_{2i}, T_i 满足假设 5.2.1,P 满足式(6.5.11),K_1, K_{d_1} 满足式(6.5.12),为了方便,记

$$T_1 = I_N, K_{11} = K_{21} = 0$$

问题(2):本章研究的第二个问题是设计形如式(6.5.14)的分散控制器,使得在其作用下,系统(6.5.1)是渐近稳定的,并估计系统(6.5.1)的稳定域。

大系统(6.5.1)在控制器(6.5.14)的作用下得到如下闭环系统:

$$\begin{cases} \dot{x}_i(t) = (A_i + B_i K_1 C_i + B_i K_{1i} C_i)x_i(t) + (A_{d_i} + B_i K_{d_1} C_i + B_i K_{2i} C_i)x_i(t - d_i(t)) + \\ \qquad f_i(x_i(t)) + g_i(x_i(t - d_i(t))) + B_i(u_i^2(t) + u_i^3(t) + u_i^4(t) + u_i^5(t) + \Delta\Psi_i(x_i(t))) + \\ \qquad \sum\limits_{j=1, j\neq 1}^{N} H_{ij}(x_j(t)) + \Delta H_i(x(t)) \\ y_i(t) = C_i x_i(t), i = 1, 2, \cdots, N \end{cases}$$

根据引理 6.3.1,由 $\sum\limits_{j=1, j\neq 1}^{N} H_{ij}(x_j(t)) \in V_n^w(\Omega)$ 且 $H_{ij}(0) = 0$,则非线性项 $H_{ij}(x_j(t))$ 有如下分解:

$$H_{ij}(x_j(t)) = R_{ij}(x_j(t))x_j(t)$$

其中,$R_{ij}(x_j(t)) \in \mathbb{R}^{n\times n}, 1 \leqslant i, j \leqslant N, i \neq j$。

根据假设 6.5.1,并且作以下变换:

$$z_i(t) = T_i^{-1}x_1(t), z(t) = T^{-1}x(t), T = \text{diag}\{T_1, T_2, \cdots, T_N\}$$

$$z(t) = col(z_1(t), z_2(t), \cdots, z_N(t))$$

则闭环系统变换成如下形式:

$$\begin{cases} \dot{z}_i(t) = (A_1 + B_1 K_1 C_1) z_i(t) + (A_{d_1} + B_1 K_{d_1} C_1) z_i(t - d_i(t)) + T_i^{-1} f_i(x_i(t)) + \\ \qquad T_i^{-1} g_i(x_i(t - d_i(t))) + B(u_i^2(t) + u_i^3(t) + u_i^4(t) + u_i^5(t) + \Delta \Psi_i(T_i z_i(t))) + \\ \qquad T_i^{-1} \displaystyle\sum_{\substack{j=1 \\ j \neq i}}^{N} R_{ij}(T_j z_j(t) T_j Z_j(t) + T_i^{-1} H_i(Tz(t)) \\ y_i(t) = C_1 z_i 1(t), i = 1, 2, \cdots, N \end{cases}$$

$$(6.5.15)$$

定理 6.5.2 系统 (6.5.1) 在分散控制器 (6.5.14) 的作用下是渐近稳定的, 若存在区域 Ω, 使得 $W^T + W > 0$ 在区域 Ω 内成立。其中 $W = [w_{ij}]_{3N \times 3N}$ 定义如下:

$$w_{ij}(x_j) = \begin{cases} 1 - \Gamma_{ii}, 1 \leq i \leq N, i = j; \\ \lambda_{\min}(S^{-\frac{1}{2}} [(1 - \tau) Q + PW_3 P - \bar{d}^2 \tilde{A}_{d_1}^T \quad PW_3 P \tilde{A}_{d_1}] S^{-\frac{1}{2}}), N + 1 \leq i \leq 2N, i = j; \\ \lambda_{\min}(S^{-\frac{1}{2}} W_1 S^{-\frac{1}{2}}), 2N + 1 \leq i \leq 3N, i = j; \\ - \| S^{-\frac{1}{2}} (P + \bar{d}^2 W_2 P + \bar{d}^2 \tilde{A}_1^T PW_3 P) R_{ij} T_j S^{-\frac{1}{2}} \| + \Gamma_{ij}, 1 \leq i, j \leq N, i \neq j; \\ 0, N + 1 \leq i, j \leq 2N, i \neq j; \\ 0, 2N + 1 \leq i, j \leq 3N, i \neq j; \\ - \| S^{-\frac{1}{2}} [\tilde{A}_{d_1}^T P + PW_3 P + \bar{d}^2 (W_2 P \tilde{A}_{d_1} + \tilde{A}_1^T PW_3 P \tilde{A}_{d_1})] S^{-\frac{1}{2}} \|, j = N + 1, 1 \leq i \leq N; \\ \lambda_{\min}(S^{-\frac{1}{2}} PW_2^T S^{-\frac{1}{2}}), j = 2N + i, 1 \leq i \leq N; \\ - \| S^{-\frac{1}{2}} PW_2^T S^{-\frac{1}{2}} \|, j = N + i, N + 1 \leq i \leq 2N; \\ - \| \bar{d}^2 S^{-\frac{1}{2}} T_j^T R_{ij}^T PW_3 P \tilde{A}_{d_1}^T S^{-\frac{1}{2}} \|, j \neq N + i, 1 \leq i \leq N, N + 1 \leq j \leq 2N; \\ 0, j \neq 2N + i, 1 \leq i \leq N, 2N + 1 \leq j \leq 3N; \\ 0, j \neq N + i, N \leq i \leq 2N, 2N + 1 \leq j \leq 3N_\circ \end{cases}$$

其中, P, Q, W_1, W_2 满足式 (6.5.7), K_1, K_{d_1} 满足式 (6.5.12), S 满足式 (6.5.13),

$$\Gamma_{ii} = \bar{d}^2 \| S^{-\frac{1}{2}} T_i^T \sum_{k=1, k \neq i}^{N} (R_{ki}^T PW_3 PR_{ki}) T_i S^{-\frac{1}{2}} \|$$

$$\Gamma_{ij} = \bar{d}^2 \| S^{-\frac{1}{2}} T_i^T \sum_{k=1, k \neq i, k \neq j}^{N} (R_{ki}^T PW_3 PR_{ki}) T_j S^{-\frac{1}{2}} \|$$

证明 对系统 (6.5.15), 构造如下的 Lyapunov-Krasovskii 泛函:

$$V(z_1, z_2, \cdots, z_N) = \sum_{i=1}^{N} V_i(z_1, z_2, \cdots, z_N) = \sum_{i=1}^{N} (V_i^1(t) + V_i^2(t) + V_i^3(t))$$

$$V_i^1(t) = z_i^T(t) P z_i(t); V_i^2(t) = \int_{t-d_i(t)}^{t} z_i^T(s) Q z_i(s) \, ds$$

$$V_i^3(t) = \bar{d} \int_{-d_i(t)}^{0} \int_{t+\theta}^{t} \bar{\eta}_i^T(s) Y^T \overline{W} Y \bar{\eta}_i(s) \, ds \, d\theta$$

其中
$$\bar{\eta}_i^T(s) = [z_i^T(s), \dot{z}_i^T(s)]$$

$$\dot{V}_i^1(t) = z_i^T(t) [(A_1 + B_1 K_1 C_1)^T P + P(A_1 + B_1 K_1 C_1)] z_i(t) + 2 z_i^T(t) P(A_{d_1} +$$

$$B_1 K_{d_1} C_1) z_i(t - d_i(t)) + 2z_i^{\mathrm{T}}(t) P B_1 [u_i^2(t) + u_i^3(t) + u_i^4(t) + u_i^5(t) + \Delta \Psi_i(x_i(t))] +$$

$$2z_i^{\mathrm{T}}(t) P T_i^{-1} [f_i(T_i z_i(t)) + g_i(T_i z_i(t - d_i(t)))] + 2z_i^{\mathrm{T}}(t) P T_i^{-1} H_i(Tz(t)) +$$

$$2z_i^{\mathrm{T}}(t) P T_i^{-1} \sum_{\substack{j=1 \\ j \neq i}}^{N} R_{ij}(T_j z_j(t)) T_j z_j(t)$$

$$\dot{V}_i^2(t) \leqslant z_i^{\mathrm{T}}(t) Q z_i(t) - (1 - \tau) z_i^{\mathrm{T}}(t - d_i(t)) Q z_i(t - d_i(t))$$

$$\dot{V}_i^3(t) \leqslant \overline{d}^2 \overline{\eta}_i^{\mathrm{T}}(t) Y^{\mathrm{T}} \overline{W} Y \overline{\eta}_i(t) - d_i(t) \int_{t-d_i(t)}^{t} \overline{\eta}_i^{\mathrm{T}}(s) Y^{\mathrm{T}} \overline{W} Y \overline{\eta}_i(s) \, ds$$

应用引理 6.2.3 得到

$$\dot{V}_i(t) + \overline{d}^2 \theta_3^{\mathrm{T}} P W_3 P \theta_3 \leqslant \zeta^{\mathrm{T}} \Lambda_1 \zeta + [2z_i^{\mathrm{T}}(t)(P + \overline{d}^2 W_2 P) + 2\dot{z}_i^{\mathrm{T}}(t) \overline{d}^2 P W_3 P] \theta_1 +$$
$$[2z_i^{\mathrm{T}}(t)(P + \overline{d}^2 W_2 P) + 2\dot{z}_i^{\mathrm{T}}(t) \overline{d}^2 P W_3 P] \theta_2$$

其中

$$\zeta^{\mathrm{T}} = [z_i^{\mathrm{T}}(t) z_i^{\mathrm{T}}(t - d_i(t)) \int_{t-d_i(t)}^{t} z_i^{\mathrm{T}}(s) \, ds]$$

$$\theta_1 = B_1 [u_i^2(t) + u_i^3(t) + u_i^4(t) + u_i^5(t) + \Delta \Psi_i(x_i(t))] + T_i^{-1} f_i(x_i(t)) +$$
$$T_i^{-1} g_i(x_i(t - d_i(t))) + T_i^{-1} \Delta H_i(x(t))$$

$$\theta_2 = T_i^{-1} \sum_{\substack{j=1 \\ j \neq i}}^{N} R_{ij}(T_j z_j(t)) T_j z_j(t), \theta_3 = \theta_1 + \theta_2$$

根据引理 6.2.3 得到

$$\dot{V}_i(t) + \overline{d}^2 \theta_3^{\mathrm{T}} P W_3 P \theta_3$$

$$\leqslant \zeta^{\mathrm{T}} \Lambda_1 \zeta + [2z_i^{\mathrm{T}}(t)(P + \overline{d}^2 W_2 P) + 2\dot{z}_i^{\mathrm{T}}(t) \overline{d}^2 P W_3 P] \theta_1 + [2z_i^{\mathrm{T}}(t)(P + \overline{d}^2 W_2 P) +$$
$$2(\tilde{A}_1 z_i(t) + \tilde{A}_{d_1} z_i(t - d_i))^{\mathrm{T}} \overline{d}^2 P W_3 P] \theta_2 + \overline{d}^2 \theta_3^{\mathrm{T}} P W_3 P \theta_3 + \overline{d}^2 \theta_2^{\mathrm{T}} P W_3 P \theta_2$$

$$\dot{V}_i(t) \leqslant \zeta^{\mathrm{T}} \Lambda_1 \zeta + [2z_i^{\mathrm{T}}(t)(P + \overline{d}^2 W_2 P) + 2\dot{z}_i^{\mathrm{T}}(t) \overline{d}^2 P W_3 P] \theta_1 + [2z_i^{\mathrm{T}}(t)(P + \overline{d}^2 W_2 P) +$$
$$2(\tilde{A}_1 z_i(t) + \tilde{A}_{d_1} z_i(t - d_i(t)))^{\mathrm{T}} \overline{d}^2 P W_3 P] \theta_2 + \overline{d}^2 \theta_2^{\mathrm{T}} P W_3 P \theta_2 \qquad (6.5.16)$$

根据式(6.5.14),假设 6.2.1 和假设 6.2.2 可得

$$[2z_i^{\mathrm{T}}(t)(P + \overline{d}^2 W_2 P) + 2\dot{z}_i^{\mathrm{T}}(t) \overline{d}^2 P W_3 P] B_1 [u_i^2(t) + \Delta \Psi_i(x_i(t))] \leqslant 0$$

$$[2z_i^{\mathrm{T}}(t)(P + \overline{d}^2 W_2 P) + 2\dot{z}_i^{\mathrm{T}}(t) \overline{d}^2 P W_3 P] [B_1 u_i^3(t) + f_i(x_i(t))] \leqslant 0$$

$$[2z_i^{\mathrm{T}}(t)(P + \overline{d}^2 W_2 P) + 2\dot{z}_i^{\mathrm{T}}(t) \overline{d}^2 P W_3 P] [B_1 u_i^4(t) + g_i(x_i(t - d_i(t)))] \leqslant 0$$

$$[2z_i^{\mathrm{T}}(t)(P + \overline{d}^2 W_2 P) + 2\dot{z}_i^{\mathrm{T}}(t) \overline{d}^2 P W_3 P] [B_1 u_i^5(t) + \Delta H_i(Tz(t))] \leqslant 0$$

因此

$$\dot{V}_i(t) \leqslant \zeta^{\mathrm{T}} \Lambda_1 \zeta + [2z_i^{\mathrm{T}}(t)(P + \overline{d}^2 W_2 P) + 2(\tilde{A}_1 z_i(t) + \tilde{A}_{d_1} z_i(t - d_i(t)))^{\mathrm{T}} \overline{d}^2 P W_3 P] \theta_2 +$$
$$\overline{d}^2 \theta_2^{\mathrm{T}} P W_3 P \theta_2$$

应用式(6.5.13)可得

$$\dot{V} \leqslant - \sum_{i=1}^{N} \{ \| S^{\frac{1}{2}} z_i(t) \|^2 - 2 \| S^{\frac{1}{2}} z_i(t) \| \| S^{\frac{1}{2}} z_i(t - d_i(t)) \| \| S^{-\frac{1}{2}} [\tilde{A}_{d_1}^{\mathrm{T}} P + P W_3 P +$$

$$\overline{d}^2 (W_2 P \tilde{A}_{d_1} + \tilde{A}_1^{\mathrm{T}} P W_3 P \tilde{A}_{d_1})] S^{-\frac{1}{2}} \| +$$

$$2 \| S^{\frac{1}{2}} z_i(t) \| \| S^{\frac{1}{2}} \int_{t-d_i(t)}^{t} z_i(s) \, ds \| \lambda_{\min}(S^{\frac{1}{2}} P W_2^{\mathrm{T}} S^{\frac{1}{2}}) + \| S^{\frac{1}{2}} z_i(t - d_i(t)) \|^2$$

$$\lambda_{\min}(S^{-\frac{1}{2}}[(1-\tau)Q + PW_3P - \overline{d}^2\tilde{A}_{d_1}^{\mathrm{T}}PW_3P\tilde{A}_{d_1}]S^{-\frac{1}{2}}) -$$

$$2\parallel S^{\frac{1}{2}}z_i(t-d_i(t))\parallel \parallel S^{\frac{1}{2}}\int_{t-d_i(t)}^t z_i(s)\mathrm{d}s\parallel \parallel S^{-\frac{1}{2}}PW_2^{\mathrm{T}}S^{-\frac{1}{2}}\parallel + \parallel S^{\frac{1}{2}}\int_{t-d_i(t)}^t z_i(s)\mathrm{d}s\parallel^2\lambda_{\min}(S^{-\frac{1}{2}}W_1S^{-\frac{1}{2}}) -$$

$$2\parallel S^{\frac{1}{2}}z_i(t)\parallel \parallel S^{\frac{1}{2}}z_j(t)\parallel \parallel S^{-\frac{1}{2}}(P + \overline{d}^2W_2P + \overline{d}^2\tilde{A}_1^{\mathrm{T}}PW_3P)R_{ij}T_jS^{-\frac{1}{2}}\parallel -$$

$$2\parallel S^{\frac{1}{2}}z_i(t-d_i(t))\parallel \parallel S^{-\frac{1}{2}}z_j(t)\parallel \parallel \overline{d}^2S^{-\frac{1}{2}}T_j^{\mathrm{T}}R_{ij}^{\mathrm{T}}PW_3P\tilde{A}_{d_1}^{\mathrm{T}}S^{-\frac{1}{2}}\parallel - \Gamma_{ii} - \Gamma_{ij}\}$$

$$= \frac{1}{2}U^{\mathrm{T}}(W^{\mathrm{T}} + W)U$$

$$U^{\mathrm{T}} = [\parallel S^{\frac{1}{2}}z_1(t)\parallel, \parallel S^{\frac{1}{2}}z_2(t)\parallel, \cdots, \parallel S^{\frac{1}{2}}z_N(t)\parallel, \parallel S^{\frac{1}{2}}z_1(t-d_1(t))\parallel, \parallel S^{\frac{1}{2}}z_2(t-d_2(t))\parallel,$$

$$\cdots, \parallel S^{\frac{1}{2}}z_N(t-d_N(t))\parallel, \parallel S^{\frac{1}{2}}\int_{t-d_1(t)}^t z_1(s)\mathrm{d}s\parallel, \parallel S^{\frac{1}{2}}\int_{t-d_2(t)}^t z_2(s)\mathrm{d}s\parallel, \cdots, \parallel S^{\frac{1}{2}}\int_{t-d_N(t)}^t z_N(s)\mathrm{d}s\parallel]$$

由于在区域 Ω 内，$W^{\mathrm{T}}+W>0$，则 V 是系统(6.5.15)的 Lyapunov-Krasovskii 函数，即系统(6.5.1)在区域 Ω 内是渐近稳定的。

记忆静态输出反馈分散控制器的设计方法如下：

(1) 解线性矩阵不等式(6.5.7)，得到矩阵 $\tilde{Q}, X, \tilde{W}_1, \tilde{W}_2, \tilde{W}_3, Z_1, Z_2$，根据式(6.5.12)，得到矩阵 K_1, K_{d_1}；

(2) 根据引理 6.3.1，得到 $R_{ij}(x_j(t))$，进一步根据定理 6.5.2 估计稳定域 Ω；

(3) 根据式(6.5.14)设计系统的鲁棒分散控制器。

6.5.3　数值算例

考虑如下时滞交联大系统：

$$\begin{cases}
\dot{x}_1(t) = \begin{pmatrix} 0 & 1 \\ -1 & -2 \end{pmatrix}x_1(t) + \begin{pmatrix} 2 & 0 \\ 1 & 1 \end{pmatrix}x_1(t-d_1(t)) + \begin{pmatrix} -2 & 1 \\ 3 & -1 \end{pmatrix}(u_1(t) + \Delta\Psi_1(x_1)) + \\
\qquad \begin{pmatrix} 0.2x_{11} \\ 0.1x_{11}\sin x_{12} \end{pmatrix} + \begin{pmatrix} x_{11}(t-d_1(t)) \\ x_{11}(t-d_1(t))\sin x_{12} \end{pmatrix} + \Delta H_1(x) + \frac{1}{8}\begin{pmatrix} 0.5x_{21}^2 \\ 0 \end{pmatrix} \\
y_1(t) = \begin{pmatrix} 1 & 0 \\ 1 & 1 \end{pmatrix}x_1(t) \\
\dot{x}_2(t) = \begin{pmatrix} 5 & 8 \\ -\frac{9}{2} & -7 \end{pmatrix}x_2(t) + \begin{pmatrix} 5 & -2 \\ -2 & 2 \end{pmatrix}x_2(t-d_2(t)) + \begin{pmatrix} -2 & 1 \\ \frac{3}{2} & -\frac{1}{2} \end{pmatrix}(u_2(t) + \Delta\Psi_2(x_2)) + \\
\qquad \begin{pmatrix} 0.1x_{21} \\ 0.1x_{21}\sin x_{22} \end{pmatrix} + \begin{pmatrix} x_{21}(t-d_1(t)) \\ x_{21}(t-d_2(t))\cos x_{22} \end{pmatrix} + \Delta H_2(x) + \frac{1}{8}\begin{pmatrix} 0.5x_{11}^2 \\ 0 \end{pmatrix} \\
y_2(t) = \begin{pmatrix} 1 & 0 \\ 1 & 2 \end{pmatrix}x_2(t)
\end{cases}$$

其中，$x_i = col(x_{i1}, x_{i2})$，$i=1,2$，$u_i$ 和 y_i 分别是系统第 i 个子系统的状态向量、控制输入和输出，设系统的匹配非线性项和非匹配交联项满足如下条件：

$$|\Delta\Psi_1(x_1)| \leq y_1^2\sin^2 y_1, \quad |\Delta\Psi_2(x_2)| \leq y_2^2\cos^2 y_2$$

$$\parallel \Delta H_1(x)\parallel \leq 0.1\parallel y\parallel, \quad \parallel \Delta H_2(x)\parallel \leq 0.1\parallel y\parallel$$

则可以得到

$$\rho_1(y_1) = y_1^2\sin^2 y_1, \rho_2(y_2) = y_2^2\cos^2 y_2, \beta_1(\parallel y_1 \parallel) = \frac{\sqrt{5}}{10}\parallel y_1 \parallel$$

$$\beta_2(\parallel y_2 \parallel) = \frac{\sqrt{2}}{10}(\parallel y_2 \parallel)$$

$$\alpha_1(\parallel y_1(t - d_1(t)) \parallel) = \sqrt{2}\parallel y_1(t - d_1(t)) \parallel$$

$$\alpha_2(\parallel y_2(t - d_2(t)) \parallel) = \sqrt{2}\parallel y_2(t - d_2(t)) \parallel$$

$$\gamma_1 = \gamma_2 = 0.1$$

显然地,系统的第 2 个名义子系统相似于第 1 个名义子系统,且相似转换参量为

$$(T_2, K_{12}, K_{22}) = \left(\begin{pmatrix} 1 & 0 \\ 0 & \frac{1}{2} \end{pmatrix}, \begin{pmatrix} 1 & 2 \\ 0 & 1 \end{pmatrix}, \begin{pmatrix} 2 & 0 \\ 0 & 1 \end{pmatrix}\right)$$

(1)解线性矩阵不等式(6.5.7),得到矩阵 $\widetilde{Q}, X, \widetilde{W}_1, \widetilde{W}_2, \widetilde{W}_3, Z_1, Z_2$ 如下:

$$\widetilde{Q} = \begin{pmatrix} 27.146\,4 & 28.123\,2 \\ 28.123\,2 & 112.334\,2 \end{pmatrix}, X = \begin{pmatrix} 106.7 & 13.5 \\ 13.5 & 1\,191.5 \end{pmatrix}, \widetilde{W}_1 = \begin{pmatrix} 32.419\,8 & 24.654 \\ 24.654 & 126.472\,7 \end{pmatrix}$$

$$\widetilde{W}_2 = \begin{pmatrix} 0 & 0 \\ 0 & 0 \end{pmatrix}, W_3 = \begin{pmatrix} 152.201\,1 & -21.970\,2 \\ -21.970\,2 & 329.078\,9 \end{pmatrix}, Z_1 = \begin{pmatrix} 322.707\,2 & 632.422\,1 \\ 595.934\,3 & -21.994\,9 \end{pmatrix}$$

$$Z_2 = \begin{pmatrix} -499.1 & -1\,236 \\ -1\,224.4 & -2\,460.5 \end{pmatrix}$$

根据式(6.5.12)可得

$$K_1 = Z_1 X^{-1} C_1^+ = \begin{pmatrix} 2.463\,2 & 0.497\,2 \\ 5.675\,3 & -0.081\,9 \end{pmatrix}, K_{d_1} = Z_2 X^{-1} C_1^+ = \begin{pmatrix} -3.565\,6 & -0.985\,7 \\ -9.288\,3 & -1.937\,7 \end{pmatrix}$$

(2)根据引理 6.3.1 得到

$$R_{12}(x_2) = \begin{pmatrix} \frac{x_{21}}{16} & 0 \\ 0 & 0 \end{pmatrix}, R_{21}(x_1) = \begin{pmatrix} \frac{x_{11}}{16} & 0 \\ 0 & 0 \end{pmatrix}$$

$$W(x) = \begin{pmatrix} 1 - 0.01x_{11}^2 & -0.035\,2x_{21} & -1.545\,5 & -0.958\,7x_{21} & 0 & 0 \\ -0.0352x_{11} & 1 - 0.01x_{21}^2 & -0.958\,7x_{11} & -1.545\,5 & 0 & 0 \\ -1.545\,5 & -0.958\,7x_{21} & 0.345\,6 & 0 & 0 & 0 \\ -0.958\,7x_{11} & -1.545\,5 & 0 & 0.345\,6 & 0 & 0 \\ 0 & 0 & 0 & 0 & 0.065\,5 & 0 \\ 0 & 0 & 0 & 0 & 0 & 0.065\,5 \end{pmatrix}$$

令 $\Omega = \{x \mid \mid x_{ij} \mid < 0.6, 1 \leq i, j \leq 2\}$,则在 Ω 内 $W^T + W$ 是正定的。

(3)根据式(6.5.14),设计系统的记忆静态输出反馈分散控制器:

$$u_1(t) = \begin{pmatrix} 2.463\,2 & 0.497\,2 \\ 5.675\,3 & -0.081\,9 \end{pmatrix} y_1 + \begin{pmatrix} -3.565\,6 & -0.985\,7 \\ -9.288\,3 & -1.937\,7 \end{pmatrix} y_1(t - d_1(t)) -$$

$$\frac{F_1 y_1 + F_2 \dot{y}_1}{\parallel F_1 y_1 + F_2 \dot{y}_1 \parallel}[y_1^2\sin^2 y_1 + 1.817\,2(\frac{1+\sqrt{5}}{10}\parallel y_1 \parallel + \sqrt{2}\parallel y_1(t - d_1(t)) \parallel)]$$

$$u_2(t) = \begin{pmatrix} 3.463\ 2 & 2.994\ 4 \\ 5.675\ 3 & -0.836\ 2 \end{pmatrix} y_2 + \begin{pmatrix} -1.565\ 6 & -1.971\ 3 \\ -9.288\ 3 & -2.875\ 3 \end{pmatrix} y_2(t - d_2(t)) -$$

$$\frac{F_1 y_2 + F_2 \dot{y}_2}{\| F_1 y_2 + F_2 \dot{y}_2 \|} [y_2^2 \cos^2 y_2 + 1.817\ 2(\frac{1 + \sqrt{2}}{10} \| y_2 \| + \sqrt{2} \| y_2(t - d_2(t)) \|)]$$

其中，$F_1 = \begin{pmatrix} -0.028\ 6 & 0.009\ 5 \\ 0.003\ 7 & -0.000\ 9 \end{pmatrix}$，$F_2 = \begin{pmatrix} 0.013\ 8 & -0.000\ 4 \\ -0.000\ 6 & 0.000\ 2 \end{pmatrix}$。

仿真结果如图 6.5.1 所示，可见本章提出的方法是有效的。

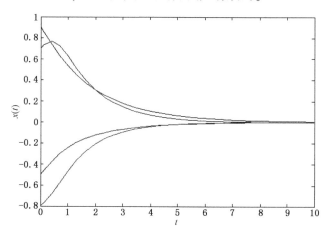

图 6.5.1 闭环系统的状态图

6.6 广义时滞相似交联系统的鲁棒分散反馈控制

在过去几年中，学者极其地重视广义大系统的鲁棒稳定和鲁棒镇定问题，该问题也被许多文献研究了[161-163]。文献[161]中利用奇异 Lyapunov 方程、矢量 Lyapunov 函数及互联参数的稳定域方法，介绍了一类非线性广义大系统的互联稳定问题。文献[162]由线性矩阵不等式给出了系统鲁棒控制器存在的充分条件。文献[163]探讨了具有不确定这一特点的广义离散的大系统鲁棒分散稳定的充分条件。但是目前关于有相似结构的广义交联系统的结果非常少且大部分结果是在建立相似结构时没有考虑时滞这个基础之上[164]，然而，使得交联系统变得很复杂的重要因素是广义交联系统和时滞[165-168]。因此，研究带有相似结构的广义时滞交联大系统的分散控制问题具有着重要的理论和实际意义。

在本节中，鲁棒镇定问题成为带有相似结构的广义时滞交联系统的研究重点。通过记忆比例导数状态反馈得到了新的相似结构，并且设计了带有时滞的分散控制器。最后，通过控制器使得广义交联系统趋于渐近稳定。

6.6.1 系统描述与准备

对时滞广义非线性交联系统作如下描述：

$$E_i \dot{x}_i(t) = A_i x_i(t) + A_{d_i} x_i(t - d_i(t)) + B_i[u_i + \Delta \Psi_i] + f_i(x_i(t)) +$$

$$g_i(x_i(t - d_i(t))) + \sum_{i=1, j \neq 1}^{N} H_{ij}(x_j), i, j = 1, 2. \cdots, N \qquad (6.6.1)$$

其中，式中 $x_i \in \Omega_i \subset \mathbf{R}^n, x = (x_1, x_2, \cdots, x_N)^T \in \Omega \equiv \Omega_1 \times \Omega_2 \times \cdots \times \Omega_N, u_i$，分别是系统的状态变量和

输入变量, 矩阵 E_i 可能是奇异矩阵并且 $\mathrm{rank}E_i = r_i \le n_i, A_i, A_{d_i}, B_i, E_i$, 是适当维数的确定矩阵; $f_i(x_i(t)), g_i(x_i(t-d_i(t)))$ 是连续非线性函数和带时滞的连续非线性函数且 $f_i(0) = g_i(0) = 0$; $\Delta\Psi_i(x_i)$ 是第 i 个子系统的匹配不确定项; $\sum\limits_{j=1,j\ne1}^{N} H_{ij}(x_j) \in V_n^w(\Omega)$ 是已知的互联项且 $H_{ij}(0) = 0$ $(j\ne i), d_i(t)$ 是连续变时滞函数且满足下面条件:

$$0 \le d_i(t) \le \bar{d} < +\infty, \bar{d}_i(t) \le \tau \le 1$$

定义广义交联大系统的第 i 个正常子系统如下

$$E_i\dot{x}_i(t) = A_ix_i(t) + A_{d_i}x_i(t - d_i(t)) + B_iu_i \qquad (6.6.2)$$

定义记忆比例导数状态反馈控制器如下

$$u_i = -L_{1i}\dot{x}_i(t) + K_{1i}x_i(t) + K_{2i}x_i(t - d_i(t)) + v_i$$

其中, L_{1i}, K_{1i}, K_{2i} 均是适当维数的矩阵, v_i 是新的输入变量。在记忆比例导数状态反馈控制器的作用下, 系统可写成:

$$(E_i + B_iL_{1i})\dot{x}_i(t) = (A_i + B_iK_{1i})x_i(t) + (A_{d_i} + B_iK_{2i})x_i(t - d_i(t)) + B_iv_i$$

广义交联大系统的第 i 个正常子系统与第 j 个正常子系统是相似的, 如果存在非奇异矩阵 T_i, S_i 有下面等式成立:

$$\begin{cases} T_i(E_i + B_iL_{1i})S_i = E_j \\ T_i(A_i + B_iK_{1i})S_i = A_j \\ T_i(A_{d_i} + B_iK_{2i})S_i = A_{d_j} \\ T_iB_i = B_j \end{cases} \qquad (6.6.3)$$

定义 6.6.1[40] 系统称为广义时滞相似交联系统, 如果存在矩阵 L_{1i}, K_{1i}, K_{2i} 和非奇异矩阵 T_i, S_i 满足下列等式:

$$\begin{cases} T_i(E_i + B_iL_{1i})S_i = E_k \\ T_i(A_i + B_iK_{1i})S_i = A_k \\ T_i(A_{d_i} + B_iK_{2i})S_i = A_{d_k} \\ T_iB_i = B_k \\ i = 1, 2, \cdots, N, i \ne k \end{cases} \qquad (6.6.4)$$

其中, $L_{1i}, K_{1i}, K_{2i}, T_i, S_i$ 被称为第 i 个子系统的相似转换变量。

假设 6.6.1 假设等式中 $k = 1$, 系统具有相似结构变量 $(L_{1i}, K_{1i}, K_{2i}, T_i, S_i)$ 其中 $i = 2, \cdots, N$, 那么有下面结果:

$$\begin{cases} T_i(E_i + B_iL_{1i})S_i = E_1 \\ T_i(A_i + B_iK_{1i})S_i = A_1 \\ T_i(A_{di} + B_iK_{2i})S_i = A_{d1} \\ T_iB_i = B_1 \\ i = 2, \cdots, N \end{cases} \qquad (6.6.5)$$

假设 6.6.2 矩阵对 (E_1, A_1, B_1) 是稳定且无限可控的。

注 6.6.1 假设 6.6.2 保证存在矩阵 $L, K \in \mathbb{R}^{m\times n} \ne 0$ 使得是非奇异矩阵使得 $S = E_1 + B_1L$ 是非常异矩阵并且 $A = (A_1 + B_1K)S^{-1}$ 是 Hurwitz 稳定矩阵。

引理 6.6.1$^{[171]}$　对任意矩阵 $N_{im} \in \mathrm{R}^{n_i \times n_i}$（$m = 1, 2, 3$）且 $0 < R_i = R_i^{\mathrm{T}} \in \mathrm{R}^{n_i \times n_i}$，有下列不等式成立：

$$2\zeta_i^{\mathrm{T}}(t) N_i \int_{t-d_i(t)}^{t} \dot{x}_i(\theta) \mathrm{d}\theta \leq d_i(t) \zeta_i^{\mathrm{T}}(t) N_i R_i^{-1} N_i^{\mathrm{T}} \zeta_i(t) + \int_{t-d_i(t)}^{t} \dot{x}_i^{\mathrm{T}}(\theta) R_i \dot{x}_i(\theta) \mathrm{d}\theta \quad (6.6.6)$$

$$-\int_{t-d_i(t)}^{t} \dot{x}_i^{\mathrm{T}}(\theta) R_i \dot{x}_i(\theta) \mathrm{d}\theta \leq \zeta_i^{\mathrm{T}}(t) \left(d_i(t) N_i R_i^{-1} N_i^{\mathrm{T}} + \begin{bmatrix} -N_{i1} - N_{i1}^{\mathrm{T}} & N_{i1} - N_{i2}^{\mathrm{T}} & -N_{i3}^{\mathrm{T}} \\ * & N_{i2} + N_{i2}^{\mathrm{T}} & N_{i3}^{\mathrm{T}} \\ * & * & 0 \end{bmatrix} \right) \zeta_i(t)$$

$$(6.6.7)$$

其中，$\zeta_i(t) = [x_i^{\mathrm{T}}(s), x_i^{\mathrm{T}}(t - d_i(t)), \dot{x}_i^{\mathrm{T}}(t)]^{\mathrm{T}}$，$N_i = [N_{i1}^{\mathrm{T}}, N_{i2}^{\mathrm{T}}, N_{i3}^{\mathrm{T}}]$

6.6.2　主要结果

对下面系统的第一个孤立子系统：

$$E_1 \dot{x}_1(t) = A_1 x_1(t) + A_{d1} x_1(t - d_1(t)) + B_1[u_1 + \Delta\Psi_1] + f_1(x_1(t)) + g_1(x_1(t - d_1(t)))$$

$$(6.6.8)$$

设计如下控制器：

$$\begin{cases} u_1 = u_1^1 + u_1^2 + u_1^3 + u_1^4 \\ u_1^1 = -L_1 \dot{x}(t) + K_1 x_1(t) + K_{d1} x_1(t - d_1(t)) \end{cases} \quad (6.6.9)$$

问题（1）：本章节要考虑的第一个问题是找到一个记忆比例导数状态反馈控制律 u_1 使得系统渐近稳定。

下面就这一问题进行证明：

应用等式将其代入系统，可以得到下面的闭环系统：

$$(E_1 + B_1 L_1) \dot{x}_1(t) = (A_1 + B_1 K_1) x_1(t) + (A_{d1} + B_1 K_{d1}) x_1(t - d_1(t)) + f_1(x_1(t)) +$$
$$g_1(x_1(t - d_1(t))) + B_1[u_1^2 + u_1^3 + u_1^4 + \Delta\Psi(x_1)] \quad (6.6.10)$$

定理 6.6.1　对于系统，如果存在正定对称矩阵 $X, \overline{Q}^{n \times n}, \overline{W}^{n \times n}, \overline{R}^{n \times n}$ 和矩阵 $Z_1^{m \times n}, Z_2^{m \times n}, Z_3^{m \times n}$，$\overline{N}_{11}^{n \times n}, \overline{N}_{12}^{n \times n}, \overline{N}_{13}^{n \times n}$ 有下面矩阵不等式成立：

$$\begin{bmatrix} \Gamma & \overline{N}_{11} - \overline{N}_{12}^{\mathrm{T}} + A_{d_i} X + B_1 Z_2 & -\overline{N}_{13}^{\mathrm{T}} - X A_1^{\mathrm{T}} + Z_1^{\mathrm{T}} B_1^{\mathrm{T}} & \dfrac{2}{\overline{d}} W^{\mathrm{T}} & \overline{N}_{11} \\ * & \overline{N}_{12} + \overline{N}_{12}^{\mathrm{T}} - (1 - \tau)\overline{Q} & \overline{N}_{13}^{\mathrm{T}} + X A_{d_1}^{\mathrm{T}} + Z_2^{\mathrm{T}} B_1^{\mathrm{T}} & 0 & \overline{N}_{12} \\ * & * & \gamma & 0 & \overline{N}_{13} \\ * & * & * & -\dfrac{2}{\overline{d}^2} \overline{W} & 0 \\ * & * & * & * & -\dfrac{\overline{R}}{\overline{d}} \end{bmatrix} \quad (6.6.11)$$

其中

$$\Gamma = -\overline{N}_{11} - \overline{N}_{11}^{\mathrm{T}} + A_1 X + B_1 Z_1 + X A_1^{\mathrm{T}} + Z_1^{\mathrm{T}} B_1^{\mathrm{T}} + \overline{Q} - 2\overline{W}$$

$$\gamma = \overline{d}^2 \overline{R} + \dfrac{\overline{d}^2}{2} \overline{W} - E_1 X - X E_1^{\mathrm{T}} - B_1 Z_3 - Z_3^{\mathrm{T}} B_1^{\mathrm{T}}$$

τ 表示时滞导数的上界并且 $\tau<1$，则系统有下面稳定控制器：

$$u_1 = u_1^1 + u_1^2 + u_1^3 + u_1^4$$

$$u_1^1 = - Z_3 X^{-1}\dot{x}_1(t) + Z_1 X^{-1}x_1(t) + Z_2 X^{-1}x_1(t - d_1(t))$$

$$u_1^2 = \begin{cases} - \dfrac{B_1^{\mathrm{T}}P(\dot{x}(t)) + x_1(t))}{\| B_1^{\mathrm{T}}P(\dot{x}(t) + x_1(t)) \|}\rho_1(x_1), & B_1^{\mathrm{T}}P(\dot{x}(t) + x_1(t)) \neq 0 \\ 0, & B_1^{\mathrm{T}}P(\dot{x}(t) + x_1(t)) = 0 \end{cases}$$

$$u_1^3 = \begin{cases} - \dfrac{B_1^{\mathrm{T}}P(\dot{x}_1(t)) + x_1(t))}{\lambda_{\min}(B_1)\| B_1^{\mathrm{T}}P(\dot{x}_1(t) + x_1(t)) \|}\beta_1(\| x_1 \|), & B_1^{\mathrm{T}}P(\dot{x}_1(t) + x_1(t)) \neq 0 \\ 0, & B_1^{\mathrm{T}}P(\dot{x}_1(t) + x_1(t)) = 0 \end{cases}$$

$$u_1^4 = \begin{cases} - \dfrac{B_1^{\mathrm{T}}P(\dot{x}_1(t)) + x_1(t))}{\lambda_{\min}(B_1)\| B_1^{\mathrm{T}}P(\dot{x}_1(t) + x_1(t)) \|}\alpha_1(\| x_1(t - d_1(t)) \|), & B_1^{\mathrm{T}}P(\dot{x}(t) + x_1(t)) \neq 0 \\ 0, & B_1^{\mathrm{T}}P(\dot{x}_1(t) + x_1(t)) = 0 \end{cases}$$

$$(6.6.12)$$

其中，$P=X^{-1}$，$\rho_1(x_1)$ 满足假设 6.2.1，$\beta_1(\| x_1 \|)$ 和 $\alpha_1(\| x_1(t-d_1(t)) \|)$ 满足假设 6.2.2。

证明　首先对闭环系统，考虑下面的 Lyapunov 函数：

$$V_1 = V_1^1 + V_1^2 + V_1^3 + V_1^4, \quad V_1^1 = x_1^{\mathrm{T}}(t)PEx_1(t), \quad V_1^2 = \int_{t-d_1(t)}^t x_1^{\mathrm{T}}(s)Qx_1(s)\,\mathrm{d}s$$

$$V_1^3 = \overline{d}\int_{-d_1(t)}^0 \int_{t+s}^t \dot{x}_1^{\mathrm{T}}(\tau)R\dot{x}_1(\tau)\,\mathrm{d}\tau\mathrm{d}s, \quad V_1^4 = \int_{-d_1(t)}^0 \int_\theta^0 \int_{t+s}^t \dot{x}_1^{\mathrm{T}}(\tau)W\dot{x}_1(\tau)\,\mathrm{d}\tau\mathrm{d}s\mathrm{d}\theta \quad 分别求 V_1^1, V_1^2, V_1^3, V_1^4$$

关于时间 t 的导数，则可得

$$\dot{V}_1^1 = \dot{x}_i^{\mathrm{T}}(t)PEx_i(t) + x_i^{\mathrm{T}}(t)PE\dot{x}_i(t)$$

$$= x_1^{\mathrm{T}}(t)\left[(A_1 + B_1 K_1)^T P + P(A_1 + B_1 K_1) \right]x_1(t) +$$

$$2x_1^{\mathrm{T}}(t)P(A_{d_1} + B_1 K_{d_1})x_1(t - d_1(t)) +$$

$$2x_1^{\mathrm{T}}(t)Pf_1(x_1(t)) + 2x_1^{\mathrm{T}}(t)Pg_1(x_1(t - d_1(t))) +$$

$$2x_1^{\mathrm{T}}(t)PB_1\left[u_1^2 + u_1^3 + u_1^4 + \Delta\Psi_1(x_1) \right]$$

$$\dot{V}_1^2 \leqslant x_1^{\mathrm{T}}(t)Qx_1(t) - (1 - \tau)x_1^{\mathrm{T}}(t - d_1(t))QX_1(t - d_1(t))$$

$$\dot{V}_1^3 \leqslant \overline{d}\int_{-d_i(t)}^0 \left[\dot{x}_1^{\mathrm{T}}(t)R\dot{x}_1(t) - \dot{x}_1^{\mathrm{T}}(t + s)R\dot{x}_1(t + s) \right]\mathrm{d}s$$

$$\leqslant \overline{d}^2\dot{x}_1^{\mathrm{T}}(t)R\dot{x}_1(t) - \overline{d}\int_{t-d_1(t)}^t \dot{x}_1^{\mathrm{T}}(s)R\dot{x}_1(s)\,\mathrm{d}s$$

$$\dot{V}_1^4 = \int_{d_1(t)}^0 \int_\theta^0 \left[\dot{x}_1^{\mathrm{T}}(t)W\dot{x}_1(t) - \dot{x}_1^{\mathrm{T}}(t + d)W\dot{x}_1(t + s) \right]\mathrm{d}s\mathrm{d}\theta$$

$$= -\int_{-d_1(t)}^{t} \theta \dot{x}_1^{\mathrm{T}}(t) W \dot{x}_1(t)\,\mathrm{d}\theta - \int_{-d_1(t)}^{0}\int_{t+s}^{t} \dot{x}_1^{\mathrm{T}}(s) W \dot{x}_1(s)\,\mathrm{d}s\mathrm{d}\theta$$

$$\leqslant \frac{\bar{d}^2}{2}\dot{x}_1^{\mathrm{T}}(t) W \dot{x}_1(t) - \int_{-d_1(t)}^{0}\int_{t+s}^{t} \dot{x}_1^{\mathrm{T}}(s) W \dot{x}_1(s)\,\mathrm{d}s\mathrm{d}\theta$$

通过引理 6.2.3 和引理 6.6.1,可以得到:

$$-\int_{-d_1(t)}^{0}\int_{t+\theta}^{t} \dot{x}_1^{\mathrm{T}}(s) W \dot{x}_1(s)\,\mathrm{d}s\mathrm{d}\theta$$

$$\leqslant -\frac{2}{\bar{d}^2}\Big(\int_{-\bar{d}}^{0}\int_{t+\theta}^{t} \dot{x}_1(s)\,\mathrm{d}s\mathrm{d}\theta\Big)^{\mathrm{T}} W \Big(\int_{-\bar{d}}^{0}\int_{t+\theta}^{t} \dot{x}_1(s)\,\mathrm{d}s\mathrm{d}\theta\Big)$$

$$= -\frac{2}{\bar{d}^2}\Big[\bar{d}x_1(t) - \int_{t-d_1(t)}^{t} x_1(\theta)\,\mathrm{d}\theta\Big]^{\mathrm{T}} W \Big[\bar{d}x_1(t) - \int_{t-d_1(t)}^{t} x_1(\theta)\,\mathrm{d}\theta\Big]$$

$$= -2x_1^{\mathrm{T}}(t) W x_1(t) = \frac{4}{\bar{d}}\Big(\int_{t-d_1(t)}^{t} x_1(\theta)\,\mathrm{d}\theta\Big)^{\mathrm{T}} W x_1(t) -$$

$$\frac{2}{\bar{d}^2}\Big(\int_{t-d_1(t)}^{t} x_1(\theta)\,\mathrm{d}\theta\Big)^{\mathrm{T}} W \Big(\int_{t-d_1(t)}^{t} x_1(\theta)\,\mathrm{d}\theta\Big) -$$

$$\bar{d}\int_{t-d_1(t)}^{t} \dot{x}_1^{\mathrm{T}}(s) R \dot{x}_1(s)\,\mathrm{d}s$$

$$\leqslant \bar{d}\zeta_1^{\mathrm{T}}(t)\left(d_1(t)N_1 R^{-1} N_1^{\mathrm{T}} + \begin{pmatrix} -N_{11} - N_{11}^{\mathrm{T}} & N_{11} - N_{12}^{\mathrm{T}} & -N_{13}^{\mathrm{T}} \\ * & N_{12} + N_{12}^{\mathrm{T}} & N_{13}^{\mathrm{T}} \\ * & * & 0 \end{pmatrix}\right)\zeta_1(t)$$

$$-2\dot{x}_1^{\mathrm{T}}(t)P\left(\begin{array}{c} (E_1 + B_1 L_1)\dot{x}_1(t) - (A_1 + B_1 K_1)x_1(t) - (A_{d1} + B_1 K_{d1})x_1(t-d_1(t)) - f_1(x_1(t)) \\ -g_1(x_1(t-d_1(t))) - B_1[u_1^2 + u_1^3 + u_1^4 + \Delta\Psi_1(x_1)] \end{array}\right) = 0$$

则有:

$$\dot{V}_1 \leqslant x_1^{\mathrm{T}}(t)\big[(A_1 + B_1 K_1)^{\mathrm{T}}P + P(A_1 + B_1 K_1)\big]x_1(t) + 2x_1^{\mathrm{T}}(t)P(A_{d1} + B_1 K_{d1})x_1(t-d_1(t)) +$$

$$2x_1^{\mathrm{T}}(t)Pf_1(x_1(t)) + 2x_1^{\mathrm{T}}(t)Pg_1(x_1(t-d_1(t))) + 2x_1^{\mathrm{T}}(t)PB_1[u_1^2 + u_1^3 + u_1^4 + \Delta\Psi_1(x_1)] -$$

$$2\dot{x}_1^{\mathrm{T}}(t)P\left[\begin{array}{c} (E_1 + B_1 L_1)\dot{x}_1(t) - (A_1 + B_1 K_1)x_1(t) - (A_{d1} + B_1 K_{d1})x_1(t-d_1(t)) \\ -f_1(x_1(t)) - g_1(x_1(t-d_1(t))) - B_1[u_1^2 + u_1^3 + u_1^4 + \Delta\Psi_1(x_1)] \end{array}\right] +$$

$$x_1^{\mathrm{T}}(t)QX_1(t) - (1-\tau)x_1^{\mathrm{T}}(t-d_1(t))QX(t-d_1(t)) + d^2\dot{x}_1^{\mathrm{T}}(t)R\dot{x}_1(t) +$$

$$\frac{\bar{d}^2}{2}\dot{x}_1^{\mathrm{T}}(t) W \dot{x}_1(t) - 2x_1^{\mathrm{T}}(t) W x_1(t) + \frac{4}{\bar{d}}\Big(\int_{t-d_1(t)}^{t} x_1(\theta)\,\mathrm{d}\theta\Big)^{\mathrm{T}} W x_1(t) -$$

$$\frac{2}{\bar{d}^2}\Big(\int_{t-d_1(t)}^{t} x_1(\theta)\,\mathrm{d}\theta\Big)^{\mathrm{T}} W \Big(\int_{t-d_1(t)}^{t} x_1(\theta)\,\mathrm{d}\theta\Big) +$$

$$\bar{d}\zeta_1^{\mathrm{T}}(t)\left(d_1(t)N_1 R_1^{-1} N_1^{\mathrm{T}} + \begin{bmatrix} -N_{11} - N_{11}^{\mathrm{T}} & N_{11} - N_{12}^{\mathrm{T}} & -N_{13}^{\mathrm{T}} \\ * & N_{12} + N_{12}^{\mathrm{T}} & N_{13}^{\mathrm{T}} \\ * & * & 0 \end{bmatrix}\right)\zeta_1(t) \qquad (6.6.13)$$

通过应用等式,假设 6.2.1 和假设 6.2.2,可以得到:

$$\left[\,2x_1^{\mathrm{T}}(t)P + 2\dot{x}_1^{\mathrm{T}}(t)P\,\right]B_1\left[\,u_1^2 + \Delta\Psi_1(x_1)\,\right]$$

$$= \left[\,2x_1^{\mathrm{T}}(t)PB_1 + 2\dot{x}_1^{\mathrm{T}}(t)PB_1\,\right]\left[\,u_1^2 + \Delta\Psi_1(x_1)\,\right]$$

$$\leqslant -\frac{\left[\,2x_1^{\mathrm{T}}(t)PB_1 + 2\dot{x}_1^{\mathrm{T}}(t)PB_1\,\right]\left(2B_1^{\mathrm{T}}Px_1(t) + 2B_1^{\mathrm{T}}P\dot{x}_1(t)\right)}{\|\,2B_1^{\mathrm{T}}Px_1(t) + 2B_1^{\mathrm{T}}P\dot{x}_1(t)\,\|}\rho_1(x_1) +$$

$$\|\,2B_1^{\mathrm{T}}Px_1(t) + 2B_1^{\mathrm{T}}P\dot{x}_1(t)\,\|\,\Delta\Psi_1(x_1)$$

$$\leqslant 0 \tag{6.6.14}$$

$$\left[\,2x_1^{\mathrm{T}}(t)P + 2\dot{x}_1^{\mathrm{T}}(t)P\,\right]\left[\,B_1u_1^3 + f_1(x_1(t))\,\right]$$

$$= \left[\,2x_1^{\mathrm{T}}(t)PB_1 + 2\dot{x}_1^{\mathrm{T}}(t)PB_1\,\right]u_1^3 + \left[\,2x_1^{\mathrm{T}}(t)P + 2\dot{x}_1^{\mathrm{T}}(t)P\,\right]f_1(x_1(t))$$

$$\leqslant -\frac{\left[\,2x_1^{\mathrm{T}}(t)PB_1 + 2\dot{x}_1^{\mathrm{T}}(t)PB_1\,\right]\left(2B_1^{\mathrm{T}}Px_1(t) + 2B_1^{\mathrm{T}}P\dot{x}_1(t)\right)}{\lambda_{\min}(B_1)\|\,2B_1^{\mathrm{T}}Px_1(t) + 2B_1^{\mathrm{T}}P\dot{x}_1(t)\,\|}\cdot\beta_1(\,\|x_1\|\,) +$$

$$\|\,2B_1^{\mathrm{T}}Px_1(t) + 2B_1^{\mathrm{T}}P\dot{x}_1(t)\,\|f_1(x_1(t))$$

$$\leqslant \|\,2B_1^{\mathrm{T}}Px_1(t) + 2B_1^{\mathrm{T}}P\dot{x}_1(t)\,\|(-\beta_1(\,\|x_1\|\,) + f_1(x_1(t)))$$

$$\leqslant 0 \tag{6.6.15}$$

$$\left[\,2x_1^{\mathrm{T}}(t)P + 2\dot{x}_1^{\mathrm{T}}(t)P\,\right]\left[\,B_1u_1^4 + g_1(x_1(t - d_1(t)))\,\right]$$

$$= \left[\,2x_1^{\mathrm{T}}(t)PB_1 + 2\dot{x}_1^{\mathrm{T}}(t)PB_1\,\right]u_1^4 + \left[\,2x_1^{\mathrm{T}}(t)P + 2\dot{x}_1^{\mathrm{T}}(t)P\,\right]g_1(x_1(t - d_1(t)))$$

$$\leqslant -\frac{\left[\,2x_1^{\mathrm{T}}(t)PB_1 + 2\dot{x}_1^{\mathrm{T}}(t)PB_1\,\right]\left(2B_1^{\mathrm{T}}Px_1(t) + 2B_1^{\mathrm{T}}P\dot{x}_1(t)\right)}{\lambda_{\min}(B_1)\|\,2B_1^{\mathrm{T}}Px_1(t) + 2B_1^{\mathrm{T}}P\dot{x}_1(t)\,\|}\alpha_1(\,\|x_1(t - d_1(t))\|\,) +$$

$$\|\,2B_1^{\mathrm{T}}Px_1(t) + 2B_1^{\mathrm{T}}P\dot{x}_1(t)\,\|g_1(x_1(t - d_1(t)))$$

$$\leqslant \|\,2B_1^{\mathrm{T}}Px_1(t) + 2B_1^{\mathrm{T}}P\dot{x}_1(t)\,\|(-\alpha_1\|x_1(t - d_1(t))\|) + g_1(x_1(t - d(t)))$$

$$\leqslant 0 \tag{6.6.16}$$

将式(6.6.14)、(6.6.15)和(6.6.16)代入式(6.6.13)可得

$$\dot{V} \leqslant \zeta^{\mathrm{T}}1\Lambda_1\zeta_1$$

其中

$$\Lambda_1 = \begin{pmatrix} \Gamma_1 & \Theta_1 & -N_{13}^{\mathrm{T}} + \bar{d}^2N_{11}R^{-1}N_{13}^{\mathrm{T}} + (A_1 + B_1K_1)^{\mathrm{T}}P & \dfrac{2}{\bar{d}}W^{\mathrm{T}} \\ * & \Theta_1 & \bar{d}^2N_{12}R^{-1}N_{13}^{\mathrm{T}} + N_{13}^{\mathrm{T}} + (A_{d_1} + B_1K_{d1})^{\mathrm{T}}P & 0 \\ * & * & \Gamma_2 & 0 \\ * & * & * & -\dfrac{2}{\bar{d}^2}W^2 \end{pmatrix}$$

$$\Gamma_1 = -N_{11} + N_{11}^{\mathrm{T}} + P(A_1 + B_1K_1) + (A_1 + B_1K_1)^{\mathrm{T}}P + Q - 2W + \bar{d}^2N_{11}R^{-1}N_{11}^{\mathrm{T}}$$

$$\Gamma_2 = \bar{d}^2R + \frac{\bar{d}^2}{2}W - P(E_1 + B_1L_1) - (E_1 + B_1L_1)^{\mathrm{T}}P + \bar{d}^2N_{13}R^{-1}N_{13}^{\mathrm{T}}$$

$$\Theta_1 = N_{11} - N_{12}^{\mathrm{T}} + \bar{d}^2N_{11}R^{-1}N_{12}^{\mathrm{T}} + P(A_{d_1} + B_1K_{d_1})$$

$$\Theta_2 = N_{12} - N_{12}^{\mathrm{T}} - (1 - \tau)Q + \bar{d}^2N_{12}R^{-1}N_{12}^{\mathrm{T}}$$

在 Λ_1 两边分别左乘右乘 $M = \text{diag}\{P^{-1}, P^{-1}, P^{-1}, P^{-1}\}$ 和 M^{T}，并且应用引理 6.2.2，则有 $\Lambda_1 < 0$ 等价于下面不等式：

$$\Lambda_2 = \begin{pmatrix} \Gamma_3 & \Gamma_4 & -\bar{d}P^{-1}N_{13}^{\mathrm{T}}P^{-1} + P^{-1}(A_1 + B_1K_1)^{\mathrm{T}}P & \dfrac{2}{\bar{d}}P^{-1}W^{\mathrm{T}}P^{-1} & P^{-1}N_{11}P^{-1} \\ * & \Gamma_5 & -\bar{d}P^{-1}N_{13}^{\mathrm{T}}P^{-1} + P^{-1}(A_{d_1} + B_1K_1)^{\mathrm{T}} & 0 & P^{-1}N_{12}P^{-1} \\ * & * & \Gamma_6 & 0 & P^{-1}N_{13}^{\mathrm{T}}P^{-1} \\ * & * & * & -\dfrac{2}{\bar{d}^2}P^{-1}WP^{-1} & 0 \\ * & * & * & * & -\dfrac{P^{-1}RP^{-1}}{\bar{d}^2} \end{pmatrix} < 0$$

其中

$$\Gamma_3 = \bar{d}P^{-1}(N_{11} + N_{11}^{\mathrm{T}})P^{-1} + (A_1 + B_1K_1)P^{-1} + P^{-1}(A_1 + B_1K_1)^{\mathrm{T}} + P^{-1}QP^{-1} - 2P^{-1}WP^{-1}$$

$$\Gamma_4 = \bar{d}P^{-1}(N_{11} - N_{12}^{\mathrm{T}})P^{-1} + (A_{d_1} + B_1K_{d_1})P^{-1}$$

$$\Gamma_5 = \bar{d}P^{-1}(N_{12} + N_{12}^{\mathrm{T}})P^{-1} + (1 - \tau)P^{-1}QP^{-1}$$

$$\Gamma_6 = \bar{d}^2P^{-1}RP^{-1} + \frac{\bar{d}^2}{2}P^{-1}WP^{-1} - (E_1 + B_1L_1)P^{-1} - P^{-1}(E_1 + B_1L_1)^{\mathrm{T}}$$

令

$$P^{-1} = X, K_1P^{-1} = Z_1, K_{d_1}P^{-1} = Z_2, L_1P^{-1} = Z_3, P^{-1}QP^{-1} = \bar{Q}, P^{-1}RP^{-1} = \bar{R}$$

$$P^{-1} = N_{11}P^{-1} = \bar{N}_{11}, P^{-1}N_{12}P^{-1} = \bar{N}_{12}, P^{-1}N_{13}P^{-1} = \bar{N}_{13}, P^{-1}WP^{-1} = \bar{W} \quad (6.6.17)$$

则可以得到线性矩阵不等式。所以系统在控制器作用下是渐近稳定的并且稳定控制器中的 K_1, K_{d_1}, L_1 分别有如下设计：

$$K_1 = Z_1X^{-1}, K_{d_1} = Z_2X^{-1}, L_1 = Z_3X^{-1} \quad (6.6.18)$$

证毕。

在定理 6.6.1 的证明中，由 $\Lambda < 0$，可以得到 $\Gamma_1 < 0$，则存在正定矩阵 S 有下面等式成立：

$$\Gamma_1 + S = 0 \quad (6.6.19)$$

下面考虑系统，设计下列形式的控制器：

$$u_i = u_i^1 + u_i^2 + u_i^3 + u_i^4$$

$$u_i^1 = -(L_{1i} + L_1S_i^{-1})\dot{x}_i(t) + (K_{1i} + K_1S_i^{-1})x_i(t) + (K_{2i} + K_{d_1}S_i^{-1})x_i(t - d_i(t))$$

$$u_i^2 = \begin{cases} -\dfrac{B_i^{\mathrm{T}}T_i^{\mathrm{T}}PS_i^{-1}(\dot{x}_i(t) + x_i(t))}{\| B_i^{\mathrm{T}}T_i^{\mathrm{T}}PS_i^{-1}(\dot{x}_i(t) + x_i(t)) \|}\rho_i(x_i), & B_i^{\mathrm{T}}T_i^{\mathrm{T}}PS_i^{-1}(\dot{x}_i(t) + x_i(t)) \neq 0 \\ 0, & B_i^{\mathrm{T}}T_i^{\mathrm{T}}PS_i^{-1}(\dot{x}_i(t) + x_i(t)) = 0 \end{cases}$$

$$u_i^3 = \begin{cases} -\dfrac{B_i^{\mathrm{T}} T_i^{\mathrm{T}} P S_i^{-1}(\dot{x}_i(t) + x_i(t))}{\lambda_{\min}(B_i) \| B_i^{\mathrm{T}} T_i^{\mathrm{T}} P S_i^{-1}(\dot{x}_i(t) + x_i(t)) \|} \beta_1(\| x_i \|), & B_i^{\mathrm{T}} T_i^{\mathrm{T}} P S_i^{-1}(\dot{x}_i(t) + x_i(t)) \neq 0 \\ 0, & B_i^{\mathrm{T}} T_i^{\mathrm{T}} P S_i^{-1}(\dot{x}_i(t) + x_i(t)) = 0 \end{cases}$$

$$u_i^4 = \begin{cases} -\dfrac{B_i^{\mathrm{T}} T_i^{\mathrm{T}} P S_i^{-1}(\dot{x}_i(t) + x_i(t))}{\lambda_{\min}(B_i) \| B_i^{\mathrm{T}} T_i^{\mathrm{T}} P S_i^{-1}(\dot{x}_i(t) + x_i(t)) \|} \alpha_1(\| x_1(t - d_1(t)) \|), & B_i^{\mathrm{T}} T_i^{\mathrm{T}} P S_i^{-1}(\dot{x}_i(t) + x_i(t)) \neq 0 \\ 0, & B_i^{\mathrm{T}} T_i^{\mathrm{T}} P S_i^{-1}(\dot{x}_i(t) + x_i(t)) = 0 \end{cases}$$

$$i = 1, 2, \cdots N \tag{6.6.20}$$

其中,K_{1i},K_{2i},L_{1i} 在等式中给出,P 满足等式,K_1,K_{d_1},L_1 满足等式,为了方便可定义 $K_{11} = K_{21} = 0$。

问题(2):该章节考虑的第二个问题是找到一个如等式形式的分散控制器使得系统渐近稳定并估计系统渐近稳定的范围。

下面就这一问题进行证明:

将等式代入系统,可以得到如下闭环系统:

$$(E_i + B_i L_{1i} + B_i L_1 S_i^{-1})\dot{x}_i(t) = (A_i + B_i K_{1i} + B_i K_1 S_i^{-1})x_i(t) + (A_{d_i} + B_i K_{1i} + B_i K_{d_1} S_i^{-1})x_i(t - d_i(t)) +$$

$$f_i(x_i(t)) + g_i(x_i(t - d_i(t))) \times B_i[u_1^2 + u_1^3 + u_i^4 + \Delta\Psi_i(x_i)] + \sum_{j=1, j \neq 1}^{N} H_{ij}(x_j)$$

应用等式和引理 6.2.1,并且令 $z_i = S_i^{-1} x_i$,$z = S^{-1} x$,$S = \mathrm{diag}\{S_1, \cdots, S_N\}$,$z = \mathrm{diag}\{z_1, \cdots, z_N\}$,则可以得到:

$$(E_1 + B_1 L_1)\dot{z}_i(t) = (A_1 + B_1 K_1)z_i(t) + (A_{d_i} + B_1 K_{d_1})z_i(t - d_i(t)) + T_i f_i(x_i(t))$$

$$T_i g_i(x_i(t - d_i(t))) + B_1(u_i^2 + u_i^3 + u_i^4 + \Delta\Psi_i(x_i)) + T_i \sum_{j=1, j \neq 1}^{N} R_{ij}(S_j z_j)S_j z_j \tag{6.6.21}$$

定理 6.6.2 系统有分散稳定控制器,如果存在一个区域 Ω,在 Ω 内有 $W^{\mathrm{T}} + W > 0$ 成立,其中 $W = [w_{ij}]_{4N \times 4N}$ 定义如下:

$$w_{ij}(x_j) = \begin{cases} 1, 1 \le i \le N, i = j \\ \left\| S^{-\frac{1}{2}}\left[(1-\tau)Q - N_{12} + N_{12}^{\mathrm{T}} - \bar{d}^2 N_{12} R^{-1} N_{12}^{\mathrm{T}} \right] S^{-\frac{1}{2}} \right\|, N+1 \le i \le 2N, i = j; \\ -\left\| S^{-\frac{1}{2}}\left[\bar{d}^2 R + \dfrac{\bar{d}^2}{2}W - P\bar{E}_1 - \bar{E}_1^{\mathrm{T}}P + \bar{d}^2 N_{13} R^{-1} N_{13}^{\mathrm{T}} \right] S^{-\frac{1}{2}} \right\|, 2N+1 \le i \le 3N, i = j; \\ \left\| S^{-\frac{1}{2}}\dfrac{2}{\bar{d}^2}WS^{-\frac{1}{2}} \right\|, 3N+1 \le i \le 4N, i = j; \\ -\left\| S^{-\frac{1}{2}}PT_i R_{ij} S_j S^{-\frac{1}{2}} \right\|, 1 \le i, j \le N, i \ne j; \\ 0, N+1 \le i, j \le 2N, i \ne j; \\ 0, 2N+1 \le i, j \le 3N, i \ne j; \\ 0, 3N+1 \le i, j \le 4N, i \ne j; \\ -\left\| S^{-\frac{1}{2}}\left[P\bar{A}_{d_i}^{\mathrm{T}} + \bar{d}^2 N_{11} R^{-1} N_{12} + N_{11} - N_{12}^{\mathrm{T}} \right] S^{-\frac{1}{2}} \right\|, j = N+1, 1 \le i \le N; \\ -\left\| S^{-\frac{1}{2}}\left[\bar{A}_1^{\mathrm{T}}P + \bar{d}^2 N_{11} R^{-1} N_{13} - N_{13}^{\mathrm{T}} \right] S^{-\frac{1}{2}} \right\|, j = 2N+i, 1 \le i \le N; \\ -\left\| S^{-\frac{1}{2}}\dfrac{2}{\bar{d}}W^{\mathrm{T}}S^{\frac{1}{2}} \right\|, j = 3N+i, 1 \le i \le N; \\ -\left\| S^{-\frac{1}{2}}(\bar{A}_{d_i}^{\mathrm{T}}P + \bar{d}^2 N_{12} R^{-1} N_{13}^{\mathrm{T}} + N^{\mathrm{T}}13)S^{-\frac{1}{2}} \right\|, j = N+i, N+1 \le i \le 2N; \\ 0, j = N+i, 2N+1 \le i \le 3N; \\ 0, j \ne N+i, 1 \le i \le N, N \le j \le 2N; \\ 0, j \ne N+i, 1 \le i \le N; 2N \le j \le 3N; \\ -S\left\| S^{-\frac{1}{2}}PT_i R_{ij} S_j S^{\frac{1}{2}} \right\|, j \ne 2N+i, 1 \le i \le N, 2N \le j \le 3N; \\ 0, j \ne 2N+i, 1 \le i \le N, 3N \le j \le 4N; \\ 0, j \ne N+i, 2N \le i \le 3N, 3N \le j \le 4N \end{cases}$$

其中 $P, Q, R, W, N_{11}, N_{12}, N_{13}, Z_1, Z_2, Z_3$ 均在等式中给出，K_1, L_1, K_{d1} 在等式中给出，S 在等式中给出。

证明　对于系统，考虑下面的 Lyapunov 函数：

$$V(z_1, z_2, \cdots, z_N) = \sum_{i=1}^{N} V_i(z_1, z_2, \cdots, z_N)$$
$$V_i = V_i^1 + V_i^2 + V_i^3 + V_i^4$$

其中

$$V_i^1 = z_i^{\mathrm{T}}(t) PEz_i(t), V_i^2 = \int_{t-d_i(t)}^{t} z_i^{\mathrm{T}}(s) Q x_i(s)\,\mathrm{d}s$$

$$V_i^3 = \bar{d}\int_{-d_i(t)}^{0}\int_{t+s}^{t} z_i^{\mathrm{T}}(\tau) R\dot{z}_i(\tau)\,\mathrm{d}\tau\mathrm{d}s, V_i^4 = \int_{-d_i(t)}^{0}\int_{\theta}^{0}\int_{t+s}^{t} \dot{z}_i^{\mathrm{T}}(\tau) W z_i(\tau)\,\mathrm{d}\tau\mathrm{d}s\mathrm{d}\theta$$

求 V_i^1 和 V_i^2，V_i^3 和 V_i^4 分别关于时间 t 的导数，则有

$$\dot{V}_i^1 = \dot{z}_1^{\mathrm{T}}(t)(t) PEz_i(t) + z_i^{\mathrm{T}}(t) PE\dot{z}_i(t)$$

$$= z_1(t)\left[(A_1 + B_1K_1)^{\mathrm{T}}P + P(A_1 + B_1K_1)\right]z_1(t) + 2z_1^{\mathrm{T}}(t)P(A_{d_1} + B_1K_{d_1})z_1(t - d_1(t)) +$$

$$2z_1^{\mathrm{T}}(t)PT_i\left[f_i(x_i(t)) + g_i(x_1(t - d_i(t))) + \sum_{j=1, j\neq i}^{N} R_{ij}(S_j z_j)S_j z_j\right] +$$

$$2x_1^{\mathrm{T}}(t)PB_1\left[u_1^2 + u_1^3 + u_1^4 + \Delta\psi_1(x_1)\right]$$

$$\dot{V}_1^2 \leqslant z_i^{\mathrm{T}}(t)Qz_i(t) - (1 - \tau)z_i^{\mathrm{T}}(t - d_i(t))Qz_i(t - d_i(t))$$

$$\dot{V}_1^3 \leqslant \bar{d}\int_{-d_i(t)}^{0}\left[\dot{z}_i^{\mathrm{T}}(t)R\dot{z}_i(t) - \dot{z}_i^{\mathrm{T}}(t + s)R\dot{z}_i(t + s)\right]\mathrm{d}s$$

$$\leqslant \bar{d}^2\dot{z}_i^{\mathrm{T}}(t)R\dot{z}_i(t) - \bar{d}\int_{t-d_1(t)}^{t}\dot{z}_i^{\mathrm{T}}(s)R\dot{z}_i(s)\mathrm{d}s$$

$$\dot{V}_i^4 = \int_{-d_i(t)}^{0}\int_{\theta}^{0}\left[\dot{z}_i^{\mathrm{T}}(t)W\dot{z}_i(t) - \dot{z}_i^{\mathrm{T}}(t + s)W\dot{z}_i(t + s)\right]\mathrm{d}s\mathrm{d}\theta -$$

$$\int_{-d_1(t)}^{t}\theta\dot{z}_i^{\mathrm{T}}(t)W\dot{z}_i(t)\mathrm{d}\theta - \int_{-d_1(t)}^{0}\int_{t+s}^{0}\dot{z}_i^{\mathrm{T}}(s)W\dot{z}_i(s)\mathrm{d}s\mathrm{d}\theta$$

$$\leqslant \frac{\bar{d}^2}{2}\dot{z}_i^{\mathrm{T}}(t)W\dot{z}_i(t) - \int_{-d_1(t)}^{0}\int_{t+s}^{t}\dot{z}_i^{\mathrm{T}}(s)W\dot{z}_i(s)\mathrm{d}s\mathrm{d}\theta$$

由引理 6.2.3 和引理 6.6.1 可得

$$-\int_{-d_i(t)}^{0}\int_{t+\theta}^{t}\dot{z}_i^{\mathrm{T}}(s)W\dot{z}_i(s)\mathrm{d}s\mathrm{d}\theta$$

$$\leqslant -\frac{2}{\bar{d}^2}\left(\int_{-\bar{d}}^{0}\int_{t+\theta}^{t}\dot{z}_i(s)\mathrm{d}s\mathrm{d}\theta\right)^{\mathrm{T}}W\left(\int_{-\bar{d}}^{0}\int_{t+\theta}^{t}\dot{z}_i(s)\mathrm{d}s\mathrm{d}\theta\right)$$

$$= -\frac{2}{\bar{d}^2}\left[\bar{d}z_i(t) - \int_{t-\bar{d}(t)}^{t}z_i(\theta)\mathrm{d}\theta\right]^{\mathrm{T}}W\left[\bar{d}z_i(t) - \int_{t-d_i(t)}^{t}z_i(\theta)\mathrm{d}\theta\right]$$

$$= -2z_i^{\mathrm{T}}(t)Wz_i(t) + \frac{4}{\bar{d}}\left(\int_{t-\bar{d}(t)}^{t}z_i(\theta)\mathrm{d}\theta\right)Wz_i(t) -$$

$$\frac{2}{\bar{d}^2}\left(\int_{t-d_i(t)}^{t}z_i(\theta)\mathrm{d}\theta\right)^{\mathrm{T}}W\left(\int_{t-d_i(t)}^{t}z_i(\theta)\mathrm{d}\theta\right) - \bar{d}\int_{t-d_1(t)}^{t}\dot{z}_i^{\mathrm{T}}(s)R\dot{z}_i(s)\mathrm{d}s$$

$$\leqslant \bar{d}\zeta_i^{\mathrm{T}}(t)\left(d_i(t)N_1R^{-1}N_1^{\mathrm{T}} + \begin{pmatrix} -N_{11} - N_{11}^{\mathrm{T}} & N_{11} - N_{12}^{\mathrm{T}} & -N_{13}^{\mathrm{T}} \\ * & N_{12} + N_{12}^{\mathrm{T}} & N_{13}^{\mathrm{T}} \\ * & * & 0 \end{pmatrix}\right)\zeta_i(t)$$

又因为

$$-2z_i^{\mathrm{T}}(t)P\begin{pmatrix} (E_1 + B_1L_1)\dot{z}_i(t) - (A_1 + B_1K_1)z_i(t) - (A_{d_1} + B_1K_{d_1})z_i(t - d_i(t)) - T_if_i(x_i(t)) \\ -T_ig_i(x_i(t - d_i(t))) - B_1[u_i^2 + u_i^3 + u_i^4 + \Delta\psi_i(x_i)] - T_i\sum_{j=1, j\neq i}^{N}R_{ij}(S_j z_j)S_j z_j \end{pmatrix} = 0$$

所以可得

$$\dot{V}_i \leqslant z_i^{\mathrm{T}}(t)\left[(A_1 + B_1K_1)^{\mathrm{T}}P + P(A_1 + B_1K_1)\right]z_i(t) + 2z_1^{\mathrm{T}}(t)P(A_{d_1} + B_1K_{d_1})z_i(t - d_1(t)) +$$

$$2z_i^{\mathrm{T}}(t)PT_i\left[f_i(x_i(t)) + g_i(z_i(t - d_i(t))) + \sum_{j=1, j\neq i}^{N}R_{ij}(S_j z_j)S_j z_j\right] -$$

$$2z_1^{\mathrm{T}}(t)P\begin{pmatrix}(E_1+B_1L_1)\dot{z}_i(t)-(A_1+B_1K_1)z_i(t)-(A_{d1}+B_1K_{d1})z_i(t-d_i(t))-T_if_i(x_1(t))\\ -T_ig_i(z_i(t-d_1(t)))-T_i\sum_{j=1,j\neq i}^{N}R_{ij}(S_jz_j)S_jz_j-B_1[u_i^2+u_i^3+u_i^4+\Delta\Psi_i(x_i)]\end{pmatrix}+$$

$$2z_i^{\mathrm{T}}(t)PB_1[u_i^2+u_i^3+u_i^4+\Delta\psi_i(x_1)]+z_i^{\mathrm{T}}(t)Qz_i(t)-(1-\tau)z_i^{\mathrm{T}}(t-d_i(t))Qz_i(t-d_i(t))+$$

$$\overline{d}^2\dot{z}_i^{\mathrm{T}}(t)Rz_i(t)+\frac{\overline{d}^2}{2}z_i^{\mathrm{T}}(t)Wz_i(t)-2z_i^{\mathrm{T}}(t)Wz_i(t)+\frac{4}{\overline{d}^2}\Big(\int_{t-d_i(t)}^{t}z_i(\theta)\mathrm{d}\theta\Big)^{\mathrm{T}}Wz_i(t)-$$

$$\frac{2}{\overline{d}^2}\Big(\int_{t-d_i(t)}^{t}z_i(\theta)\mathrm{d}\theta\Big)^{\mathrm{T}}W\Big(\int_{t-d_i(t)}^{t}z_i(\theta)\mathrm{d}\theta\Big)+$$

$$\overline{d}\zeta_i^{\mathrm{T}}(t)\left(d_i(t)N_1R^{-1}N_1^{\mathrm{T}}+\begin{bmatrix}-N_{11}-N_{11}^{\mathrm{T}}&N_{11}-N_{12}^{\mathrm{T}}&-N_{13}^{\mathrm{T}}\\ *&N_{12}+N_{12}^{\mathrm{T}}&N_{13}^{\mathrm{T}}\\ *&*&0\end{bmatrix}\right)\zeta_i(t)\qquad(6.6.22)$$

应用等式(6.6.20)，假设 6.2.1 和假设 6.2.2 可以得到

$$[2z_i^{\mathrm{T}}(t)P+2\dot{z}_i^{\mathrm{T}}(t)P]B_1[u_i^2+\Delta\Psi_1(x_1)]$$

$$=[2z_i^{\mathrm{T}}(t)PB_1+2\dot{z}_i^{\mathrm{T}}(t)PB_1][u_i^2+\Delta\Psi_i(x_1)]$$

$$\leqslant-\frac{[2z_i^{\mathrm{T}}(t)PB_1+2\dot{z}_i^{\mathrm{T}}(t)PB_1](2B_1^{\mathrm{T}}Pz_i(t)+2B_1^{\mathrm{T}}P\dot{z}_i(t))}{\parallel 2B_1^{\mathrm{T}}Pz_i(t)+2B_1^{\mathrm{T}}P\dot{z}_i(t)\parallel}\rho_i(x_1)+$$

$$\parallel 2B_1^{\mathrm{T}}Pz_i(t)+2B_1^{\mathrm{T}}P\dot{z}_i(t)\parallel\Delta\Psi_i(x_1)$$

$$\leqslant 0\qquad(6.6.23)$$

$$[2z_i^{\mathrm{T}}(t)P+2\dot{z}_i^{\mathrm{T}}(t)P][B_1u_i^3+f_i(x_i(t))]$$

$$=[2z_1^{\mathrm{T}}(t)PB_1+2\dot{z}_1^{\mathrm{T}}(t)PB_1]u_1^3+[2z_i^{\mathrm{T}}(t)P+2\dot{z}_i^{\mathrm{T}}(t)P]f_i(x_i(t))$$

$$\leqslant-\frac{[2z_i^{\mathrm{T}}(t)PB_1+2\dot{z}_i^{\mathrm{T}}(t)PB_1](2B_1^{\mathrm{T}}Pz_i(t)+2B_1^{\mathrm{T}}P\dot{z}_i(t))}{\lambda_{\min}(B_1)\parallel 2B_1^{\mathrm{T}}Pz_i(t)+2B_1^{\mathrm{T}}P\dot{z}_i(t)\parallel}\beta_i(\parallel x_i\parallel)+$$

$$\parallel 2B_1^{\mathrm{T}}Pz_i(t)+2B_1^{\mathrm{T}}P\dot{z}_i(t)\parallel f_i(x_i(t))$$

$$\leqslant\parallel 2B_1^{\mathrm{T}}Pz_i(t)+2B_1^{\mathrm{T}}P\dot{z}_1(t)\parallel(-\beta_i\parallel x_1\parallel)+f_i(x_i(t))$$

$$\leqslant 0\qquad(6.6.24)$$

$$[2z_i^{\mathrm{T}}(t)P+2\dot{z}_i^{\mathrm{T}}(t)P][B_1u_1^4+g_i(x_i(t-d_i(t)))]$$

$$=[2z_i^{\mathrm{T}}(t)PB_1+2\dot{z}_i^{\mathrm{T}}(t)PB_1]u_i^4+[2z_i^{\mathrm{T}}(t)P+2\dot{z}_i^{\mathrm{T}}(t)P]g_i(x_i(t-d_i(t)))$$

$$\leqslant-\frac{[2z_i^{\mathrm{T}}(t)PB_1+2\dot{z}_i^{\mathrm{T}}(t)PB_1](2B_1^{\mathrm{T}}Pz_i(t)+2B_1^{\mathrm{T}}P\dot{z}_1(t))}{\lambda_{\min}(B_1)\parallel 2B_1^{\mathrm{T}}Pz_i(t)+2B_1^{\mathrm{T}}P\dot{z}_i(t)\parallel}\alpha_i(\parallel x_i(t-d_i(t))\parallel)+$$

$$\parallel 2B_1^{\mathrm{T}}Pz_i(t)+2B_1^{\mathrm{T}}P\dot{z}_i(t)\parallel g_i(x_i(t-d_1(t)))$$

$$\leqslant\parallel 2B_1^{\mathrm{T}}Pz_i(t)+2B_1^{\mathrm{T}}P\dot{z}_i(t)\parallel(-\beta_i(\parallel z_i\parallel)+g_i(x_i(t-d_i(t))))$$

$$\leqslant 0\qquad(6.6.25)$$

将式(6.6.23)、(6.6.24)和(6.6.25)代入式(6.6.22)可得

$$\dot{V}\leqslant\zeta^{\mathrm{T}}\Lambda_1\zeta+2z_i^{\mathrm{T}}(t)PT_i\sum_{j=1,j\neq i}^{N}R_{ij}S_jz_j+2\dot{z}_i^{\mathrm{T}}(t)PT_i\sum_{j=1,j\neq i}^{N}R_{ij}S_jz_j$$

再应用等式(6.6.19)，可以得到下面结果：

$$
\dot{V} \leqslant - \sum_{i=1}^{N}
\begin{cases}
\left\| S^{-\frac{1}{2}} z_i(t) \right\|^2 - 2 \left\| S^{-\frac{1}{2}} z_i(t) \right\| \left\| S^{-\frac{1}{2}} z_i(t-d_i) \right\| \Xi_1 - 2 \left\| S^{-\frac{1}{2}} z_i(t) \right\| \left\| S^{-\frac{1}{2}} \dot{z}_i(t) \right\| \Xi_2 \\
- 2 \left\| S^{-\frac{1}{2}} z_i(t) \right\| \left\| S^{-\frac{1}{2}} \int_{t-d_i(t)}^{t} z_i(t) \, \mathrm{d}s \right\| \left\| S^{-\frac{1}{2}} \frac{2}{\bar{d}} W^{\mathrm{T}} S^{-\frac{1}{2}} \right\| - 2 \left\| S^{-\frac{1}{2}} \dot{z}_i(t) \right\| \left\| S^{-\frac{1}{2}} z_j(t) \right\| \Xi_3 \\
- 2 \left\| S^{-\frac{1}{2}} z_i(t-d_i) \right\| \left\| S^{-\frac{1}{2}} \dot{z}_i(t) \right\| \left\| S^{-\frac{1}{2}} (\bar{A}_{d_i}^{\mathrm{T}} P + \bar{d}^2 N_{12} R^{-1} N_{13}^{\mathrm{T}} + N_{13}^{\mathrm{T}}) S^{-\frac{1}{2}} \right\| \\
- \left\| S^{-\frac{1}{2}} \dot{z}_i(t) \right\|^2 \left\| S^{-\frac{1}{2}} \left[\bar{d}^2 R + \frac{\bar{d}^2}{2} W - P\bar{E}_1 - \bar{E}_1^{\mathrm{T}} P + \bar{d}^2 N_{13} R^{-1} N_{13}^{\mathrm{T}} \right] S^{-\frac{1}{2}} \right\| \\
+ \left\| S^{-\frac{1}{2}} \int_{t-d_i(t)}^{t} z_i(t) \, \mathrm{d}s \right\|^2 \left\| S^{-\frac{1}{2}} \frac{2}{\bar{d}^2} W S^{\frac{1}{2}} \right\| - 2 \left\| S^{-\frac{1}{2}} z_i(t) \right\| \left\| S^{-\frac{1}{2}} z_j(t) \right\| \Xi_3 \\
+ \left\| S^{-\frac{1}{2}} z_i(t-d_i) \right\|^2 \left\| S^{-\frac{1}{2}} \left[(1-\tau) Q - N_{12} + N_{12}^{\mathrm{T}} - \bar{d}^2 N_{12} R^{-1} N_{12}^{\mathrm{T}} \right] S^{-\frac{1}{2}} \right\|
\end{cases}
$$

$$
= -\frac{1}{2} U^{\mathrm{T}} (W^{\mathrm{T}} + W) U \text{,其中}
$$

$$
\Xi_1 = \left\| S^{-\frac{1}{2}} \left[P\bar{A}_{di}^{\mathrm{T}} + \bar{d}^2 N_{11} R^{-1} N_{12}^{\mathrm{T}} + N_{11} - N_{12}^{\mathrm{T}} \right] S^{-\frac{1}{2}} \right\|
$$

$$
\Xi_2 = \left\| S^{-\frac{1}{2}} \left[\bar{A}_1^{\mathrm{T}} P + \bar{d}^2 N_{11} R^{-1} N_{13}^{\mathrm{T}} - N_{13}^{\mathrm{T}} \right] S^{-\frac{1}{2}} \right\|
$$

$$
\Xi_3 = \left\| S^{-\frac{1}{2}} P T_i R_{ij} S_j S^{-\frac{1}{2}} \right\|
$$

$$
U^{\mathrm{T}} = [U_1, U_2, U_3, U_4], \quad U_1 = [U_{11}, U_{12}, \cdots, U_{1N}], \quad U_{1i} = \left\| S^{-\frac{1}{2}} z_i(t) \right\|, \quad U_2 = [U_{21}, U_{22}, \cdots, U_{2N}]
$$

$$
U_{2i} = \left\| S^{-\frac{1}{2}} z_i(t-d_i(t)) \right\|, \quad U_3 = [U_{31}, U_{32}, \cdots, U_{3N}], \quad U_{3i} = \left\| S^{-\frac{1}{2}} z_i(t) \right\|,
$$

$$
U_4 = [U_{41}, U_{42}, \cdots, U_{4N}],
$$

$$
U_{4i} = \left\| S^{-\frac{1}{2}} \int_{t-d_i(t)}^{t} z_i(s) \, \mathrm{d}s \right\|, i = 1, 2, \cdots, N
$$

因为,系统的 Lyapunov 函数是正定的,所以,闭环系统是渐近稳定的。因此,交联系统是渐近稳定的。

分散稳定控制器的设计过程:

(1) 解线性矩阵不等式,得到矩阵 $X, \bar{Q}, \bar{W}, \bar{R}, Z_1, Z_2, Z_3, \bar{N}_{11}, \bar{N}_{12}, \bar{N}_{13}$,由等式得到 K_1, K_{d_1}, L_1;

(2) 由引理 6.2.1,得到 $R_{ij}(x_j)$,估计定理 6.6.2 中的区域 Ω;

(3) 设计如等式(6.6.20)形式的交联系统的分散控制器。

证毕。

注 6.6.2 根据定理 6.6.2 中的矩阵 $W(x)$ 稳定区域 Ω 可以估计出。首先,令 $\det(W_i(x)) > 0, i = 1, 2, \cdots, N$ 其中 $W_i(x)$ 表示矩阵 $W(x)$ 的顺序主子式,那么可以得到 $4N$ 个不等式;其次,应用名为"Mathematica"的软件,则可以得到 $4N$ 个不等式的可行解区间,那么稳定区域 Ω 可以估计出。

6.6.3　数值算例

在这一部分中,给出了三个例子来证明其有效性及使保守性减小的条件。

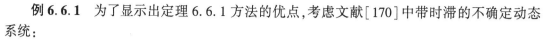

例 6.6.1　为了显示出定理 6.6.1 方法的优点,考虑文献[170]中带时滞的不确定动态系统:

$$\dot{x}(t) = Ax(t) + A_d x(t - d(t)) + Bu$$

其中

$$A = \begin{pmatrix} 0 & 0 \\ 0 & 1 \end{pmatrix}, A_d = \begin{pmatrix} -1 & -1 \\ 0 & -0.9 \end{pmatrix}, B = \begin{pmatrix} 0 \\ 1 \end{pmatrix}$$

对上面的系统应用定理 6.6.1,则可得定理 6.6.1 给出了更好的结果,并且,当 $\bar{d} = 30, \tau = 0.5$,时由定理 6.6.1 可得稳定控制器为

$$u = -(891\ 18\quad 891\ 18)\dot{x}(t) + (-1.164\ 0\quad -2.164\ 0)x(t) +$$
$$(-0.423\ 7\quad 0.476\ 3)x(t - d(t))$$

在表 6.6.1 中分别给出了当 $\tau = 0$ 和 $\tau = 0.5$ 时系统的时滞上界,并且在表 6.6.1 中给出了用不同方法得出的 $d(t)$ 的最大上界,可以看出定理 6.6.1 给出了更好的结果。

表 6.6.1　在 $\tau = 0$ 和 $\tau = 0.5$ 时时滞的最大上界取值

Method	$\tau = 0$	$\bar{d}$
Fridman et al.[170]	—	0.586 5
Li et al.[155]	—	0.84
定理 6.6.1	—	25.0
	$\tau = 0.5$	$\bar{d}$
Fridman et al.[170]	—	0.496 0
Li et al.[155]	—	0.84
定理 6.6.1	—	30.0

例 6.6.2　为了表明定理 6.6.1 中方法的优点,考虑文献[171]中的不确定广义时滞系统:

$$\left(\sum_1\right): \begin{cases} E\dot{x}(t) = (A_0 + \Delta A_0)x(t) + (A_1 + \Delta A_1)x(t - r) + (B + \Delta B)u(t) \\ x(t) = \phi(t), t \in [-r, 0] \end{cases}$$

其中

$$E = \begin{pmatrix} 1 & 0 \\ 0 & 0 \end{pmatrix}, A_0 = \begin{pmatrix} -1 & 0 \\ 0 & -1 \end{pmatrix}, A_1 = \begin{pmatrix} -1.5 & 2 \\ 1.5 & -2.5 \end{pmatrix}, B = \begin{pmatrix} 0 \\ 1 \end{pmatrix}$$

并且

$$[\Delta A_0\quad \Delta A_1\quad \Delta B] = MF(t)[N_0\quad N_1\quad N_2], F^T(t)F(t) \leqslant I, M = \begin{pmatrix} 0.5 \\ 0.5 \end{pmatrix},$$
$$N_0 = N_1 = N_2 = 0.5$$

可以令 $\Delta A_0 x(t), \Delta A_1 x(t-r)$ 作为不确定项 $f(x(t)), g(x(t-d(t)))$ 然后对上面系统应用定理 6.6.1,则可得

$$\|f(x(t))\| \leqslant 0.2\|x(t)\|, \|g(x(t - d(t)))\| \leqslant 0.2\|x(t - d(t))\|$$

在表 6.6.2 中分别给出了当 $\tau = 0$ 和 $\tau = 0.5$ 时系统的时滞上界,并且在表 6.6.2 中给出了用不同方法得出的 $d(t)$ 的最大上界,可以看出定理 6.6.1 给出了更好的结果,另外,由定理

6.6.1 得到当 $\bar{d}=10$ 时系统的稳定控制器：

$$u = -(-1\,681.8 \quad 2\,338.3)\dot{x}(t) + (1.098\,9 \quad -0.636\,9)x(t) +$$
$$(-1.121\,3 \quad 1.965\,1)x(t-d(t)) -$$
$$\frac{(-0.027\,9 \quad 0.038\,8)(\dot{x}(t)+x(t))}{\|(-0.139\,4 \quad 0.193\,9)(\dot{x}(t)+x(t))\|}(\|x(t)\|+\|x(t-d(t)))$$

$$K_{31} = [-35.297\,0 \quad -50.384\,7], K_{32} = [-45.992\,8 \quad -41.543\,1]$$

表 6.6.2　在 $\tau=0$ 和 $\tau=5$ 时时滞的最大上界取值

Method	$\tau=0$	$\bar{d}$
Liu et al. [171]	—	2.5
定理 6.6.1	—	10.0
	$\tau=0.5$	$\bar{d}$
Liu et al. [171]	—	2.5
定理 6.6.1	—	15.0

注 6.6.3　算例 6.6.1 和 6.6.2 表明本节中定理 6.6.1 可以用来解决一般时滞动态系统的控制问题，并且给出新的积分不等式和分散记忆比例导数状态反馈控制器，保守性也减小，而且本章的方法有非常广泛的应用。

例 6.6.3　考虑下面相似广义交联时滞系统：

$$\begin{pmatrix} 2 & 1 \\ 0 & 0 \end{pmatrix}\dot{x}_1(t) = \begin{pmatrix} 1 & -1 \\ 3 & 1 \end{pmatrix}x_1(t) + \begin{pmatrix} -2 & 1 \\ 2 & -1 \end{pmatrix}x_1(t-d_1(t)) + \begin{pmatrix} 0 \\ 1 \end{pmatrix}(u_1+\Delta\psi_1(x_1)) + \begin{pmatrix} 0.1x_{11} \\ 0.2x_{11}\cos x_{12} \end{pmatrix} +$$
$$\begin{pmatrix} x_{11}(t-d_1(t)) \\ x_{11}(t-d_1(t))\cos x_{12} \end{pmatrix} + \begin{pmatrix} 0 \\ 0.1x_{11}x_{22} \end{pmatrix}$$

$$\begin{pmatrix} -1 & 3 \\ 0 & 0 \end{pmatrix}\dot{x}_2(t) = \begin{pmatrix} 1 & 2 \\ 1 & 3 \end{pmatrix}x_2(t) + \begin{pmatrix} -1 & -2 \\ 0 & -1 \end{pmatrix}x_2(t-d_2(t)) + \begin{pmatrix} 0 \\ 2 \end{pmatrix}(u_2+\Delta\psi_2(x_2)) +$$
$$\begin{pmatrix} 0.1x_{21} \\ 0.1x_{21}\sin x_{22} \end{pmatrix} + \begin{pmatrix} x_{21}(t-d_2(t)) \\ x_{21}(t-d_2(t))\sin x_{22} \end{pmatrix} + \begin{pmatrix} 0.2x_{12}x_{21} \\ 0 \end{pmatrix}$$

且 $|\Delta\psi_1(x_1)| \leqslant x_1^2\sin^2 x_1, |\Delta\psi_2(x_2)| \leqslant x_2^2\cos^2 x_2$ 故可以得到：

$$\rho_1(x_1) \leqslant x_1^2\sin^2 x_1, \rho_2(x_2) \leqslant x_2^2\cos^2 x_2, \beta_1(\|x_1\|) = \frac{\sqrt{5}}{10}\|x_1\|, \beta_2(\|x_2\|) = \frac{\sqrt{2}}{10}\|x_2\|$$

$$\alpha_1(\|x_1(t-d_1(t))\|) = \sqrt{2}\|x_1(t-d_1(t))\|, \alpha_2(\|x_2(t-d_2(t))\|) = \sqrt{2}\|x_2(t-d_2(t))\|$$

可以看出第一个子系统的正常系统和第二个系统的正常系统相似，相似变量为：

$$T_2 = \begin{pmatrix} 0 & 0 \\ 0 & 0.5 \end{pmatrix}, S_2 = \begin{pmatrix} 0.5 & 0 \\ 0 & 2 \end{pmatrix}, K_{12} = (5.5 \quad -1), K_{22} = (4 \quad 0), L_{12} = 0$$

（1）解线性矩阵不等式，可得：

$$\bar{Q} = \begin{pmatrix} 11.577\,3 & 11.600\,2 \\ 11.600\,2 & 4.958\,8 \end{pmatrix}, X = \begin{pmatrix} 15.225\,8 & 27.896\,4 \\ 27.896\,4 & 53.531\,2 \end{pmatrix}, \bar{W} = \begin{pmatrix} 0.409\,4 & 0.308\,0 \\ 0.308\,0 & 3.666\,0 \end{pmatrix}$$

$$\overline{N}_{11} = \begin{pmatrix} 0.040\ 3 & -3.359\ 2 \\ -0.011\ 9 & -2.735\ 6 \end{pmatrix}, \overline{N}_{12} = \begin{pmatrix} -0.056\ 8 & 1.985\ 8 \\ 0.012\ 3 & -8.962\ 7 \end{pmatrix}, \overline{N}_{13} = \begin{pmatrix} -0.008\ 5 & -7.946\ 5 \\ 0.011\ 9 & -2.967\ 1 \end{pmatrix}$$

$$R = \begin{pmatrix} 0.639\ 7 & -0.482\ 5 \\ -0.482\ 5 & 310.279\ 0 \end{pmatrix}, Z_1 = (-71.292\ 0 \quad -161.644\ 5), Z_2 = (-2.930\ 8 \quad -12.177\ 6)$$

$$Z_3 = (-133 \quad 15\ 631)$$

根据等式得到

$$K_1 = (18.806\ 6 \quad -12.820\ 2), K_{d_1} = (4961\ 7 \quad -2813\ 1), L_1 = (-1202\ 8 \quad 6\ 560)$$

（2）由引理 6.2.1，可以得到

$$R_{12}(x_2) = \begin{pmatrix} 0 & 0 \\ 0 & 0.1x_{11} \end{pmatrix}, R_{21}(x_1) = \begin{pmatrix} 0 & 0.2x_{21} \\ 0 & 0 \end{pmatrix}$$

$$W(x) = \left(\begin{array}{cccc} 1 & -0.328\ 7x_{11} & -0.566 & -0.328\ 7x_{11} \\ -0.328\ 7x_{21} & 1 & 0 & -0.566 \\ -0.566 & 0 & 0.518\ 9 & 0 \\ -0.328\ 7x_{21} & -0.566 & 0 & 0.518\ 9 \\ -0.591\ 2 & 0 & -1.111\ 5 & 0 \\ -0.328\ 7x_{21} & -0.591\ 2 & 0 & -1.111\ 5 \\ -0.043\ 4 & 0 & 0 & 0 \\ 0 & -0.043\ 4 & 0 & 0 \end{array}\right.$$

$$\left.\begin{array}{cccc} -0.591\ 2 & -0.328\ 7x_{11} & -0.043\ 4 & 0 \\ 0 & -0.591\ 2 & 0 & -0.043\ 4 \\ -1.111\ 5 & 0 & 0 & 0 \\ 0 & -1.111\ 5 & 0 & 0 \\ -1.446\ 3 & 0 & 0 & 0 \\ 0 & -1.446\ 3 & 0 & 0 \\ 0 & 0 & 0.001\ 7 & 0 \\ 0 & 0 & 0 & 0.001\ 7 \end{array}\right)$$

令 $\Omega = \{x \mid x_{ij} < 0.167\ 3, 1 \leqslant i, j \leqslant 2\}$ 则 $W^T(x) + W(x)$ 在 Ω 中是正定的。

（3）设计如式形式的交联系统的稳定控制器：

$$u_1 = (12\ 028 \quad -6\ 560)\dot{x}_1(t) + (18.806\ 6 \quad -12.820\ 2)x_1(t) +$$
$$(4.961\ 7 \quad -2.813\ 1)x_1(t - d_{(t)}) -$$
$$\frac{(-0.757\ 1 \quad 0.413\ 2)(\dot{x}_1(t) + x_1(t))}{\|(-0.757\ 1 \quad 0.413\ 2)(\dot{x}_1(t) + x_1(t))\|}\left[x_1^2\sin^2 x_1 + 1.235\ 4 \times \left[\begin{array}{c} \frac{\sqrt{5}}{10}\|x_1\| \\ \sqrt{2}\|x_1(t - d_1(t))\| \end{array}\right]\right]$$

$$u_2 = -(2405\ 5 \quad 328\ 0)\dot{x}_2(t) + (43.113\ 1 \quad -7.410\ 1)x_2(t) +$$
$$(13.923\ 3 \quad -1.406\ 6)x_2(t - d(t)) -$$

$$\frac{(-1.514\ 2 \quad 0.206\ 6)(\dot{x}_2(t)+x_2(t))}{\|(-1.514\ 2 \quad 0.206\ 6)(\dot{x}_2(t)+x_2(t))\|}\left[x_2^2\cos^2 x_2 + 2.235\ 4 \times \left[\begin{array}{c} \frac{\sqrt{2}}{10}\|x_2\| \\ \sqrt{2}\|x_2(t-d_1(t))\| \end{array}\right]\right]$$

算例 6.6.3 的结果清晰地表明了文中的分散记忆比例导数状态反馈控制器很容易获得并且有更好的结果,其稳定区域也可给出。

6.7 本章小结

本章针对一类具有相似结构的非线性不确定时滞交联大系统,通过状态反馈建立了一种新的相似结构,利用交联大系统的结构特点和线性矩阵不等式,给出了使得系统渐近稳定的充分条件和分散控制器的设计方法;研究了一类具有相似结构的非线性多时滞交联大系统的记忆反馈分散控制问题。通过记忆状态反馈建立了一种新的相似结构,得出了使得系统渐近稳定的时滞相关条件和分散控制器的设计方法;研究了一类具有相似结构的非线性时滞交联大系统的记忆静态输出反馈分散控制问题,通过静态输出反馈给出了新的相似结构,并设计了系统的记忆静态输出导数反馈分散控制器。针对一类带有相似结构的广义时滞互联系统的分散记忆比例导数状态反馈控制问题,通过记忆比例导数状态反馈构造了新的相似结构,给出 Lyapunov-Krasovskii 泛函,结合互联系统的结构特性,利用积分不等式和线性不等式等方法,设计了具有相似结构的分散记忆比例导数状态反馈控制器,得出了使闭环系统渐近稳定的充分条件并给出了系统的稳定区域。最后,利用算例说明方法设计是可行的。

参 考 文 献

［1］Ikeda M,Siljak D D. Decentralized stabilization of linear time-varying systems［J］. IEEE Transactions on Automatic Control,1980,25:106-107.

［2］Wang W J,Mau L G. Stabilization and estimation for perturbed discrete time-delay large-scale systems［J］. IEEE Transactions on Automatic Control,1997,42:1277-1282.

［3］Bernhard P. On singular implicit linear dynamical systems［J］. SLAM Journal Control Optimization,1982,20:612-633.

［4］涂序彦. 大系统控制论［M］. 北京:国防工业出版社,1994.

［5］王翼,张朝池. 大系统控制:方法和技术［M］. 天津:天津大学出版社,1993.

［6］高为炳,霍伟. 大系统的稳定性、分散控制及动态递阶控制基础［M］. 北京:北京航空航天大学出版社,1994.

［7］张嗣瀛. 复杂控制系统的对称性及相似性结构［J］. 控制理论与应用,1994,11(2):231-237.

［8］戴汝为. 系统科学与复杂性(2)［J］. 自动化学报,1998,24(4):476-483.

［9］李夏,戴汝为. 突现(emergence):系统研究的新观念［J］. 控制与决策,1999,14(2):97-102.

［10］中科院《复杂性研究》编委会. 复杂性研究［M］. 北京:科学出版社,1993.

［11］黄琳,秦化淑,郑应平. 复杂控制系统理论:构想与前景［J］. 自动化学报,1993,19(2):129-137.

［12］张嗣瀛,杨光红. 一类复杂系统的全息控制［J］. 控制与决策,1996,11(4):501-505.

［13］Li M,Liu L. Decentralized robust control for interconnected neutral delay systems［J］. Applied Mathematics and Computation,2012,218:7453-7458.

［14］Yoo S J,Park J B. Decentralized adaptive output-feedback control for a class of nonlinear large-scale systems with unknown time-varying delayed interactions［J］. Information Science,2012,186:222-238.

［15］Wang Y Q,Pang J M,Jiang C S. Robust decentralized stabilization for uncertain time-delay interconnected systems with input delay［J］. Mathematics in Practice and Theory,2009,39(4):155-162.

［16］Liu S J,Zhang J F,Jiang Z P. Decentralized adaptive output-feedback stabilization for large-scale stochastic nonlinear systems［J］. Automatica,2007,43:238-251.

［17］Sandell J,Athans V P M,Safonov M G. Survey of decentralized control method for large-scale systems［J］. IEEE Transactions on Automatic Control,1978,23:108-128.

［18］Gavel D T,Silijak D D. Decentralized adaptive control,structural conditions for stability［J］. IEEE Transactions on Automatic Control,1989,34:413-426.

［19］Xie S,Xie L. Decentralized stabilization of a class of interconnected stochastic nonlinear systems［J］. IEEE Transactions on Automatic Control,2000,45:132-137.

［20］Rodellar J, Leitmann G, Ryan E P. Output feedback control of uncertain coupled systems ［J］. International Journal of Control,1993,58:445-457.

［21］Saberi A, Khalil H. Decentralized stabilization of interconnected systems using output feedback［J］. International Journal of Control,1985,41:1461-1475.

［22］Yan X G, Dai G Z. Decentralized output feedback robust control for nonlinear large-scale systems［J］. Automatica,1998,34:1469-1472.

［23］Chen Y H. Decentralized robust output and estimated state feedback controls for large-scale uncertain systems［J］. International Journal of Control,1987,46:1979-1992.

［24］Yan X G, Lam J, Li H S, et al. Decentralized control of nonlinear large-scale systems using dynamic output feedback［J］. Journal of Optimization Theory and Applications,2000,104:459-475.

［25］王岩青,庞秀梅,姜长生. 具有输入时滞的时滞关联不确定系统的鲁棒分散控制［J］. 数学的实践与认识,2009(39):155-162.

［26］Yan X G, Spurgeon S K, Edwards c. decentralized stabilization for nonlinear time delay interconnected systems using static output feedback［J］. Automatica,2013,49:633-641.

［27］Hua C, Ding S X. Model following controller design for large-scale systems with time-delay interconnected multiple dead-zone inputs［J］. IEEE Transactions on Automatic Control,2011,56:962-968.

［28］Li Y, Li Y M, Tong S C. Adaptive fuzzy decentralized output feedback control for stochastic nonlinear large-scale systems［J］. Neurocomputing,2012,83:38-46.

［29］Zhan Y, Tong S. Adaptive fuzzy output-feedback decentralized control for fractional-order nonlinear large-scale systems［J］. IEEE Transactions on Cybernetics,2022,52(12):12795-12804.

［30］Ye H W, Jiang Z P, Gui W H, et al. Decentralized stabilization of large-scale feedforward systems using saturated delayed control［J］. Automatica,2012,48:89-94.

［31］Zhan Y, Li X, Tong S. Observer-based decentralized control for non-strict-feedback fractional-order nonlinear large-scale systems with unknown dead zones［J］. IEEE Transactions on Neural Networks and Learning Systems,2022,10:3143901.

［32］Brockett R W, Willems J L. Application of power system stabilizer in a plate with identical units［J］. IEE Proceedings, Part C,1991,138:11-18.

［33］卢强,孙元章. 电力系统非线性控制［M］. 北京:科学出版社,1994.

［34］杨光红. 一类具有相似结构的复杂系统的分析与控制［D］. 沈阳:东北大学,1993.

［35］Yang G H, Zhang S Y. Structural properties for a class of large-scale composite systems ［J］. Automatica,1993,31:1317-1340.

［36］Yang G H, Zhang S Y. Decentralized control of a class of large-scale systems with symmetrically interconnected subsystems［J］. IEEE Transactions on Automatic Control,1996,41:710-713.

［37］Yan X G, Zhang S Y. Design of robust controllers with similar structure for nonlinear uncertain composite large-scale systems possessing similarity［J］. Control Theory and Applications,1997,14:513-519.

［38］王征.复杂控制系统互联作用的研究［D］.沈阳:东北大学,2000.

［39］王银河.具有相似结构的复杂控制系统的鲁棒控制研究［D］.沈阳:东北大学,2000.

［40］Yan X G,Xie L H. Reduce-order control for a class of nonlinear similar interconnected systems with mismatched uncertainty［J］. Automatica,2003,39:91-99.

［41］Ma Y C,Zhong X Z,Zhang Q L. Design of state observer for a class of nonlinear descriptor large-scale composite system［J］. International Journal of Innovative Computing Information and Control,2008,4:1321-1331.

［42］Yang G H,Wang J L,Soh Y C. Decentralized control for symmetric systems［J］. Systems and Control Letters,2001,42:145-149.

［43］Yang G H,Zhang S Y. Structural properties of large-scale systems possessing similar structures［J］. Automatica,1995,31:1011-1017.

［44］Shi H B,Zhang S Y. Robust control for generalized interconnected systems with similar structures［J］. Control Theory and Applications,2003,20:265-268.

［45］Bakala T,Rodellar J. Decentralized control design of uncertain nominally linear symmetric composite systems［J］. IEE Proceedings,Control Theory and Applications,1996,143:530-535.

［46］Yang G H,Zhang S Y. Decentralized robust control for interconnected systems with time-varying uncertainties［J］. Automatica,1996,32:1603-1608.

［47］zhang s y. the similar structures and control problems of complex systems［J］. Journal of System Simulation,2002,14:1455-1457.

［48］Dai L. Singular control systems［M］. Berlin:Spring-Verlag,1989.

［49］Rosenbrock H H. Structural properties of linear dynamical systems［J］. International Journal of Control,1974,20(2):191-202.

［50］Luenberger D G. Dynamic equation in descriptor form［J］. IEEE Transactions on Automatic Control,1977,22(2):312-321.

［51］Luenberger D G. Time invariant descriptor systems［J］. Automatica,1978,14:473-480.

［52］Luenberger D G,Arbel. Singular dynamical leontief systems［J］. Econometrica,1977,45(4):991-995.

［53］Bajic V B. Lyapunov's direct method in the analysis of singular systems and networks［J］. Shades Technical Publications,Hillcrest,Natal,RSA,1992.

［54］Newcomb R W. The semistate descriptor of nonlinear fine variable circuits［J］. IEEE Trans. Circuits and Systems,1981,28(1):62-71.

［55］Guo L,Huang L,Jin Y H. Some recent advances of automatic control in China［C］. Proceedings of 14th World Congress of IFAC,Beijing,1999,PT-3:31-48.

［56］张庆灵.广义大系统的分散控制与鲁棒控制［M］.西安:西北工业大学出版社,1997.

［57］蒋威.退化、时滞微分系统［M］.合肥:安徽大学出版社,1998.

［58］刘永清,谢湘生.滞后广义系统的稳定镇定与控制［M］.广州:华南理工大学出版社,1998.

［59］Ailon A. On the design of output feedback for finite and infinite pole assignment in singular systems with application to the control problem of constrained robots［J］. Circuits,Systems and Signal Processing,1994,13(5):525-544.

［60］Readdy P B,Sannuti P. Optimal control of a coupled core nuclear reactor by a singular perturbation method［J］. IEEE Transactions on Automatic Control,1975,20:766-769.

［61］Bernhard P. On singular implicit linear dynamical systems［J］. SLAM Journal Control Optimization,1982,20:612-633.

［62］Rosenbrock H H,Pugh A C. Contributions to a hierarchical theory of systems［J］. International Journal of Control,1974,19:845-867.

［63］Chang N T,Davision E J. Decentralized control for descriptor type systems［C］. Proceedings of IEE 25th CDC,USA,1986:1176-1181.

［64］Xie X K. On fixed modes in singular systems［C］. Proceedings of American Control Conference,USA,1987:1150-1151.

［65］Lin J Y. Algobraic characterizations of centralized fixed modes and recursive characterizations of decentralized fixed modes for generalized systems［C］. IFAC World Congress,USSR,1987:13-18.

［66］刘万泉. 广义系统与奇异摄动系统的分散控制［D］. 上海:上海交通大学,1992.

［67］Dai L. An method for decentralized stabilization in singular systems［C］. Proceedings of IEEE Conference on SMC,China Beijing,1988,722-725.

［68］温香彩,刘永清. 具有非线性关联项的广义分散系统的镇定问题［J］. 控制与决策,1997,12(4):301-306.

［69］杜莉莉,傅勤,顾盼盼,等. 广义大型互联线性系统的分散迭代学习控制［J］. 苏州科技大学学报,2019,36(2):25-31.

［70］沃松林,史国栋,邹云. 不确定广义大系统的分散鲁棒保性能控制［J］. 控制理论应用,2009,26(9):1035-1040.

［71］Ma Y C,Zhang Q L. Decentralized output feedback robust stabilization and impulse analysis of uncertain generalized large-scale composite system［J］. Acta Physica Sinica,2007,56:1958-1965.

［72］Bao X Y,Lin Z L. On Lp input to state stabilizability of affine in control systems subject to actuator saturation［J］. Journal of the Franklin Institute,2000,337:691-712.

［73］Lan W Y,Chen B M,He Y J. On improvement of transient performance in tracking control for a class of nonlinear systems with input saturation［J］. Systems & Control Letters,2006,55:132-138.

［74］Lan W,Huang J. Semi-global stabilization and output regulation of singular linear systems with input saturation［J］. IEEE Trans. On Automatic Control,2003,48:1274-1280.

［75］Zhou B,Lam J,Duan G. An ARE approach to semi-global stabilization of descriptor linear systems with input saturation［J］. Systems and Control Letters,2009,58:609-616.

［76］Lin D,Lan W,Li M. Composite nonlinear feedback control for linear singular systems with input saturation［J］. Systems and Control Letters,2011,60:825-831.

［77］Zuo Z,Daniel W C H,Wang Y. Fault tolerant control for singular systems with actuator saturation and nonlinear perturbation［J］. Automatica,2010,46:569-576.

［78］Ma S,Boukas E K. Stability and control for discrete-time singular systems subject to actuator saturation［C］. Proceedings of 2009 American Control Conference, America, 2009: 1244-1249.

［79］Ma S P,Zhang C H. control for discrete-time singular markov jump systems subject to actuator saturation［J］. Journal of the Franklin Institute,2012,349:1011-1029.

［80］Wang Y,Wang C,Zuo Z. Controller synthesis for markovian jump systems with incomplete knowledge of transition probabilities and actuator saturation［J］. Journal of the Franklin Institute,2011,348:2417-2429.

［81］Gomes J M,Castelan E B,Corso J,et al. Dynamic output feedback stabilization for systems with sector-bounded nonlinear and saturating actuators［J］. Journal of the Franklin Institute, 2013,350:464-484.

［82］马跃超,张庆灵. 具有输入饱和的不确定非线性广义交联系统的分散鲁棒镇定［J］. 东北大学学报,2007,28(4):153-156.

［83］马跃超,张庆灵. 具有输入饱和因子的不确定非线性关联大系统的分散输出反馈鲁棒镇定［J］. 控制理论与应用,2007,24(4):683-686.

［84］Bakale,Rodellar J. Decentralized control design of uncertain nominally linear symmetric composite systems［J］. IEE proceedings,Control Theory and Applications,1996,143(6):530-535.

［85］Xue Jianan,Yang Kai. Symmetric relations in multistage system［J］. IEEE Trans. On Reliability,1995,44(4):689-693.

［86］Tanaka R,et al. Symmetric failures in symmetric control systems［J］. Linear Algebra and Its Applications,2000,318(3):145-172.

［87］Lin Shi,Sunil K. Decentralized control for interconnected uncertain systems,extensions to higher-order uncertainties［J］. Int. J. Contr,1993,57(6):1453-1468.

［88］Darwish M,et al. Unexample d'un system dynamique complexe［J］. Lereseaux d'energie electrique,Internal Report LASS,Toulouse,France,1979.

［89］Wang L X. Stable adaptive fuzzy control of nonlinear systems［J］. IEEE Trans. On Fuzzy Systems,1993,1(2):146-155.

［90］谢永芳,桂卫华,吴敏,等. 不确定性关联时滞大系统的分散鲁棒控制－LMI 方法［J］. 控制理论与应用,2001,18(2):263-265.

［91］Hunt L K,Madanpal Sverma. Observer for nonlinear systems in steady state［J］. IEEE Trans. on Automatic Control,1994,39(10):2113-2118.

［92］Cheng-fa Cheng,Wen-june Wang,Yu-ping Lin. Robust observer synthesis for nonlinear large-scale systems［J］. Int. Jsyst. Sci. 1994,25(6):1053-1066.

［93］Rafael A Garcia,Carlos E Dattellis. Trajectory tracking in nonlinear system via nonlinear reduced-order observers［J］. Int. J. Contr,1995,62:685-715.

［94］Christopher E,Sarah K S. On the development of discontinuous observers［J］. Int. J. Contr,1994,59(5):1211-1229.

［95］Zheng D. Decentralized output stabilization of interconnected systems using out feedback［J］. IEEE Trans. Automatic Control,1989,34(11):1297-1300.

［96］Sandeep Jain and Farshad Khorrami. Decentralized adaptive control of a class of large-scale interconnected nonlinear systems［J］. IEEE Trans. On Automatic Control,1991,42(2):136-154.

［97］Rodellar J,Leitmann G,Ryan E P. Output feedback control of uncertain coupled systems［J］. Int. J. Control,1993,58(2):445-457.

［98］Sandeep Jain,Farshad Korari. Decentralized adaptive outputfeedback design for large-scale nonlinear systems［J］. IEEE Trans. On Automatic Control,1997,42(5):729-735.

［99］Yan Xinggang,Lin Hui,Dai Guangzhong. Linearization and simultaneous decoupling for nonlinear system based on diffeomorphism［J］. Pure and applied mathematics,1998,14(3):93-98.

［100］Banks S P,Aljurani S K. Lie algebra and stability of nonlinear systems［J］. Int. J. Control,1994,60(3):315-329.

［101］严星刚. 复杂非线性相似组合大系统的鲁棒控制与结构全息控制［D］. 沈阳:东北大学,1996.

［102］Yu W,Sun G,Guo Q,et al. Global output feedback control for large-scale time-delay systems with inherent nonlinearities and measurement uncertainty［J］. International Journal of Robust and Nonlinear Control,2023,33(6):3874-3888.

［103］Gai R D,Zang S Y. Stability of linear large-scale composite systems［C］. Proc. of the ACC,1994:2207-2211.

［104］杜树新,吴铁军,陈新海. 关联不确定大系统的分散变结构控制［J］. 自动化学报,1998,24(1):44-49.

［105］陈兵,张嗣瀛. 一类具有相似结构的组合大系统的鲁棒控制［J］. 控制理论与应用,1998,15(2):203-209.

［106］Ikede M,Silijak D D. Dcentralized stabilization of linear time-varying systems［J］. IEEE Trans Automat Contr,1980,AC-25:106-107.

［107］Chen Y H. Dcentralized robust control for large-scale uncertain systems,A design based on the bound of uncertainty［J］. J. Dynamic sys. Meas. Contr,1992,114:1-9.

［108］Gong Z. Decentralized robust control of uncertain interconnected system with prescribed degree of exponential convergence［J］. IEEE Trans Automat Contr,1995,AC-40:704-707.

［109］Nicalescu S I,Dion J M,Dugard L. Robust stabilization for uncertain time-delay systems containing saturation actuators［J］. IEEE Trans. On Automatic Control. 1994,41(5):742-747.

［110］Chen B S,Wang S S. The stability of feedback control with nonlinear saturating. Time domain approach［J］. IEEE Trans. On Automatic Control,1988,33(5):483-487.

［111］Sussmann H J,Sontag E D,Yang Y D. A General Result on the stabilization of linear systems using Bounded Controls［J］. IEEE Trans. On Automatic Control,1994,39(12):2411-2425.

［112］Saberi A,Lin Z,Teel A R. Control of Linear systems with saturating Actuator［J］. IEEE Trans. On Automatic Control,1996,41(3):368-378.

［113］Choi J. On the stabilization of linear discrete time systems subject to input saturation ［J］. Systems and Control Letters,1999,38,241-244.

［114］Wei L. Input saturation and global stabilization of nonlinear systems via state and output feedback［J］. IEEE Trans. On Automatic Control,1995,40(4):776-782.

［115］Bao X,Lin Z. On Lp input to state stabilizability of affine in control,nonlinear systems subject to actuator saturation［J］. Journal of the Frankin Institute,2000,337:691-712.

［116］Zhai Ding,Zhang Qingling. Decentralized control for composite systems with input saturation［J］. 控制理论与应用(英文版),2003,20(2):280-282.

［117］黄守东,张嗣瀛. 具有饱和输入的对称循环组合系统的镇定［J］. 控制理论与应用,1999,16(1):95-99.

［118］梁家荣,徐宝民,刘永清. 具输入饱和因子的广义系统的镇定［J］. 自动化学报,1999,25(4):532-536.

［119］Lan W,Huang J. Semiglobal stabilization and output regulation of singular linear systems with input saturation［J］. IEEE Trans. On Automatic Control,2003,48(7):1274-1280.

［120］张庆灵. 广义系统结构稳定性判别的李雅普诺夫方法［J］. 系统科学与数学,1994,14(2):117-120.

［121］石海彬. 广义互联大系统的相似结构和分散控制的研究［D］. 沈阳:东北大学,2001.

［122］张庆灵,樊治平. 广义系统的 Lyapunov 方程［J］. 东北大学学报(自然科学版),1997,18(1):21-25.

［123］Lin C,Wang J L,Yong G H,et al. Robust stabilization via state feedback for uncertain descriptor systems［J］. Int. J. Control,2000,73(5):407-415.

［124］Lin C,Lam J,Wang J L,et al. Analysis on robust stability of internal descriptor systems ［J］. Systems & Control Letters,2001,42(2):267-278.

［125］Xu S Y,Yang C W. Robust stabilization for generalized state-space systems with uncertainty［J］. Int. J. of Control,1999,72(18):1659-1664.

［126］Zhang Q L. Analysis of descriptor systems by means of polynomial method［J］. Advances in Modeling and Simulation,1992,28(4):23-34.

［127］Wang D H,Bao P. Robust impulse control of uncertain singular systems by decentralized output feedback［J］. IEEE Trans. On Automatic Control,2000,45(4):794-800.

［128］Zhang Q L. On generalized decentralized fixed modes in descriptor system ［J］. System and Control Letters,1990,15(3):295-301.

［129］Zhang Q L. A New Approach to Decentralized Control Descriptor Systems［J］.Proc. of IEEE CDC,1992:1317-1320.

［130］Duan G. Descriptor linear systems［M］. Test Version:SIAM Press,2003:122-148.

［131］Wallsgrove R J,Akells M R. Globally stabilizing saturated attitude control in the presence of bounded unknown disturbances［J］. Journal of Guidance,Control and Dynamics,2005,28 (5):957 -963.

［132］Lv L,Lin Z. Analysis and design of singular linear systems under actuator saturation and disturbances[J]. Systems and Control Letters,2008,57(11):904-912.

[133] Lu G,Feng G,Jiang Z P. Saturated feedback stabilization of discrete-time descriptor bilinear systems[J]. IEEE Transactions on Automatic Control,2007,52(9):1700-1704.

[134] Liang J R,Xu B M,Liu Y Q. Stabilization of singular systems with input saturating actuators[J]. Acta Automatica Sinica,1999,60:532-536.

[135] Delin Chu,Volker Mehrmann. Disturbance decoupled observer design for descriptor systems[J]. System and Control Letters,1999,38:37-48.

[136] Zhiwei Gao. PD observer parametrization design for descriptor system[J]. Journal of the Franklin Institute,2005,342:551-564.

[137] N Minamide,N Arii,Y Uetake. Design of observers for descriptor systems using a descriptor standard form[J]. Int. J. Control,1989,50(10):2141-2149.

[138] Hou M,Schmidt T H,Schüpphaus R,Müller P C. Normal from and luenberger observer for linear mechankal descriptor system[J]. Journal of Dynamic systems,Measurement,and Control, 1993,115:611-620.

[139] Neil Biehn,Stephen L. Campbell,Ramine Nikoukhah,and Francois Delebegue. Numerically constructible observers for linear time-varying descriptor systems[J]. Automatica,2001,37: 445-452.

[140] Gerta Zimmer,Jürgen Meier. On observing nonlinear descriptor systems[J]. System and Control Letters,1997,32:43-48.

[141] Menon P P,Edwards C. Decentralized static output feedback stabilization and synchronisation of networks[J]. Automatica,2009,45:2910-2916.

[142] Fridman E,Shaked U. An improved stabilization method for linear time-delay systems [J]. IEEE Transactions on Automatic Control,2002,47:1931-1937.

[143] Hua C C,Leng J,Guan X P. Decentralized mrac for large-scale interconnected systems with time-varying delays and applications to chemical reactor systems[J]. Journal of Process Control,2012,22:1985-1996.

[144] Hua C C,Guan X,Shi P. Robust decentralized adaptive control for nonlinear interconnected systems with time-delay[J]. ASME Journal Dynamics Systems,Measurement and Control, 2005,127:656-662.

[145] Parlakli M N. A Improved robust stability criteria and design of robust stabilizing controller for uncertain linear time-delay systems[J]. International Journal of Robust and Nonlinear Control,2006,16:599-636.

[146] 李小华,严慰,刘晓平. 一类广义扩展结构大系统动态输出反馈鲁棒分散关联镇定 [J]. 辽宁科技大学学报,2015,38(3):196-204.

[147] Moon Y S,Park P G,Kwon W H. Delay-dependent robust stabilization of uncertain state-delayed systems[J]. International Journal of Control,2001,74:1447-1455.

[148] Yan X G,Wang J J,Lu X Y,et al. Decentralized output feedback robust stabilization for a class of nonlinear interconnected systems with similarity[J]. IEEE Transactions On Automatic Control,1998,43:294-299.

［149］ Yan X G, Zhang S S. Decentralised output feedback robust stabilization for a class of nonlinear large-scale composite systems with uncertainties［J］. Acta Automatica Sinica, 1999, 25: 226-229.

［150］ Yan X G, Spurgeon S K, Edwards C. Decentralized robust sliding mode control for a class of nonlinear interconnected systems by static output feedback［J］. Automatica, 2004, 40: 613-620.

［151］ Yue D, Tian E, Zhang Y. A piecewise analysis method to stability analysis of linear continuous discrete systems with time-varying delay［J］. International Journal of Robust and Nonlinear Control, 2010, 19(13): 1493-1518.

［152］ Ma Y C, Jin S J, Gu N N. Delay-dependent decentralised control for a class of uncertain Similar interconnected systems with state delay and input delay［J］. International Journal of Systems Science, 2015, 47(10): 2487-2498.

［153］ Davison E J. The decentralized stabilization and control of unknown nonlinear time varying systems［J］. Automatica, 1974, 10: 309-316.

［154］ Xie L, De Souza C E. Robust control for linear systems with norm-bounded time- varying uncertainty［J］. IEEE Transations on Automatic Control, 1992, 37: 1188-1191.

［155］ Li T, Guo L, Zhang Y. Delay-range-dependent robust stability and stabilization for uncertain systems with time-varying delay［J］. International Journal of Robust and Nonlinear Control, 2007, 18: 1372-1387.

［156］ Kwon O M, Park J H. Delay-range-dependent stabilization of uncertain systems with interval time-varying delays［J］. Applied Mathematics and Computation, 2009, 208: 58-68.

［157］ Liu T F, Jiang Z P, Hill D J. Decentralized output-feedback control of large-scale nonlinear systems with sensor noise［J］. Automatica, 2012, 48: 2560-2568.

［158］ Yan X G, Spurgeon S K. Memoryless decentralized static output feedback variable structure control synthesis for time varying delay interconnected systems［J］. IEEE Workshop on Variable Structure Systems, 2012, 12: 379-673.

［159］ Mukaidani H. The guaranteed cost control for uncertain nonlinear large-scale stochastic systems via state and static output feedback［J］. Journal of Mathematical Analysis and Applications, 2009, 359: 527-535.

［160］ Tong S C, Liu C L, Li Y M. Fuzzy adaptive decentralized output feedback control for large-scale nonlinear systems with dynamical uncertainties［J］. IEEE Transactions on Fuzzy Systems, 2010, 18: 845-861.

［161］ Sun S, Peng P, Chen C. Connective stability of a kind of singular nonlinear large-scale dynamical systems［J］. IEEE International Symposium on Industrial Electronics, 2009, 36: 1731-1736.

［162］ Wo S, Zou Y, Sheng M, et al. Robust control for discrete-time singular large-scale systems with parameter uncertainty［J］. Journal of the Franklin Institute, 2007, 344: 97-106.

［163］ Mao W J, Chu J. Robust decentralized stabilization of interval discrete-time singular large- scale systems［J］. lET Control Theory Appl. , 2010, 4: 244-252.

[164] Shi H B,Liu X P,Zhang S Y. Robust control for a class of similar generalized composite systems with nonlinear interconnections[C]. Proceedings of the American Control Conference, 2001,6:25-27.

[165] Senthilkumar T,Balasubramaniam P. Delay-dependent robustcontrol for uncertain stochastic t-s fuzzy systems with time-varying state and input delays[J]. International Journal of Systems Science,2011,42:877-887.

[166] 李小华,严慰,刘洋. 一类广义互联大系统结构重构的鲁棒分散关联镇定[J]. 北京工业大学学报,2016,42(1):1-8.

[167] 李小华,严慰. 一类广义时滞扩展大系统 H$_\infty$鲁棒分散关联镇定[J]. 安徽大学学报(自然科学版),2016,40(2):1-8.

[168] Wu Z,Su H,Chu I. Robust stability for uncertain discrete singular systems with time-varying delays[J]. Proc. IMechE Part I,I Systems and Control Engineering,2009,223:713- 720.

[169] Sandip G,Sarit K D,Goshaidas R. Decentralized stabilization of uncertain systems with interconnection and feedback delays,an LMI approach[J]. IEEE Transactions on Automatic Control,2009,54:905-912.

[170] Fridman E,Shaked U. Delay dependent stability andcontrol,constant and time-varying delays[J]. International Journal of Control,2003,76:48-60.

[171] Liu L L,Wu B W. Robust stability and stabilization for uncertain singular time-delay systems via discretized lyapunov functional approach[C]. Chinese Control and Decision Conference (CCDC):2012.